职业教育信息技术类专业创新型系列教材

影视后期制作项目教程
——After Effects（CC 2023 微课版）

主编　黄达生　李京倍

科学出版社

北　京

内 容 简 介

本书通过真实或仿真的工作任务，引导学习者深入探索 After Effects 软件，全面掌握影视后期制作的核心技能。全书按照项目-任务编排，分为 9 个项目，涵盖 42 个任务，内容涉及动画设置、特效制作、颜色校正、运动跟踪等多个方面，从 After Effects CC 2023 基础知识，到使用 After Effects CC 2023 制作视频包装综合案例，按照学习的一般规律，由浅入深、循序渐进地安排教学内容，且均以案例为主线，每个案例有详细的操作步骤。

本书可作为职业院校影视制作、数字媒体技术应用、数字媒体艺术、动漫与游戏设计等相关专业的教材，也可作为 After Effects 自学人员的参考书。

图书在版编目（CIP）数据

影视后期制作项目教程 : After Effects : CC 2023 微课版 / 黄达生，李京倍主编. -- 北京 : 科学出版社, 2025. 3. -- (职业教育信息技术类专业创新型系列教材). -- ISBN 978-7-03-079904-3

Ⅰ. TP317.53

中国国家版本馆 CIP 数据核字第 2024WK5804 号

责任编辑：陈砺川　袁星星 / 责任校对：马英菊
责任印制：吕春珉 / 封面设计：东方人华平面设计部

科学出版社 出版
北京东黄城根北街 16 号
邮政编码：100717
http://www.sciencep.com
三河市中晟雅豪印务有限公司印刷
科学出版社发行　各地新华书店经销
*
2025 年 3 月第 一 版　开本：787×1092 1/16
2025 年 3 月第一次印刷　印张：17 1/2
字数：430 000

定价：56.00 元

（如有印装质量问题，我社负责调换）
销售部电话 010-62136230　编辑部电话 010-62135763-1028

前　言

PREFACE

在当今数字媒体时代，影视后期制作已成为创意表达和内容传播的重要组成部分。随着技术的不断进步和社交媒体的迅猛发展，视频内容的需求日益增加，后期制作的角色愈发重要。无论是电影、电视剧、广告，还是网络短视频，后期制作的质量和创意都直接影响着作品的观赏体验和市场反响。因此，掌握专业的后期制作技能，不仅是从业者的必备素质，也是每一个热爱影视创作的人的追求。

《影视后期制作项目教程——After Effects（CC 2023 微课版）》的诞生，正是为了满足这一需求。我们希望通过系统、实用的学习路径，帮助学习者深入理解和掌握 Adobe After Effects（AE）软件的强大功能，进而提升他们在影视后期制作领域的专业能力和创作水平。

本书秉持实践导向、项目驱动、循序渐进、守正创新的设计编写理念，精心设计了 9 个项目，涵盖 42 个任务，内容丰富且层次分明。具体内容包括：了解 AE 软件，从基础知识入手，全面介绍 AE 的界面与功能，帮助学习者建立对这一强大工具的深刻理解；动画设置与渲染输出，通过实例指导学习者创建生动的动画效果，并掌握高效的渲染输出技巧，确保作品的完美呈现；制作文字特效，以创意为驱动，教授学习者如何运用 AE 制作独特的文字特效，提升其视觉表达能力与设计思维；运用蒙版，深入探讨蒙版技术，教学习者如何灵活运用蒙版进行图像处理与合成，增强作品的艺术效果；颜色校正，讲解颜色校正的基本原理与技巧，帮助学习者在后期制作中优化画面色彩，提升作品的整体美感；制作视频特效，通过丰富的案例，展示如何在视频中添加引人注目的特效，增强作品的观赏性与专业性；运用 AE 抠像，传授抠像技术的原理与应用，使学习者掌握将主体与背景分离的技巧，提升合成的灵活性与创意；运动跟踪，介绍运动跟踪的先进技术，指导学习者如何在动态视频中精准追踪目标，为特效制作打下坚实基础；解析综合案例，结合前面的学习内容，学习者将综合运用所学知识参与实际项目的制作，巩固所学知识，锻炼独立完成项目的能力。

本书由黄达生、李京倍主编，张晓华、刘毅颖、陈丽莲参编。具体编写分工如下：黄达生负责项目 1～项目 4 的编写与审核；李京倍负责项目 5～项目 8 的编写与审核；张晓华、刘毅颖、陈丽莲负责项目 9 的编写与审核，并协助进行全书相关图片、视频素材的编辑制作。

在此，我们衷心希望本书能成为每位学习者在影视后期制作道路上的良师益友，助力你们的创作与成长。

目录 CONTENTS

项目 1

了解 AE 软件

项目导读

AE 全称 Adobe After Effects，是由世界著名的图形设计、出版和成像软件设计公司 Adobe Systems Incorporated 开发的专业非线性特效合成软件。AE 是一个灵活的基于层的 2D 和 3D 后期合成软件，包含了上百种特效及预置动画效果，与同为 Adobe 公司出品的 Premiere、Photoshop、Illustrator 等软件可以无缝结合，创建无与伦比的效果。

学习目标

知识目标

- ◆ 了解 AE 软件的功能及作用；
- ◆ 了解与影视后期制作相关的工作岗位；
- ◆ 掌握 AE 软件工作面板的基本内容及功能。

能力目标

- ◆ 熟悉工作界面的布局；
- ◆ 掌握设置工作界面的方法；
- ◆ 掌握基础面板的操作方法。

素养目标

- ◆ 树立正确的学习观、价值观，自觉践行行业道德规范；
- ◆ 牢固树立质量第一、信誉第一的强烈意识；
- ◆ 培养学生小组合作、自主探究的能力；
- ◆ 培养学生自我激励、自我展示、勇于尝试的精神。

任务 1.1　认识软件与基本界面

任务引入

某学生在一家影视公司后期合成师岗位实习。实习初期，公司对其进行软件基础培训，培训第一步，需要在 AE 软件中找到标题栏、菜单栏、工具栏、“项目”面板、“合成”面板、“时间轴”面板 6 个主要的工作区域，执行打开和关闭面板命令。

任务要求

（1）双击计算机桌面上的 AE 软件图标，打开软件；

（2）明确软件界面中标题栏、菜单栏、工具栏、“项目”面板、“合成”面板、“时间轴”面板 6 个主要工作区域的位置，能正确打开和关闭面板。

知识储备

1. 简述 AE 软件

1）AE 是什么

AE 也就是 After Effects，软件的全称是 Adobe After Effects。

为了更好地理解，把 Adobe After Effects 2023 分开解释。Adobe 就是 After Effects、Photoshop 等软件所属公司的名称；After Effects 是软件名称，常被缩写为 AE；2023 是这款软件的版本号。就像腾讯 QQ2016 一样，腾讯是企业名称，QQ 是产品的名称，2016 是版本号。

2）学会了 AE 软件，我能做什么

根据目前的 AE 软件热点应用行业，可从事的工作主要包括电视栏目包装、影视片头、宣传片、影视特效合成、广告设计、MG 动画、UI 动效等的制作。

3）AE 软件的功能优势有哪些

（1）制作高质量的视频。AE 软件支持从 4×4 像素到 30 000×30 000 像素的分辨率，包括高清电视（high definition television，HDTV）的分辨率。

（2）强大的特效控制。AE 软件使用多达几百种的插件修饰并增强图像效果和动画控制。更有大量高质量的第三方插件为其提供无限扩展的创意可能。

（3）强大的协同工作能力。AE 软件可以同其他 Adobe 软件和三维软件结合，导入 Photoshop 和 Illustrator 文件时保留层信息，而在导入 C4D 文件时，可以准确地保留场景信息。

（4）多层合成剪辑。无限层电影和静态画面，使 AE 软件可以实现电影和静态画面无缝合成。

（5）高效的动画制作。AE 软件中，关键帧支持具有所有层属性的动画，可以自动处理关键帧之间的变化。AE 软件的动画制作具有无与伦比的准确性，可以精确到一个像素点的千分之六，从而准确地定位动画。

4）安装运行环境

运行和使用 AE 软件所需的配置见表 1.1.1。

表 1.1.1　AE 软件所需配置的最低规格和推荐规范

配置	最低规格	推荐规范
处理器	Intel 或 AMD 四核处理器	建议配备 8 核或以上处理器，以用于多帧渲染
操作系统	Microsoft Windows 10（64 位）V20H2	Microsoft Windows 10（64 位）V20H2 或更高版本
RAM	16GB RAM	建议使用 32GB
GPU	2GB GPU VRAM 注意：对于带有 NVIDIA GPU 的系统，Windows 11 需要使用 NVIDIA 驱动程序版本 472.12 或更高版本	建议使用 4GB 或更多 GPU VRAM
硬盘空间	15GB 可用硬盘空间；安装过程中需要额外可用空间（无法安装在可移动闪存设备上）	用于磁盘缓存的额外磁盘空间（建议 64GB 以上）
显示器分辨率	1 920×1 080 像素	分辨率更高的显示器
Internet	必须具备 Internet 连接并完成注册，才能激活软件、验证订阅和访问在线服务	

2. AE 软件基本界面

1）工作界面

启动 AE 软件之后，进入该软件的工作界面。初次启动软件显示的是标准工作界面，也就是软件默认的工作界面。

AE 软件的标准工作界面很简洁，布局也非常清晰，主要由 6 部分组成。

标题栏：主要用于显示软件名称、软件版本和项目名称等。

菜单栏：包含“文件”“编辑”“合成”“图层”“效果”“动画”“视图”“窗口”“帮助”9 个菜单。

工具栏：主要集成了选取、缩放、旋转、文字、钢笔等一些常用工具，其使用频率非常高，是 AE 软件中非常重要的面板。

“项目”面板：主要用于管理素材和合成，是 AE 软件的四大功能面板之一。

“合成”面板：主要用于查看和编辑素材。

“时间轴”面板：是控制图层效果或运动的平台，是 AE 软件的核心部分。

此外，还有其他工具面板。这部分面板堆叠在右侧，主要是“信息”“音频”“预览”“效果和预设”面板等。

2）打开、关闭、显示面板

通过执行“窗口”菜单中的命令，可以打开相应的面板。单击面板名称旁的☰按钮，执行“关闭面板”命令，可以关闭面板（见图 1.1.1）。

当一个群组包含过多的面板时，有些面板的标签会被隐藏起来，这时群组的标签栏中就会显示»按钮，单击该按钮，会显示隐藏的面板（见图 1.1.2）。

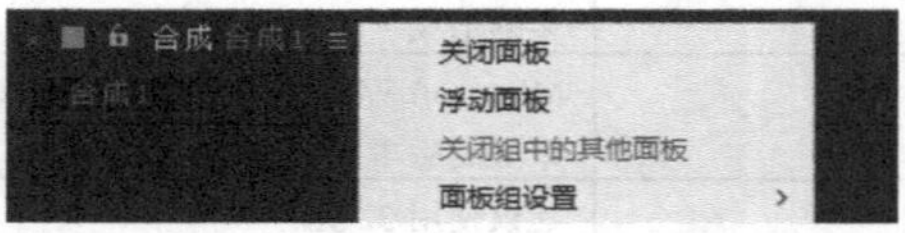

图 1.1.1　“关闭面板”命令

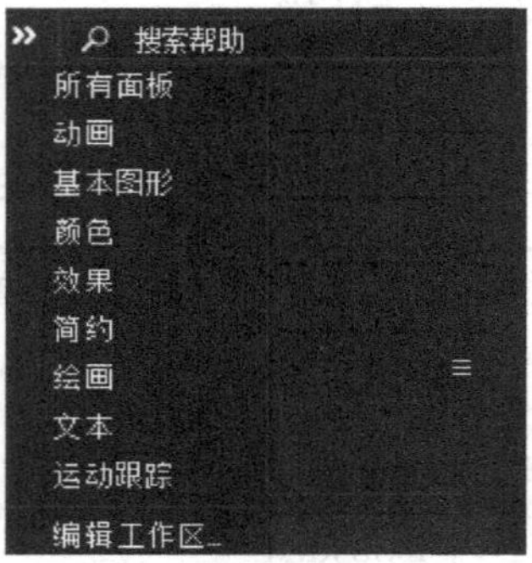

图 1.1.2　隐藏的面板

3）工具栏

找到工具栏（见图 1.1.3），并依次选取工具栏中的工具，熟悉工具作用。

图 1.1.3　工具栏

选取工具：主要作用是选择图层和素材等。快捷键为 V 键。

手型工具：它能够在预览窗口中移动整体画面。快捷键为 H 键。

缩放工具：用于放大与缩小显示画面。快捷键为 Z 键。

绕光标旋转工具：控制摄像机以鼠标单击的地方为中心进行旋转。快捷键为数字键“1”。

在光标下移动工具：控制摄像机平移，平移速度依鼠标单击的地方与摄像机距离远近发生变化。快捷键为数字键“2”。

向光标方向推拉镜头工具：将镜头从合成中心推向鼠标单击位置。快捷键为数字键“3”。

旋转工具：在工具栏中选择“旋转工具”之后，工具箱的右侧会出现两个选项（见图 1.1.4）。这两个选项表示在使用三维图层时，将通过什么方式进行旋转操作，它们只适用于三维图层，因为只有三维图层才同时具有 X 轴、Y 轴和 Z 轴。“方向”选项只能用于改动 X 轴、Y 轴和 Z 轴中的一个，而“旋转”选项则可以用于旋转各个轴。快捷键为 W 键。

图 1.1.4　“旋转工具”选项

向后平移（锚点）工具：主要用于改变图层轴心点的位置。确定了轴心点就意味着将以哪个轴心点为中心进行旋转、缩放等操作。快捷键为 Y 键。

矩形工具：使用该工具可以创建相对比较规整的蒙版。在该工具上按住鼠标左键，将打开子菜单，其中包含 5 个子工具（见图 1.1.5）。快捷键为 Q 键。

钢笔工具：使用该工具可以创建任意形状的蒙版。在该工具上按住左键，将打开子菜单，其中包含 5 个子工具（见图 1.1.6）。快捷键为 G 键。

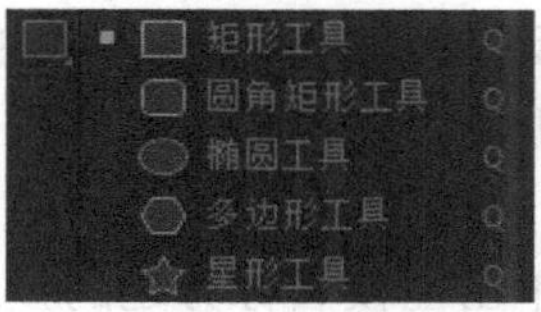

图 1.1.5　“矩形工具”子菜单

图 1.1.6　“钢笔工具”子菜单

文字工具：在该工具上按住左键，将打开子菜单，其中包含两个子工具（见图 1.1.7）。快捷键为 Ctrl+T 组合键。

画笔工具：使用该工具可以在图层上绘制需要的图像，但该工具不能单独使用，需要配合“绘画”面板、“画笔”面板一起使用。

仿制图章工具：该工具可以复制图像并将其应用于其他部分，生成相同的内容。

橡皮擦工具：使用该工具可以擦除图像，可以通过调节它的笔触大小来控制擦除区域的大小。

画笔工具、仿制图章工具和橡皮擦工具组成绘图工具组，快捷键为 Ctrl+B 组合键。

Roto 笔刷工具：使用该工具可以对画面进行自动抠像处理，适用于颜色对比强烈的画面。快捷键为 Alt+W 组合键。

人偶位置控点工具：在该工具上按住鼠标左键，将打开子菜单，其中包含 5 个子工具（见图 1.1.8）。使用人偶位置控点工具可以为光栅图像或矢量图形快速创建出非常自然的动画。快捷键为 Ctrl+P 组合键。

图 1.1.7　“文字工具”子菜单

图 1.1.8　“人偶位置控点工具”子菜单

任务实施

本任务为熟悉 AE 软件及其基本操作，具体操作步骤如下。

1）启动 AE 软件

为了制作影视后期项目，需要先启动 AE 软件。首先，在计算机桌面上找到 AE 软件的快捷方式图标（见图 1.1.9），或者在其安装的根目录下找到应用程序，双击即可启动软件。

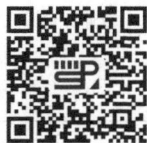

认识软件与基本界面

图 1.1.9　AE 软件的快捷方式

2）熟悉 AE 软件的操作界面

打开 AE 软件后，将看到默认的操作界面。在界面中找到标题栏、菜单栏、工具栏、“项目”面板、“合成”面板、“时间轴”面板 6 个主要的工作区域。

3）打开和关闭面板

执行“窗口”菜单中的命令，可以打开相应的面板。单击面板名称旁边的扩展按钮，执行“关闭面板”命令，即可关闭面板。

任务评价

本次任务评价采取全面多维的评价体系，教师主导，均衡考量过程与结果。鼓励自评反思，培养团队合作，教师公正评价。权重合理设定，加权计算考核分，全面客观反映学习成效。评价内容见表 1.1.2。

表 1.1.2　任务 1.1 评价表

基本信息	姓名		座号		班级		组别	
	规定时间		完成时间		考核日期		总评成绩	
评价方式		评价内容					配分	得分
自我评价		本任务完成情况					30	
		对知识和技能的掌握程度					40	
		遵守工作场所纪律					20	
		遵循工作操作规范					10	
		合计					100	
小组评价		个人本次任务完成质量					30	
		个人参与小组活动的态度					30	
		个人的合作精神和沟通能力					30	
		个人素质评价					10	
		合计					100	
教师评价		界面的熟悉情况					20	
		界面的设置情况					20	
		合理设置界面					30	
		了解基本命令					20	
		小组合作情况					10	
		合计					100	
总评成绩=自我评价×（ ）%+小组评价×（ ）%+教师评价×（ ）%=								

拓展练习

根据所学知识，结合自身需求，合理打开、关闭操作窗口，设置个性化的软件操作界面。

任务 1.2　创建项目与导入素材

任务引入

在了解了 AE 软件的基础信息和界面之后，就会项目制作任务。要开始制作项目，首先需要在 AE 中新建或打开一个项目，并将项目所需的相关素材导入软件中，作为前期的准备工作。导入素材后，为了更有效地管理和调用这些素材，将对项目面板中的素材进行整理，并预览素材以确认它们的完整性和正确性，确保为后续的制作流程做好充分的素材准备。

任务要求

（1）双击计算机桌面上的 AE 软件图标，打开软件；

（2）新建或打开项目至“项目”面板；

（3）使用三种不同方式导入素材。

知识储备

1. 创建项目

1）“项目”面板

“项目”面板主要用于管理素材与合成。在“项目”面板中可以查看每个合成或素材的尺寸、持续时间、帧速率等相关信息（见图 1.2.1）。

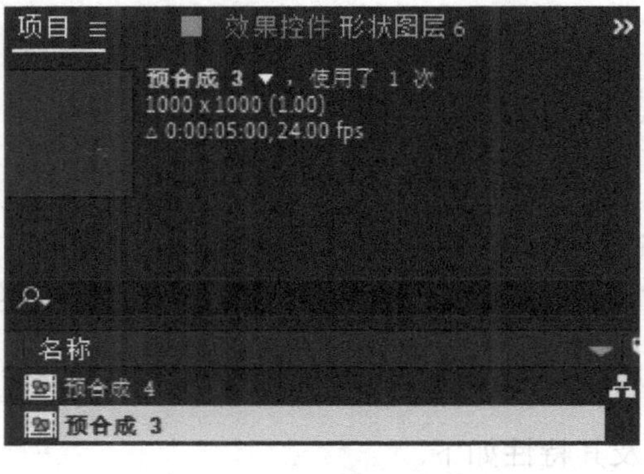

图 1.2.1　“项目”面板

在开始一个影视后期工程之前，需要先在 AE 中创建一个新的项目。要继续进行之前未完成的项目，则需要打开一个项目。

2）新建、打开项目

在 AE 软件中，一个项目允许创建多个合成，而且每个合成都可以作为一个素材应用到其他合成中。一个素材可以在单个合成中被多次使用，也可以在多个合成中同时被使用。

一次只能打开一个项目。如果在一个项目打开时新建或打开其他项目文件，AE 会提示保存打开的项目中所做的更改，然后将其关闭。在创建项目之后，可以向该项目中导入素材。

（1）要新建项目，选择“文件”→“新建”→“新建项目”命令（见图 1.2.2）。

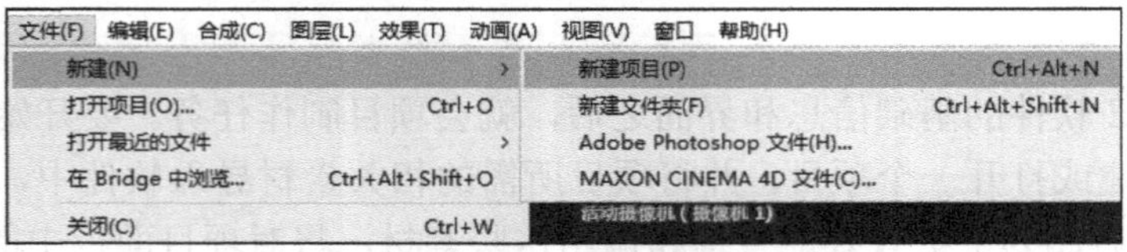

图 1.2.2　创建项目

（2）要打开项目，请选择“文件”→“打开项目”命令，在“打开”对话框中找到项目，单击“打开”按钮（见图 1.2.3）。

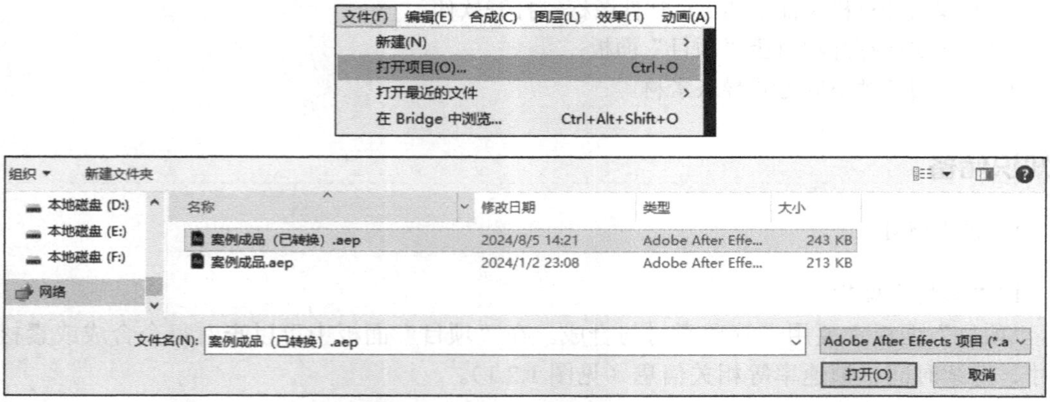

图 1.2.3　打开项目

2. 素材及素材的导入

1）素材的概念

在 AE 中，“素材”通常指用于创建动画、视频和视觉效果的原始图像、视频、音频和其他媒体元素。这些素材可以是从其他来源获取的，如摄影、插图、3D 模型等，也可以是自己制作的。将这些素材导入到软件中，并对其进行处理、编辑和组合，可以创建出各种各样的视觉效果和动画。

常用的 AE 素材种类及其特性如下。

（1）视频素材。AE 素材库中的视频素材包括各种类型和风格的视频片段、特效、转场、背景、字幕等。这些素材可以为用户提供多种选择，使得用户可以快速找到符合自己需求的素材。

（2）音频素材。AE 素材库中的音频素材包括音乐、音效、语音等。这些素材可以为用户提供不同的声音效果，从而更加生动地表现视频内容。

（3）图像素材。AE 素材库中的图像素材包括各种类型和风格的图片、图标、背景、贴图等。这些素材可以为用户提供更加丰富的视觉效果，使得视频作品更加吸引人。

（4）动画素材。AE 素材库中的动画素材包括各种类型和风格的动画效果、动态图形、3D 模型等。这些素材可以为用户提供更加丰富的动画效果，使得视频作品更加生动有趣。

2）素材的导入

（1）一次性导入素材。

① 将素材导入“项目”面板的方法有多种，首先介绍一次性导入素材的方法。执行“文件”→“导入”→“文件”命令或按 Ctrl+I 快捷键，打开“导入文件”对话框（见图 1.2.4）。

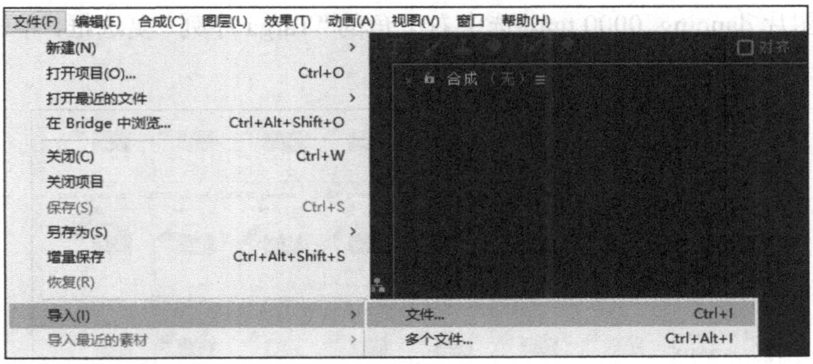

图 1.2.4　导入文件

② 选择需要导入的素材，单击“导入”按钮，即可将素材导入“项目”面板（见图 1.2.5）。

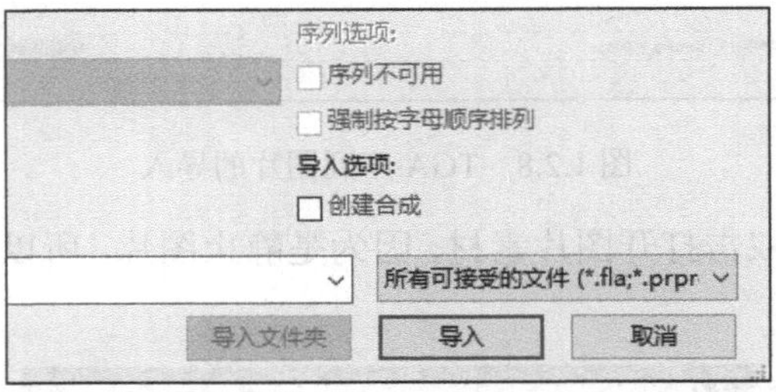

图 1.2.5　“导入”按钮

（2）连续导入素材。执行“文件”→“导入”→“多个文件”命令或按 Ctrl+Alt+I 快捷键，打开“导入多个文件”对话框，选择需要导入的单个或多个素材，单击“导入”按钮，即可导入素材（见图 1.2.6）。

（3）以拖曳方式导入素材。在 Windows 系统资源管理器或 Adobe Bridge 窗口中，选择需要导入的素材文件或文件夹，将其直接拖曳到“项目”面板中，即可完成导入素材的操作（见图 1.2.7）。

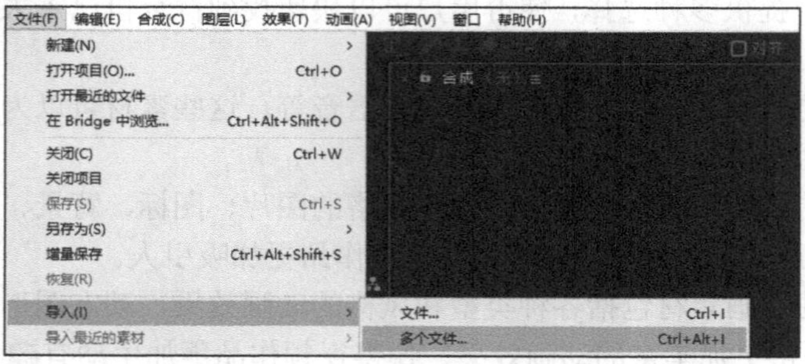

图 1.2.6　连续导入素材

图 1.2.7　以拖曳方式导入素材

（4）导入 TGA 序列图片素材。TGA 序列图片一般以一个文件夹的形式出现，打开序列文件夹之后可以看到里面有按序列号排列的多张图片。执行“文件”→“导入”→“文件”命令或按 Ctrl+I 快捷键，打开“导入文件”对话框，选择序列图片所在文件夹打开，单击第一个序列图片 dancing_0000.tga，选中右下角的“Targa 序列”复选框，单击导入即可（见图 1.2.8）。

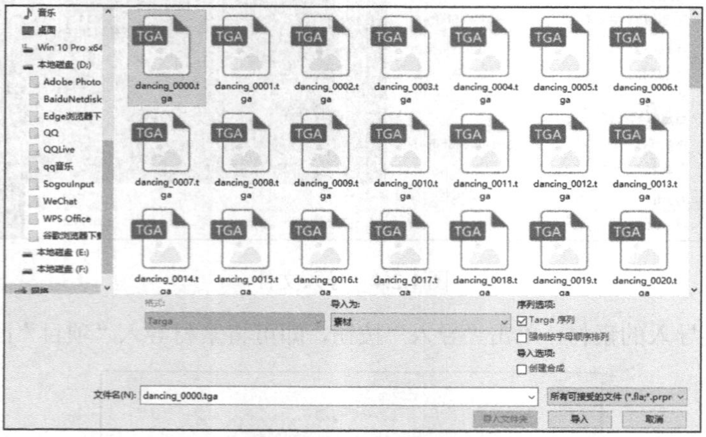

图 1.2.8　TGA 序列图片的导入

（5）预览图片素材。双击打开图片素材，因为是静止图片，所以下面不会出现时间线（见图 1.2.9）。

图 1.2.9　预览图片素材

任务实施

本任务为创建项目并导入素材，具体操作步骤如下。

1）创建项目

新建项目，选择“文件”→“新建”→“新建项目”命令（见图 1.2.2）。

2）在项目中导入素材

执行“文件”→“导入”→“文件”命令或按 Ctrl+I 快捷键，打开“导入文件”对话框（见图 1.2.4）。

导入新建项目与素材

选择任务需要的相关文件，单击“导入”按钮导入素材（见图 1.2.10）。

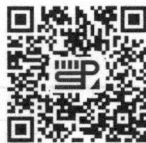

图 1.2.10　选择导入文件

在“项目”面板选择需要预览的文件，双击即可进行不同类型素材信息和内容的预览（见图 1.2.11）。

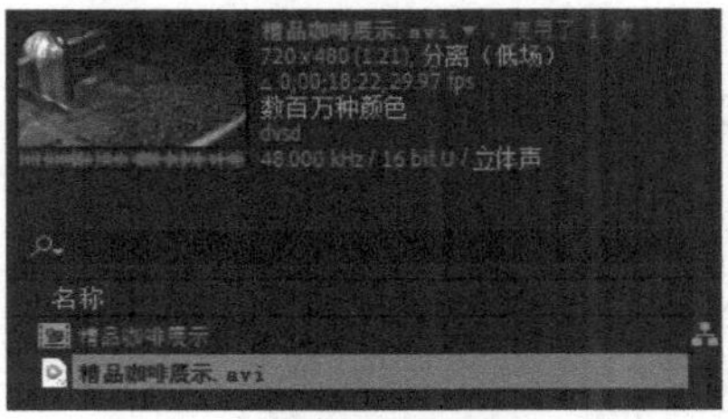

视频信息预览

视频内容预览

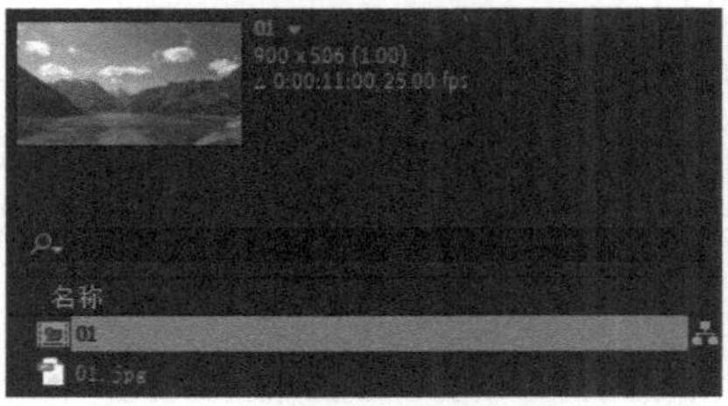

图片信息预览

图片内容预览

图 1.2.11　预览不同类型素材

任务评价

本次任务评价内容见表 1.2.1。

表 1.2.1　任务 1.2 评价表

基本信息	姓名		座号		班级		组别	
	规定时间		完成时间		考核日期		总评成绩	
评价方式	评价内容						配分	得分
自我评价	本任务完成情况						30	
	对知识和技能的掌握程度						40	
	遵守工作场所纪律						20	
	遵循工作操作规范						10	
	合计						100	
小组评价	个人本次任务完成质量						30	
	个人参与小组活动的态度						30	
	个人的合作精神和沟通能力						30	
	个人素质评价						10	
	合计						100	
教师评价	“项目”面板的熟悉情况						10	
	新建项目的熟练情况						20	
	素材导入熟练度						40	
	了解基本命令						20	
	小组合作情况						10	
	合计						100	
总评成绩=自我评价×（ ）%+小组评价×（ ）%+教师评价×（ ）%=								

拓展练习

根据所学知识，举一反三，进行 TGA 序列图片文件及 PSD 文件的导入。

任务 1.3　设置软件首选项

任务引入

在整理和预览确认项目需要使用的相关素材后，将要开始 AE 制作之旅了。在正式制作前还需要对软件进行首选项设置，以保证制作时软件的稳定及性能的最优化，使工作效率维持在最佳状态。

任务要求

（1）了解首选项面板中主要内容的常用参数；

（2）进行软件使用前的首选项设置。

知识储备

1. 设置首选项的意义

AE 首选项的设置，简单来说就是软件使用前对配置性能优化的过程，就像开车前需要对车辆的后视镜、座椅高度、方向盘位置等进行一些便于个人操作的调节设置一样。一个好的首选项设置可以提高工作效率，提升计算机的运行速度，从而帮助我们更好地处理视频内容，特别是后期进行大型的项目任务或多视频处理时更是如此。

2. 首选项主要内容

1）显示

在“运动路径”选项组中有好几个选项，建议新手选择“所有关键帧”单选按钮，这样我们就会观察到动画在运动路径里所有的关键帧，方便调节动画（见图 1.3.1）。

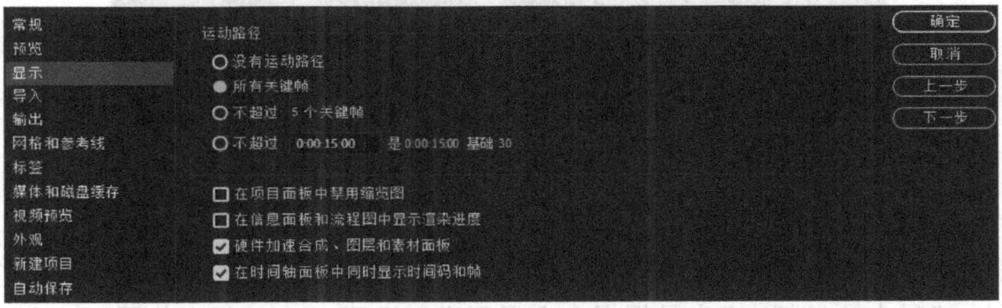

图 1.3.1　“显示”设置

2）导入

在“序列素材”选项组可以调整帧速率。这里的数值和序列图层原本输出时的帧速率最好一致。此处设置为 25（见图 1.3.2），国内普遍采用 25 帧/秒的帧速率制作电视媒体。电影一般采用 30 帧/秒的帧速率。

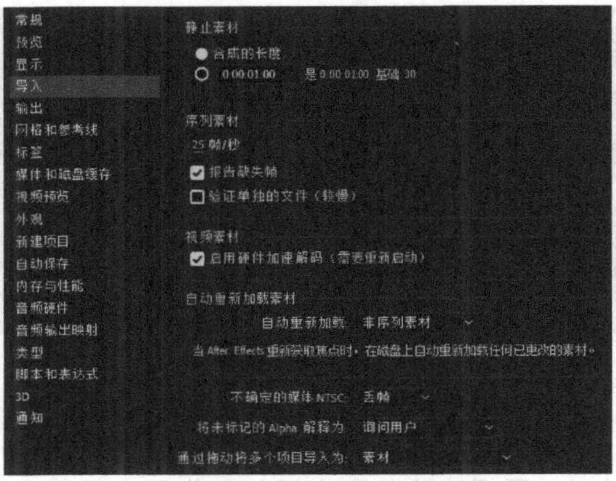

图 1.3.2　“导入”设置

3）媒体和磁盘缓存

磁盘缓存会在预览和制作项目时加快预览速度。“最大磁盘缓存大小”根据个人需要进行设置，各个“选择文件夹”是指定缓存的位置。默认各个缓存存放在 C 盘，如果 C 盘空间不足或者想存放在其他位置也可以进行设置（见图 1.3.3）。

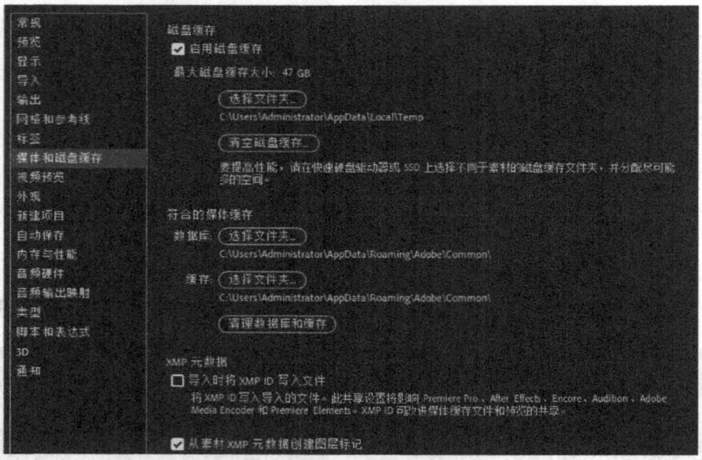

图 1.3.3 “媒体和磁盘缓存”设置

4）自动保存

根据个人需要进行设置，建议选中“启动渲染队列时保存”复选框，这样在渲染时会保存一份项目。“最大项目版本”也是根据个人需要进行设置。“自动保存位置”可以默认在“项目旁边”，当然也可以单独建立一个文件夹来存放所有自动保存的项目（见图 1.3.4）。

5）内存与性能

可以在“内存与性能”选项面板上设置内存大小，应根据个人计算机内存的大小合理设置。“为其他应用程序保留的 RAM”设置不是越小越好，工作中难免用到系统的其他应用，太小会造成系统的卡顿，同样会影响工作（见图 1.3.5）。

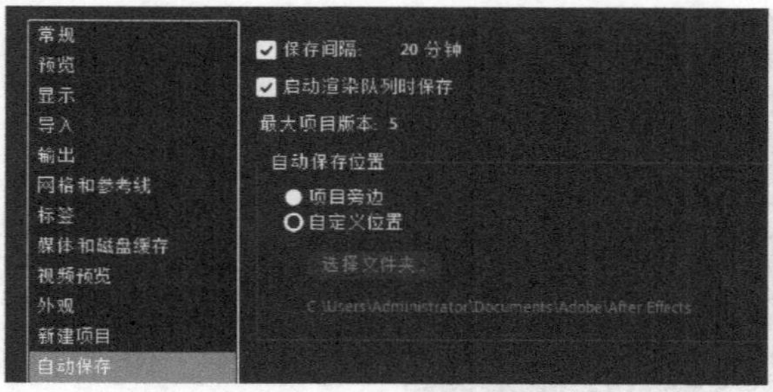

图 1.3.4 “自动保存”设置

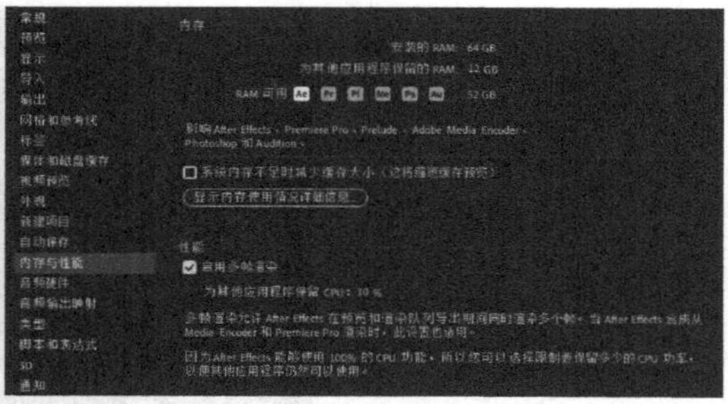

图 1.3.5 “内存与性能”设置

6）脚本和表达式

在安装一些脚本插件时，要想让这些脚本插件起作用，需要选中“允许脚本写入文件和访问网络”以及“启用 JavaScript 调试器”复选框（见图 1.3.6）。

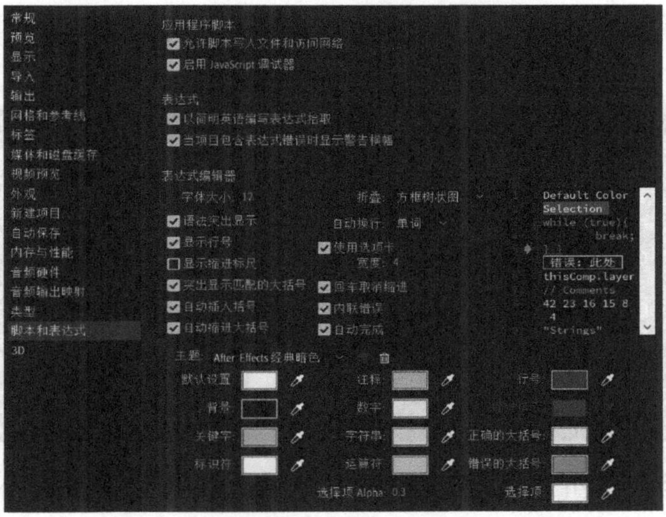

图 1.3.6　“脚本和表达式”设置

任务实施

本任务为设置 AE 软件首选项，具体操作步骤如下。

（1）在菜单栏中选择“编辑”→“首选项”→“常规”命令，打开首选项设置面板（见图 1.3.7）。

（2）选择“显示”选项，打开“显示”选项面板。选择“运动路径”选项组中的“所有关键帧”单选按钮，调整之后就不会有帧丢失的情况发生（见图 1.3.8）。

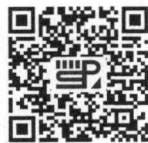

设置软件首选项

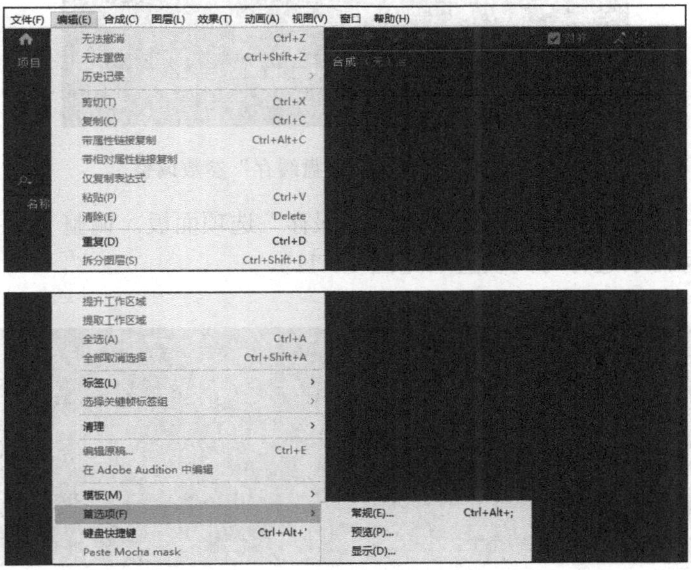

图 1.3.7　打开“首选项”设置面板

（3）选择“导入”选项，打开“导入”选项面板，设置“序列素材”为 25 帧/秒（见图 1.3.9）。

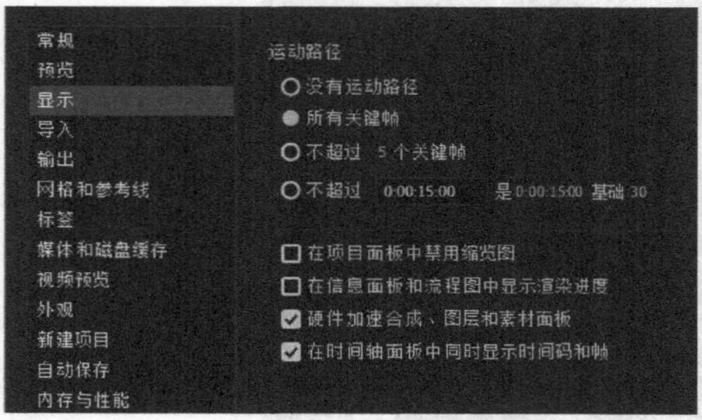

图 1.3.8 “显示”参数调整

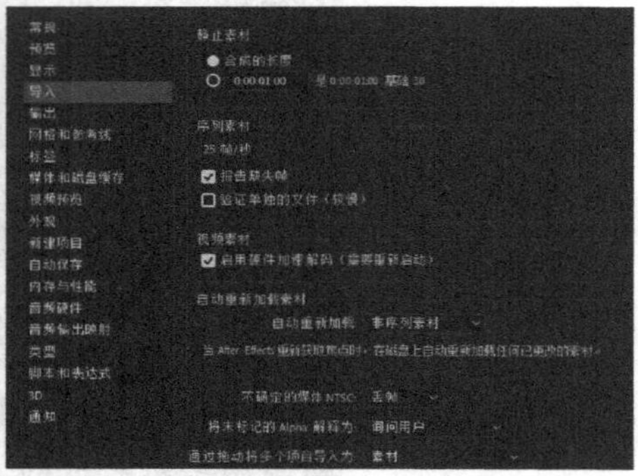

图 1.3.9 “导入”参数调整

（4）选择“媒体和磁盘缓存”选项，打开“媒体和磁盘缓存”选项面板。把缓存的位置修改到 D 盘或者其他的附加盘上，避免缓存在 C 盘中对计算机的运行造成卡顿，如果 C 盘空间充足也可以不修改（见图 1.3.10）。

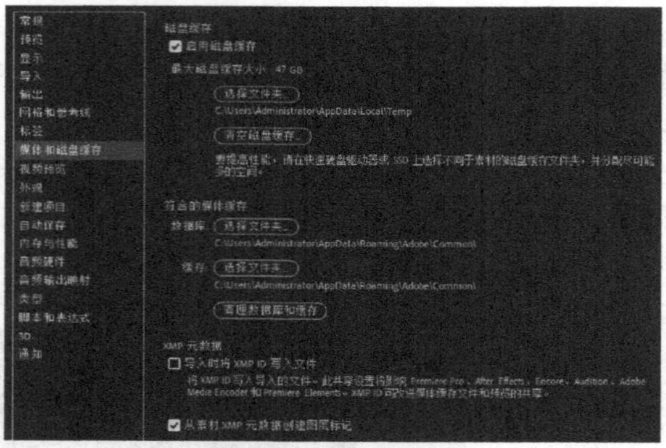

图 1.3.10 “媒体和磁盘缓存”参数调整

（5）选择“自动保存”选项，打开“自动保存”选项面板。调整“保存间隔”为 10 分钟，也可根据自身需求进行时间设置（见图 1.3.11）。

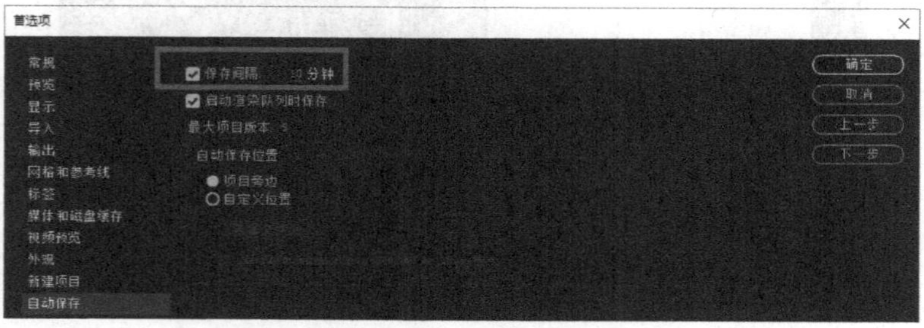

图 1.3.11 “自动保存”参数调整

任务评价

本次任务评价内容见表 1.3.1。

表 1.3.1　任务 1.3 评价表

<table>
<tr><td rowspan="2">基本信息</td><td>姓名</td><td></td><td>座号</td><td></td><td>班级</td><td></td><td>组别</td><td></td></tr>
<tr><td>规定时间</td><td></td><td>完成时间</td><td></td><td>考核日期</td><td></td><td>总评成绩</td><td></td></tr>
<tr><td colspan="2">评价方式</td><td colspan="5">评价内容</td><td>配分</td><td>得分</td></tr>
<tr><td colspan="2" rowspan="5">自我评价</td><td colspan="5">本任务工单完成情况</td><td>30</td><td></td></tr>
<tr><td colspan="5">对知识和技能的掌握程度</td><td>40</td><td></td></tr>
<tr><td colspan="5">遵守工作场所纪律</td><td>20</td><td></td></tr>
<tr><td colspan="5">遵循工作操作规范</td><td>10</td><td></td></tr>
<tr><td colspan="5">合计</td><td>100</td><td></td></tr>
<tr><td colspan="2" rowspan="5">小组评价</td><td colspan="5">个人本次任务完成质量</td><td>30</td><td></td></tr>
<tr><td colspan="5">个人参与小组活动的态度</td><td>30</td><td></td></tr>
<tr><td colspan="5">个人的合作精神和沟通能力</td><td>30</td><td></td></tr>
<tr><td colspan="5">个人素质评价</td><td>10</td><td></td></tr>
<tr><td colspan="5">合计</td><td>100</td><td></td></tr>
<tr><td colspan="2" rowspan="6">教师评价</td><td colspan="5">正确打开首选项面板</td><td>10</td><td></td></tr>
<tr><td colspan="5">首选项面板的熟悉情况</td><td>20</td><td></td></tr>
<tr><td colspan="5">正确设置相关首选项参数</td><td>40</td><td></td></tr>
<tr><td colspan="5">了解参数设置原因</td><td>20</td><td></td></tr>
<tr><td colspan="5">小组合作情况</td><td>10</td><td></td></tr>
<tr><td colspan="5">合计</td><td>100</td><td></td></tr>
<tr><td colspan="9">总评成绩=自我评价×（ ）%+小组评价×（ ）%+教师评价×（ ）%=</td></tr>
</table>

拓展练习

根据所学知识，结合计算机配置及自身制作习惯，进行 AE 软件首选项的设置。

项目 2

动画设置与渲染输出

项目导读

在 AE 中，动画的制作除了部分使用 AE 的表达式技术以外，主要还是使用关键帧技术配合动画图表编辑器来完成。所谓关键帧动画，就是给需要动画效果的属性，准备一组与时间相关的值，这些值都是在动画序列中比较关键的帧中提取出来的，而其他时间帧中的值，可以用这些关键值，采用特定的插值方法计算得到，从而达到比较流畅的动画效果。结合图层属性及关键帧动画制作完成作品后，通过渲染输出即可得到一部完整的特效影片。

学习目标

知识目标

- ◆ 了解 AE 图层基本属性；
- ◆ 掌握关键帧动画原理及基本知识；
- ◆ 掌握合成及渲染输出设置面板的基本内容、功能。

能力目标

- ◆ 掌握制作简单关键帧动画的方法；
- ◆ 独立进行合成及渲染输出的设置；
- ◆ 掌握图表编辑器的运用。

素养目标

- ◆ 树立正确的学习观、价值观，自觉践行行业道德规范；
- ◆ 牢固树立质量第一、信誉第一的强烈意识；
- ◆ 培养学生小组合作、自主探究的能力；
- ◆ 培养学生自我激励、自我展示、勇于尝试的精神。

任务 2.1　了解 AE 图层五大属性

任务引入

在完成了对 AE 基础理论知识及素材导入管理的学习后，将进入项目制作的实践操作阶段。在这一阶段初期，将对 AE 图层的基本属性及其相关控制内容进行认知和操作，为后期制作打好基础。

任务要求

（1）打开软件，导入素材，新建合成；

（2）将相关素材拖入合成面板成为素材图层；

（3）了解图层的五大基础属性，并在拖入素材层上修改其相关的图层属性。

知识储备

在使用 AE 软件时，了解 AE 图层的 5 个基础属性是非常重要的。这些属性是：位置、缩放、旋转、锚点和不透明度。下面从多个角度分析这些属性的作用和使用方法。

1）位置

在 AE 软件中，“位置”属性是常用的属性之一。它用来控制图层在屏幕上的位置。通过调整位置属性的数值，可以将图层移动到任意位置。此外，多用来制作图层的位移动画，显示“位置”属性的快捷键为 P 键。普通二维图层的“位置”属性包括 X 轴和 Y 轴 2 个参数，三维图层则包括 X 轴、Y 轴和 Z 轴 3 个参数（见图 2.1.1）。

图 2.1.1　“位置”属性

2）缩放

“缩放”属性用来控制图层的大小，可以以轴心点为基准改变图层的大小，显示“缩放”属性的快捷键为 S 键。可以通过关键帧来实现动画效果。例如，将一个图层从小变大，在起始位置设置一个关键帧，再在终止位置设置另一个关键帧，AE 软件会自动计算中间的过渡动画。普通二维图层的“缩放”属性由 X 轴和 Y 轴两个参数组成，三维图层则由 X 轴、Y 轴和 Z 轴 3 个参数组成（见图 2.1.2）。

图 2.1.2 “缩放”属性

3）旋转

“旋转”属性用来控制图层的旋转角度，是指以轴心点为基准旋转图层，显示“旋转”属性的快捷键为 R 键。普通二维图层的“旋转”属性由“圈数”和“度数”两个参数组成，如“1x+45°”表示旋转了 1 圈又 45°（也就是 405°）（见图 2.1.3）。

图 2.1.3 “旋转”属性

4）锚点

“锚点”属性用来控制图层的旋转和缩放中心点。通过调整“锚点”属性的数值，可以使图层的旋转和缩放中心点发生变化。这对于一些特殊效果的制作非常有用。例如，如果想让一个图层以一个点为中心旋转，就可以将锚点设置在该点上。锚点即图层的轴心点。图层的位移、旋转和缩放操作都是基于锚点来进行的，显示“锚点”属性的快捷键为 A 键。当进行位移、旋转或缩放操作时，选择不同位置的轴心点将得到完全不同的视觉效果（见图 2.1.4）。

图 2.1.4 “锚点”属性

5）不透明度

“不透明度”属性用来控制图层的透明度。通过调整“不透明度”属性的数值，可以使图层变得透明或不透明。“不透明度”属性是以百分比的方式来调整图层的不透明度的，显示“不透明度”属性的快捷键为 T 键（见图 2.1.5）。

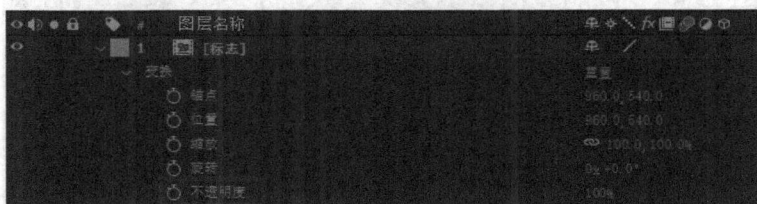

图 2.1.5 “不透明度”属性

任务实施

本任务为变更项目中“标志”图层的属性，具体操作步骤如下。

1）导入素材

导入“开学.aep”文件，选择“文件”→“导入”→“文件”命令，在打开的“导入文件”对话框中选择“开学.aep”文件，并单击“导入”按钮导入文件（见图 2.1.6）。

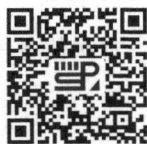

了解 AE 图层五大属性

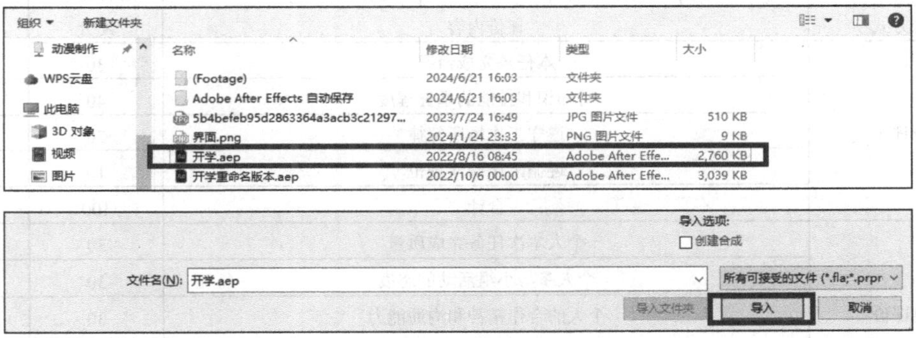

图 2.1.6　导入素材

2）变更图层的属性

在“时间轴”面板中改变素材图层的属性，看看图层会发生什么变化（见图 2.1.7）。

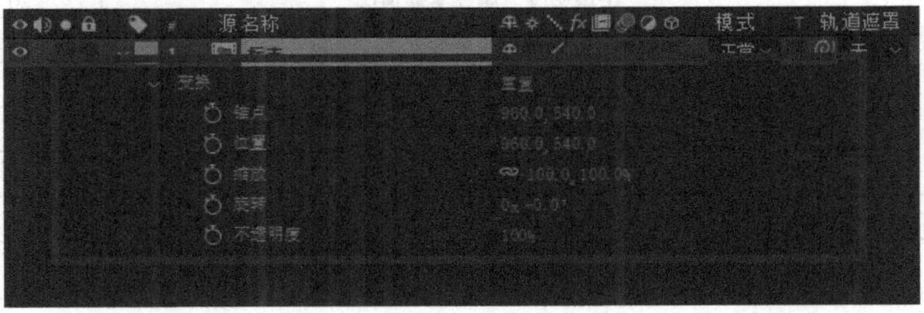

图 2.1.7　变更图层属性

变更“位置”属性，将 Y 轴坐标变更为 759（见图 2.1.8）。

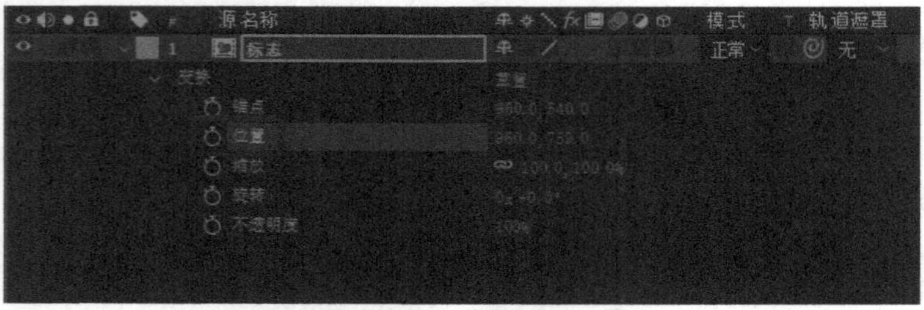

图 2.1.8　变更“位置”属性

任务评价

本次任务评价内容见表 2.1.1。

表 2.1.1　任务 2.1 评价表

<table>
<tr><td rowspan="2">基本信息</td><td>姓名</td><td></td><td>座号</td><td></td><td>班级</td><td></td><td>组别</td><td></td></tr>
<tr><td>规定时间</td><td></td><td>完成时间</td><td></td><td>考核日期</td><td></td><td>总评成绩</td><td></td></tr>
<tr><td colspan="2">评价方式</td><td colspan="5">评价内容</td><td>配分</td><td>得分</td></tr>
<tr><td colspan="2" rowspan="5">自我评价</td><td colspan="5">本任务完成情况</td><td>30</td><td></td></tr>
<tr><td colspan="5">对知识和技能的掌握程度</td><td>40</td><td></td></tr>
<tr><td colspan="5">遵守工作场所纪律</td><td>20</td><td></td></tr>
<tr><td colspan="5">遵循工作操作规范</td><td>10</td><td></td></tr>
<tr><td colspan="5">合计</td><td>100</td><td></td></tr>
<tr><td colspan="2" rowspan="5">小组评价</td><td colspan="5">个人本次任务完成质量</td><td>30</td><td></td></tr>
<tr><td colspan="5">个人参与小组活动的态度</td><td>30</td><td></td></tr>
<tr><td colspan="5">个人的合作精神和沟通能力</td><td>30</td><td></td></tr>
<tr><td colspan="5">个人素质评价</td><td>10</td><td></td></tr>
<tr><td colspan="5">合计</td><td>100</td><td></td></tr>
<tr><td colspan="2" rowspan="7">教师评价</td><td colspan="5">“位置”“锚点”属性掌握情况</td><td>20</td><td></td></tr>
<tr><td colspan="5">“缩放”属性掌握情况</td><td>20</td><td></td></tr>
<tr><td colspan="5">“不透明度”属性掌握情况</td><td>20</td><td></td></tr>
<tr><td colspan="5">“旋转”属性掌握情况</td><td>20</td><td></td></tr>
<tr><td colspan="5">制作规范</td><td>10</td><td></td></tr>
<tr><td colspan="5">小组合作情况</td><td>10</td><td></td></tr>
<tr><td colspan="5">合计</td><td>100</td><td></td></tr>
<tr><td colspan="9">总评成绩=自我评价×（ ）%+小组评价×（ ）%+教师评价×（ ）%=</td></tr>
</table>

拓展练习

根据所学知识，结合自身需求，对导入合成的不同素材进行 5 种图层属性的设置。

任务 2.2　设置关键帧

任务引入

在学习 AE 图层的基本属性及其相关控制内容并进行了操作训练后，接下来就进入关键帧动画的学习与制作环节。关键帧动画是 AE 特效动画制作的核心基础之一，学好相关技术知识对于后期的特效制作有极大的帮助。

任务要求

（1）熟悉关键帧的概念、设置方法及相关命令；

（2）对项目素材层进行关键帧的基础操作。

知识储备

1. 关键帧

关键帧的概念来源于传统的卡通动画。在早期的迪士尼工作室中，动画设计师负责设计卡通片中的关键帧画面，即关键帧（见图 2.2.1）。然后由动画设计师助理来完成中间帧的制作。

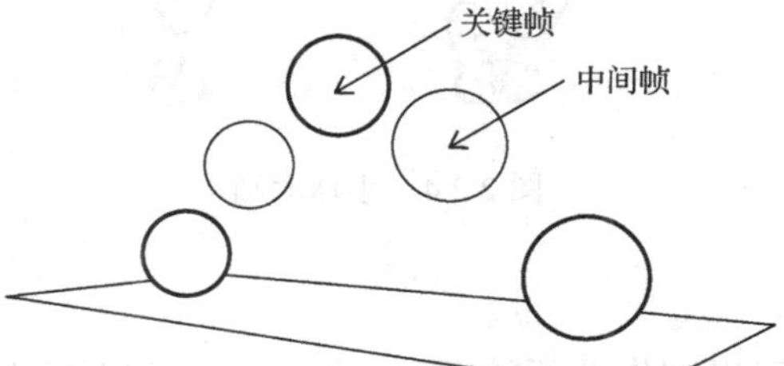

图 2.2.1　关键帧的概念

在计算机动画中，中间帧可以由计算机来完成，插值代替了设计中间帧的动画设计师助理，所有影响画面图像的参数都可以作为关键帧的参数（见图 2.2.2）。

2. 关键帧动画

在 AE 软件的关键帧动画中，至少需要两个关键帧才能产生作用，第 1 个关键帧表示动画的起始状态，第 2 个关键帧表示动画的结束状态，而中间的动态过程则由计算机通过插值计算得出（见图 2.2.3）。当然，在起始状态与结束状态之间，还可以有其他的关键帧来表示运动状态的转折点。

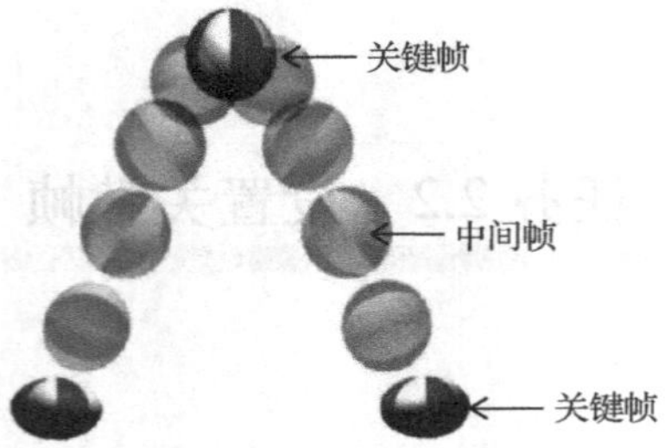

图 2.2.2　中间帧与关键帧

图 2.2.3　关键帧动画

图 2.2.4 所示的小球动画中，其中状态 1 是起始状态，状态 17 是结束状态，状态 6 和 13 是运动状态的转折点，它们同样是关键帧，而其余的状态则是通过计算机插值生成的中间动画状态。

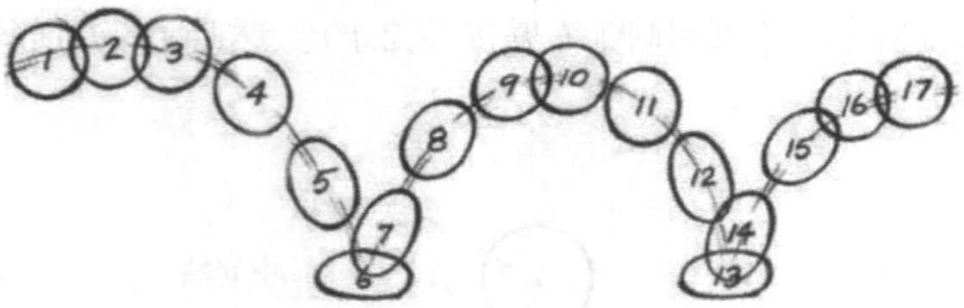

图 2.2.4　小球动画

3. 激活关键帧

在 AE 软件中，每个可以制作动画的图层，图层属性前面都有一个“时间变化秒表”按钮，单击该按钮，使其呈凹陷状态，即可开始制作关键帧动画（见图 2.2.5）。

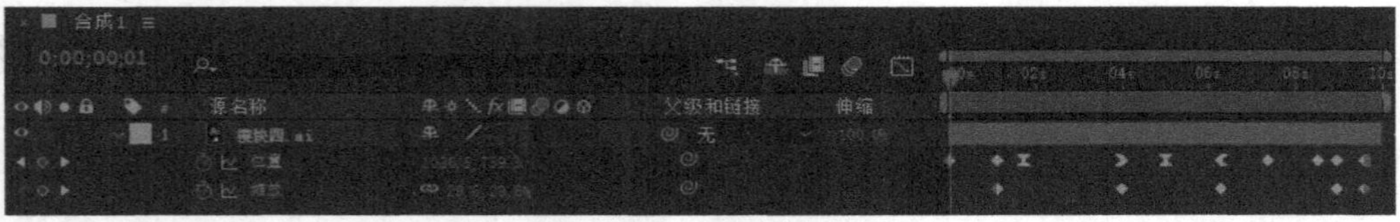

图 2.2.5　激活关键帧

一旦激活“时间变化秒表”按钮，“时间轴”面板中的任何时间进程都将产生新的关键帧；再次单击“时间变化秒表”按钮，所有设置的关键帧都将消失，参数设置将保持当前时间的参数值。

任务实施

本任务为在素材时间轴中激活关键帧，具体操作步骤如下。

1）打开项目

选择“文件”→“打开项目”命令，在“打开”对话框中，选择“模块 4.aep”，单击“打开”按钮（见图 2.2.6）。

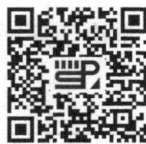

认识关键帧动画基本设置

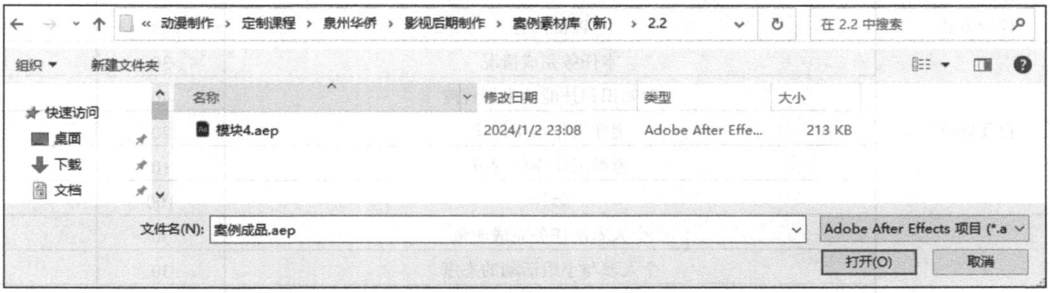

图 2.2.6　打开项目

2）激活关键帧

在“时间轴”面板展开“模块四.ai”的图层属性，单击“锚点”和“位置”属性前的“时间变化秒表”按钮。激活“锚点”和“位置”属性的关键帧（见图 2.2.7）。

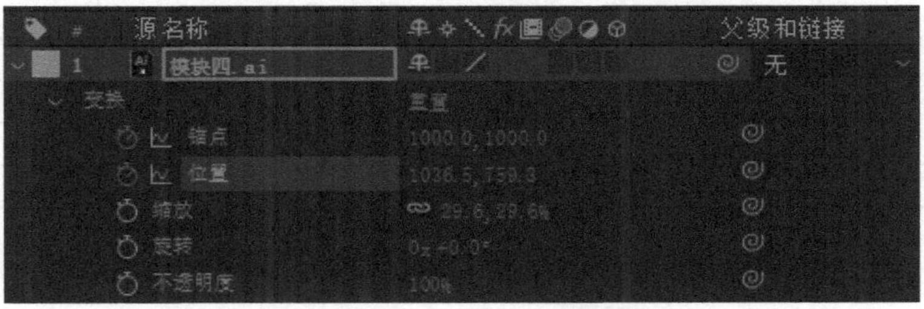

图 2.2.7　激活“锚点”和“位置”的关键帧

3）关闭关键帧

在激活状态下，“时间变化秒表”按钮呈现蓝色，再次单击“锚点”和“位置”属性前的“时间变化秒表”图标将关键帧关闭（见图 2.2.8）。

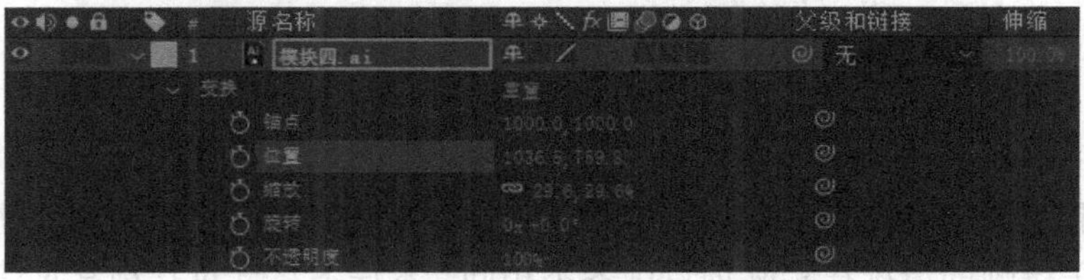

图 2.2.8　关闭关键帧

任务评价

本次任务评价内容见表 2.2.1。

表 2.2.1　任务 2.2 评价表

基本信息	姓名		座号		班级		组别	
	规定时间		完成时间		考核日期		总评成绩	
评价方式		评价内容					配分	得分
自我评价		本任务完成情况					30	
		对知识和技能的掌握程度					40	
		遵守工作场所纪律					20	
		遵循工作操作规范					10	
		合计					100	
小组评价		个人本次任务完成质量					30	
		个人参与小组活动的态度					30	
		个人的合作精神和沟通能力					30	
		个人素质评价					10	
		合计					100	
教师评价		打开 AE 文件					10	
		导入素材					20	
		掌握关键帧原理					20	
		设置关键帧					30	
		制作规范					10	
		小组合作情况					10	
		合计					100	
总评成绩=自我评价×（ ）%+小组评价×（ ）%+教师评价×（ ）%=								

拓展练习

根据所学知识，结合自身需求，对导入合成的素材层进行图层属性的关键帧动画设置。

任务 2.3　制作简单关键帧动画

任务引入

学习了关键帧动画的基础知识，即将开始制作关键帧动画。制作关键帧动画就需要编辑关键帧，编辑关键帧的情况在实际项目中各不相同，本任务将针对几种常见情况进行学习与操作。

任务要求

（1）熟悉关键帧的几种形式；

（2）了解关键帧的作用；

（3）对素材层进行相关属性关键帧的编辑。

知识储备

1. 编辑关键帧

1）选择关键帧

在选择关键帧时，主要有以下 3 种情况。第 1 种情况，如果要选择单个关键帧，只需要单击关键帧即可。第 2 种情况，如果要选择多个关键帧，可以在按住 Shift 键的同时连续单击需要选择的关键帧，也可通过框选来选择需要的关键帧。第 3 种情况，如果要选择图层属性的所有关键帧，只需单击“时间轴”面板中的图层属性的名称即可（见图 2.3.1）。

图 2.3.1　选择关键帧

2）调整关键帧数值

如果要调整关键帧数值，可以在当前关键帧上双击，然后在打开的对话框中设置相应的数值即可。此外，在当前关键帧上右击，在弹出的快捷菜单中执行“编辑值”命令，也可以调整关键帧数值（见图 2.3.2）。

3）移动关键帧

选择关键帧后，按住鼠标左键的同时拖曳关键帧即可移动关键帧。如果选择的是多个关键帧，那么在移动关键帧后，这些关键帧之间的相对位置将保持不变（见图 2.3.3）。

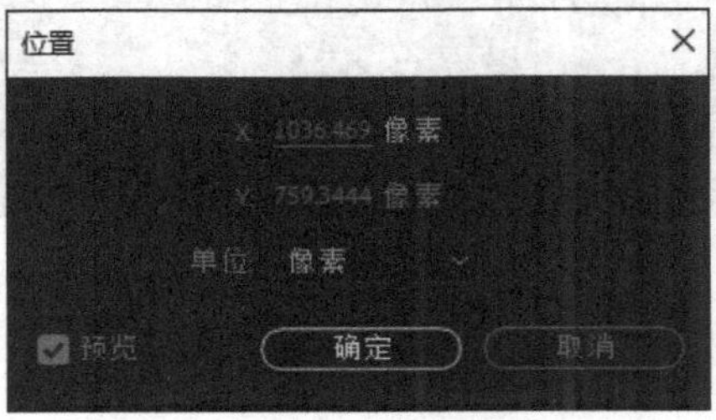

图 2.3.2　调整关键帧数值

图 2.3.3　移动关键帧

4）整体缩放关键帧间隔时间

同时选择 3 个以上的关键帧，在按住 Alt 键的同时使用鼠标左键拖曳第 1 个或最后 1 个关键帧，可以对这组关键帧间隔时间进行整体缩放（见图 2.3.4）。

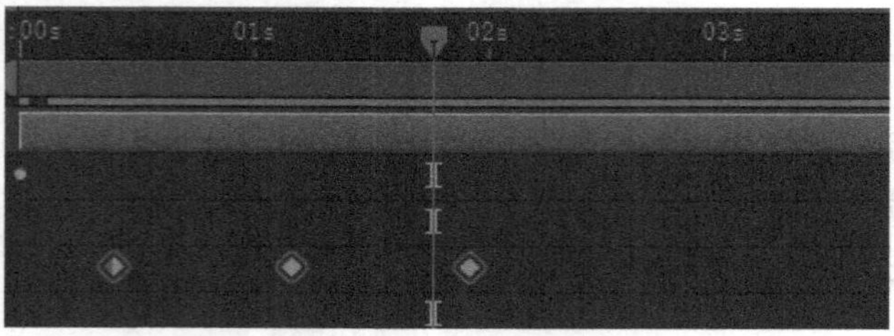

图 2.3.4　对关键帧间隔时间进行整体缩放

2. 关键帧的形式和作用

1）常见的关键帧形式

常见的关键帧形式有两种，分别是“线性”插值和“贝塞尔曲线”插值（见图 2.3.5）。

图 2.3.5　常见的关键帧形式

（1）线性。“线性”插值是在关键帧之间对数据进行平均分配（见图 2.3.6）。

（2）贝塞尔曲线。“贝塞尔曲线”插值是基于贝塞尔曲线的形状，改变数值变化的速度（见图 2.3.7）。

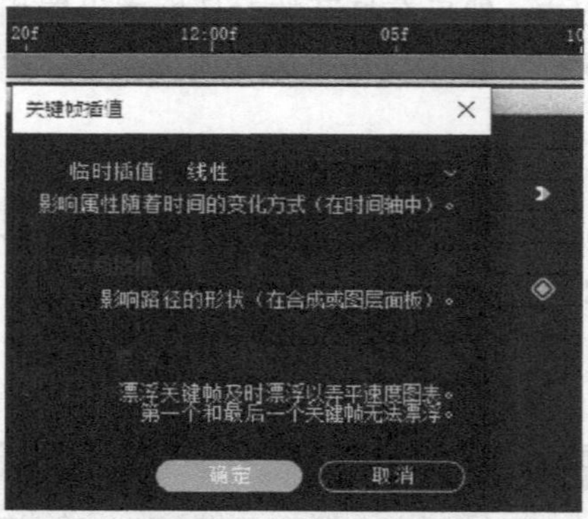

图 2.3.6　“线性”插值

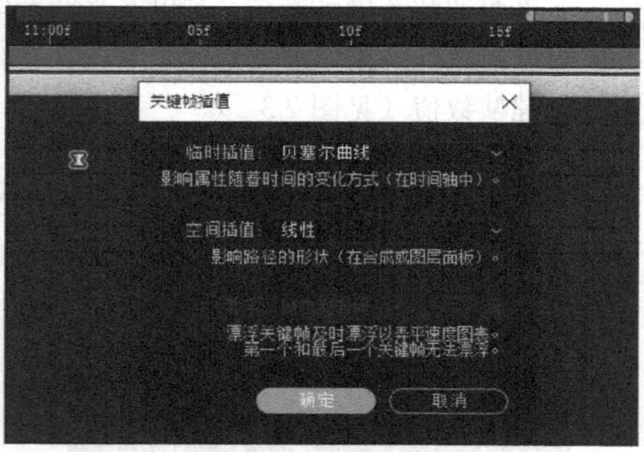

图 2.3.7　“贝塞尔曲线”插值

2）改变关键帧的形式

如果要改变关键帧的插值方式，可以选择需要调整的一个或多个关键帧，然后执行“动画”→“关键帧插值”命令（见图 2.3.8），在打开的“关键帧插值”对话框中进行详细设置。

从“关键帧插值”对话框（见图 2.3.9）中可以看到调节关键帧插值的运算方法有 3 种。

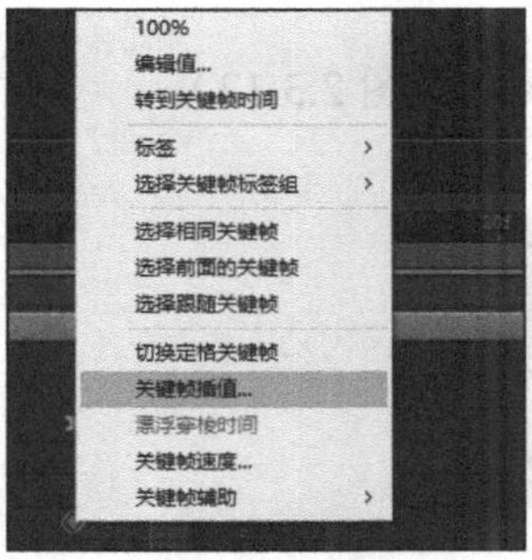

图 2.3.8　改变关键帧的形式

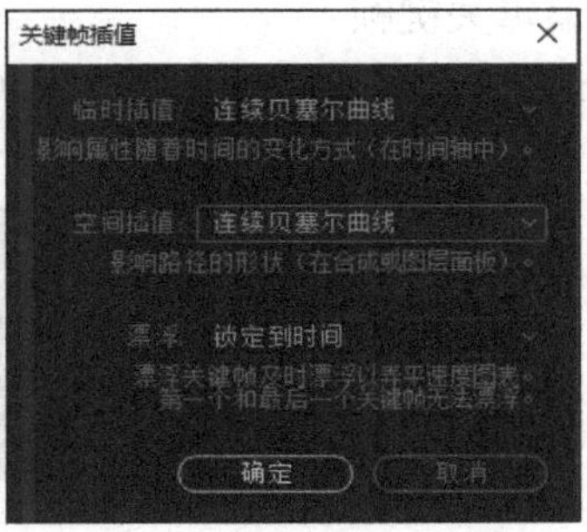

图 2.3.9　“关键帧插值”对话框

第 1 种，“临时插值”运算方法。该方法可以用来调整与时间相关的属性，控制进入关键帧和离开关键帧时的速度变化，同时也可以实现匀速运动、加速运动和突变运动等。

第 2 种，“空间插值”运算方法。该方法仅对“位置”属性起作用，主要用来控制空间运动路径。

第 3 种，“漂浮”运算方法。该方法使漂浮关键帧及时漂浮以弄平速度图表，第一个和最后一个关键帧无法漂浮。

任务实施

本任务为在素材时间轴中激活关键帧，具体操作步骤如下。

制作简单关键帧动画

1）打开项目

选择“文件”→“打开项目”命令，在“打开”对话框中选择“模块4.aep”，单击“打开”按钮（见图 2.3.10）。

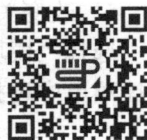

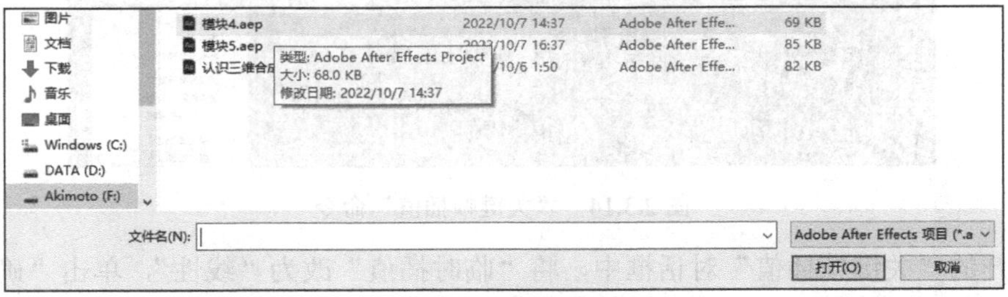

图 2.3.10　打开项目

2）选择关键帧

在“时间轴”面板展开“模块四.ai”图层的“变换”扩展内容，单击选择“模块四.ai”“位置”属性第 4 个关键帧（见图 2.3.11）。

图 2.3.11　选择关键帧

3）编辑关键帧

双击该关键帧，设置其 X 为 536 像素、Y 为 234 像素（见图 2.3.12）。

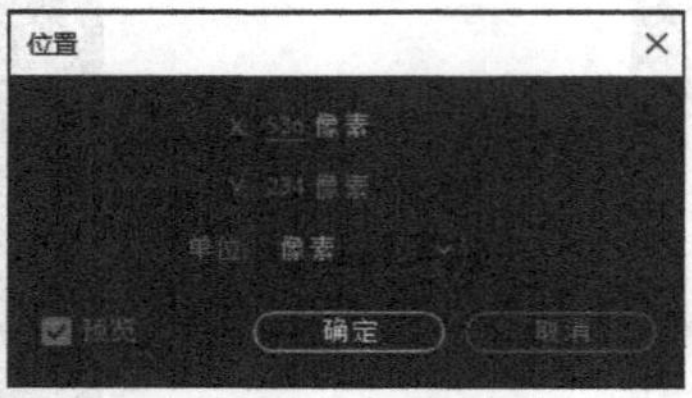

图 2.3.12　编辑关键帧

4）移动关键帧

按住左键将关键帧拖动至第 3 秒第 21 帧（见图 2.3.13）。

图 2.3.13　移动关键帧

5）改变关键帧形式

选择“模块四.ai”图层，找到图层的“位置”属性，在第 3 个关键帧上右击，在弹出的快捷菜单中选择“关键帧插值”命令（见图 2.3.14）。

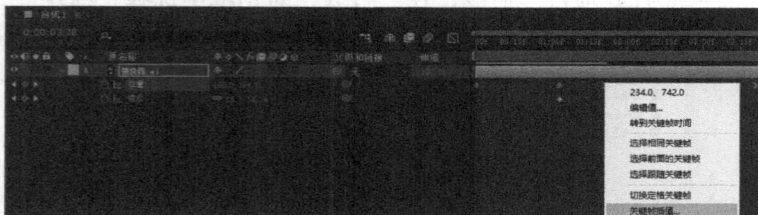

图 2.3.14　“关键帧插值”命令

在打开的“关键帧插值”对话框中，将“临时插值”改为“线性”，单击“确定”按钮（见图 2.3.15）。

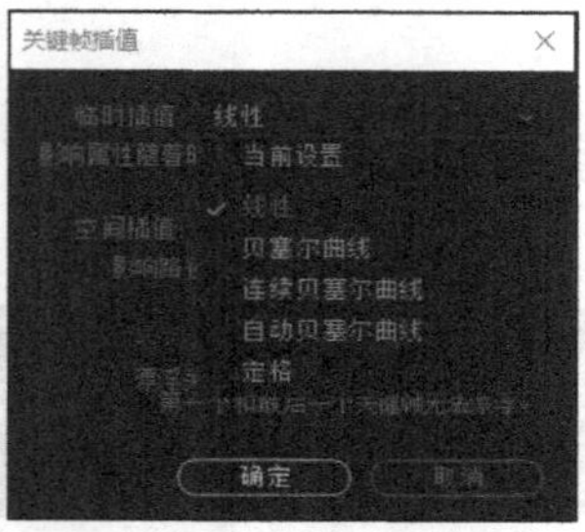

图 2.3.15　设置“临时插值”

任务评价

本次任务评价内容见表 2.3.1。

表 2.3.1　任务 2.3 评价表

<table>
<tr><td rowspan="2">基本信息</td><td>姓名</td><td></td><td>座号</td><td></td><td>班级</td><td></td><td>组别</td><td></td></tr>
<tr><td>规定时间</td><td></td><td>完成时间</td><td></td><td>考核日期</td><td></td><td>总评成绩</td><td></td></tr>
<tr><td colspan="2">评价方式</td><td colspan="5">评价内容</td><td>配分</td><td>得分</td></tr>
<tr><td colspan="2" rowspan="5">自我评价</td><td colspan="5">本任务完成情况</td><td>30</td><td></td></tr>
<tr><td colspan="5">对知识和技能的掌握程度</td><td>40</td><td></td></tr>
<tr><td colspan="5">遵守工作场所纪律</td><td>20</td><td></td></tr>
<tr><td colspan="5">遵循工作操作规范</td><td>10</td><td></td></tr>
<tr><td colspan="5">合计</td><td>100</td><td></td></tr>
<tr><td colspan="2" rowspan="5">小组评价</td><td colspan="5">个人本次任务完成质量</td><td>30</td><td></td></tr>
<tr><td colspan="5">个人参与小组活动的态度</td><td>30</td><td></td></tr>
<tr><td colspan="5">个人的合作精神和沟通能力</td><td>30</td><td></td></tr>
<tr><td colspan="5">个人素质评价</td><td>10</td><td></td></tr>
<tr><td colspan="5">合计</td><td>100</td><td></td></tr>
<tr><td colspan="2" rowspan="7">教师评价</td><td colspan="5">移动、复制和粘贴关键帧</td><td>10</td><td></td></tr>
<tr><td colspan="5">对一组关键帧进行缩放</td><td>20</td><td></td></tr>
<tr><td colspan="5">设置“贝塞尔曲线”插值</td><td>20</td><td></td></tr>
<tr><td colspan="5">掌握自动缓冲关键帧</td><td>20</td><td></td></tr>
<tr><td colspan="5">掌握线性匀速的关键帧</td><td>20</td><td></td></tr>
<tr><td colspan="5">小组合作情况</td><td>10</td><td></td></tr>
<tr><td colspan="5">合计</td><td>100</td><td></td></tr>
<tr><td colspan="9">总评成绩=自我评价×（ ）%+小组评价×（ ）%+教师评价×（ ）%=</td></tr>
</table>

拓展练习

根据所学知识，结合自身需求，对导入合成的素材层进行关键帧属性参数动画的修改设置。

任务 2.4　合成设置与渲染输出

任务引入

在项目作品制作完毕之后，可以通过使用键盘上的空格键来进行相关动画的播放，查看动画制作的效果，但是这样的播放效果离开 AE 软件是无法实现的。因此，需要将 AE 中的动画效果输出为一个视频、音频、序列等需要的格式，这样才能在未安装 AE 软件的计算机、手机、网络平台进行播放。合成渲染设置中可以设置要渲染的格式、品质、名称等参数，帮助更好地完成渲染输出工作，因此本任务的学习必不可少。

任务要求

（1）了解渲染输出相关参数设置，掌握具体操作步骤；

（2）灵活掌握“渲染队列”面板的相关项目内容；

（3）能独立为制作好的特效动画进行视频格式的成品渲染输出。

知识储备

1. 视频基础知识

1）帧速率

PAL 制电视的播放设备使用的是每秒 25 幅画面，使用正确的播放帧速率才能流畅地播放动画。过多的帧速率会导致资源浪费，过少的帧速率会使画面播放不流畅，从而产生抖动。

2）逐行扫描与隔行扫描

一个标准的 TV 屏幕由 576 条可视水平线组成。逐行扫描是一行接一行连续扫描，而隔行扫描则是将水平线分为奇数行和偶数行，先扫描奇数行，全部完成后再扫描偶数行，显示画面闪烁较大。通常用在早期的显示产品中，如模拟摄像机、电视机和家用录像系统。

3）电视播放制式

目前，全世界正在使用的 3 种电视制式分别是 NTSC 制、PAL 制和 SECAM 制，这 3 种制式之间存在一定的差异。

4）常用视频压缩编码格式

常用的视频压缩编码格式大体上有 AVI、DV AVI、MPEG、H.264、DivX、MOV、ASF、RM、RMVB 等。不同格式有不同的特点，具体如下。

AVI：优点是图像质量好，可以跨多个平台使用。缺点是体积过于庞大，压缩标准不统一。

MPEG：家庭常看的 VCD、DVD 都是这种格式。采用有损压缩方法减少运动图像中的冗余信息。分为 3 种压缩标准：MPEG-1（VCD 制作格式）、MPEG-2（图像质量及传输率更高）、MPEG-4（为播放高质量视频专门设计）。

DivX：是 MPEG-4 的衍生，压缩技术是对 DVD 高质量的压缩，而画质直逼 DVD 且大小只有它的几分之一。

MOV：是美国 Apple 公司开发的，具有较高的压缩比率和较完美的视频清晰度，最大特点是跨平台性。

RM：即 Real Media，能在低速率的网络上进行影像传送和播放，更大特点在于用户不用下载视频内容也能使用 RealPlayer 播放器播放。

2. 渲染和输出的设置

真正的渲染是需要将 AE 中的动画效果生成输出为一个视频、图片、音频、序列等需要的格式。例如，输出常用的视频格式 MOV、AVI，这样就可以将渲染的文件在计算机、手机上播放，甚至上传到网络也可以播放。接下来进行渲染工作区的设置。

在“项目”面板中选择合成项目，按 Ctrl+M 快捷键，或选择“合成”→“添加到渲染队列”命令即可打开“渲染队列”面板，并将该合成项目加入渲染队列（见图 2.4.1）。

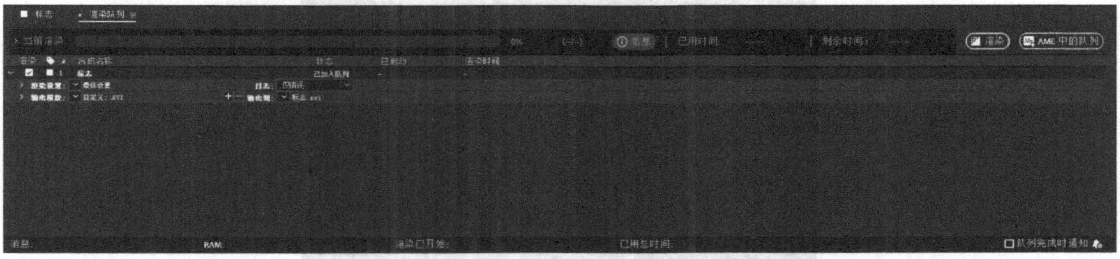

图 2.4.1　“渲染队列”面板

1）“渲染队列”面板

上部为渲染信息，显示在渲染过程中的内存消耗、渲染时间等信息；中间为渲染进程指示，显示渲染的进度；下方为渲染序列，每个需要渲染的合成项目都在此排队，等候渲染。可以上下拖动渲染任务，重新为它们排序，或者选择一个任务，按 Delete 键，即可取消该项目的渲染任务。

单击“渲染”按钮，即可开始进行渲染处理。

在“渲染队列”面板的上方有一行标题栏，分别显示渲染队列的合成名称、当前状态、开始渲染时间、渲染时间（见图 2.4.2）。

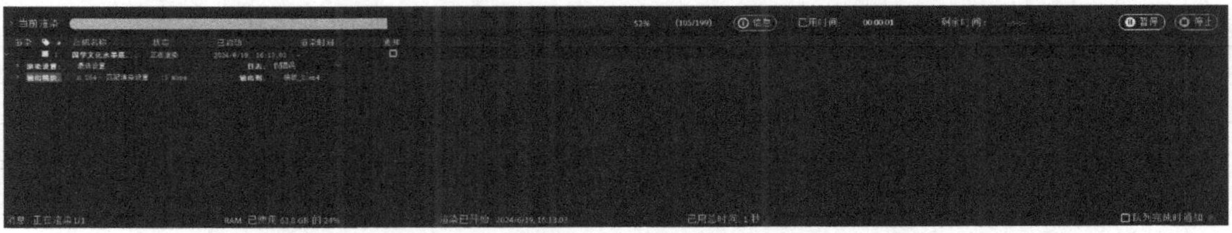

图 2.4.2　渲染状态

注意当前状态的显示，观察该栏可以知道渲染队列渲染情况。

队列：表示该队列已经设置渲染参数，按下“渲染”按钮即可开始渲染。

失败：表示该队列渲染失败，可以查看 AE 生成的记录文件，改正渲染错误。

已停止：表示操作者停止了渲染。

完成：表示渲染已经顺利完成。

2）“渲染设置”对话框

在“渲染队列”面板中，单击“渲染设置”右侧文字，弹出“渲染设置”对话框（见图 2.4.3）。

品质：渲染质量设置，可以选择最佳、草稿质量、线框模式，后两者是为了测试用的。

分辨率：分辨率设置，可以选择完整，与合成项目相同的尺寸输出，或者一半的尺寸输出，或者三分之一、四分之一的尺寸输出，或者自定义更小的尺寸输出。

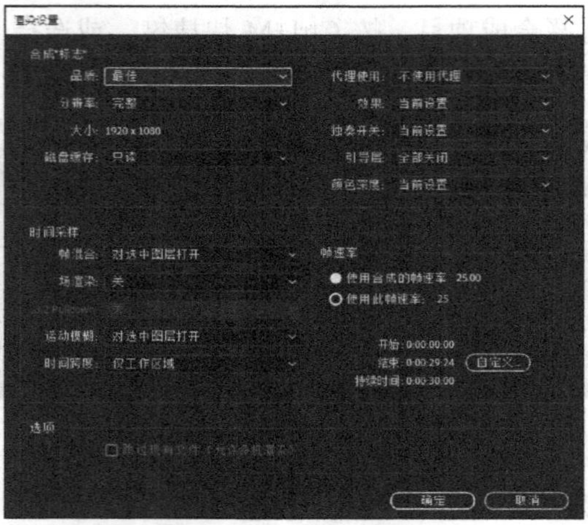

图 2.4.3 “渲染设置”对话框

代理使用：代理设置，可以选择渲染所有代理或只渲染合成项目中的代理，或不渲染任何代理。

效果：效果设置，可以选择渲染所有的效果或关闭所有的效果。或者按照每个效果的开关是否打开而确定是否渲染。

帧混合：帧融合设置，可以按照每层帧融合开关是否打开而决定是否渲染，也可以关闭所有的帧融合渲染。

场渲染：可以选择不加场渲染，或者加上场优先渲染，或者加下场优先渲染。

运动模糊：运动模糊设置，可以对选中图层打开运动模糊开关，或者对所有图层关闭运动模糊渲染。当选择运动模糊渲染时，可以选中下面的 Override Shutter Angle 复选框，选择以此处设置的快门角度（Shutter Angle）的大小取代系统默认的快门角度大小，如果不选择该选项，则 AE 以默认的快门角度进行运动模糊渲染。

时间跨度：设置有效的渲染片段，可以是合成项目的持续时间（“合成长度”），或者是时间线窗口的工作时间段（“仅工作区域”），或者自定义，选择“自定义”选项或单击右侧的“自定义”按钮，都会弹出“自定义时间范围”，可以设置渲染的开始帧、结束帧，定义渲染片段的持续时间。

帧速率：帧速率设置，定义影片的帧速率，可以使用合成项目的帧速率，或者自定义一个帧速率。

在设置窗口的下部还有一个“跳过现有文件”复选框，选中此复选框可以在多机联合渲染时，各机分工协作，只渲染本机没有的文件，不重复渲染已有的文件。单机系统中该复选框无法使用。

3）“渲染设置模板”窗口

可以看到渲染设置还是比较耗费时间的，不过 AE 提供了渲染模板设置功能，用户可以预先定义好几个渲染模板，选择调用即可，这样就不需要一次又一次地重复设置了。

在菜单栏中选择“编辑”→“模板”→“渲染设置”命令，打开“渲染设置模板”对话框（见图 2.4.4）。

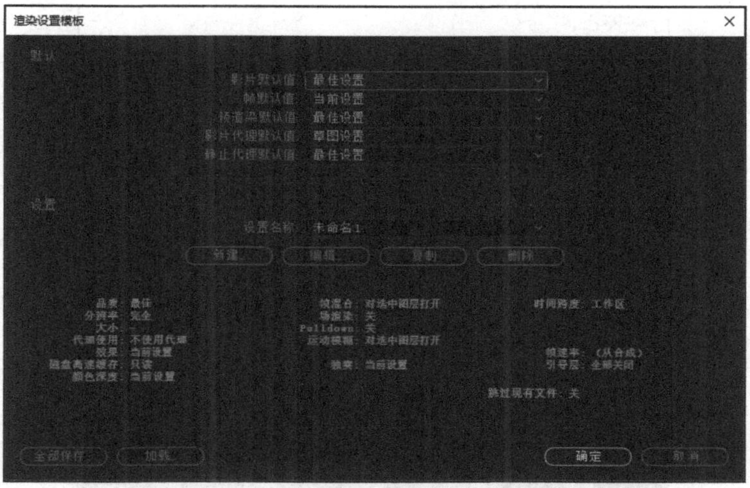

图 2.4.4　“渲染设置模板”对话框

AE 已经预先定义了 5 个渲染模块：DV 设置、多机设置、当前设置、最佳设置、草图设置（见图 2.4.5）。

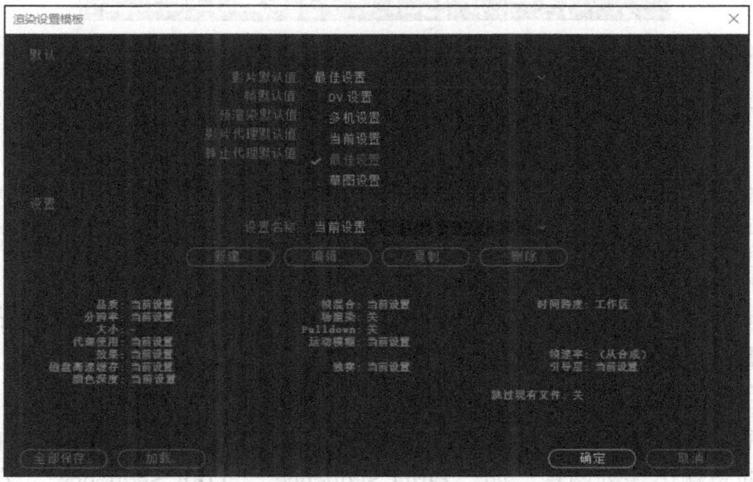

图 2.4.5　渲染模块

“默认”选项组中定义了影片渲染、单帧渲染、预览渲染、代理渲染、静止代理渲染采用的默认模板，可以从下拉菜单中选择模板作为默认模板。

可以在“设置”选项组中对这些模板进行编辑、复制、保存操作，并可以创建新的模板、删除不需要的模板，可以单击“设置名称”右侧的下拉按钮，选择渲染模板使用。

4）“输出模块设置”对话框

在“渲染队列”面板中，单击“输出模块”右侧文字，弹出“输出模块设置”对话框（见图 2.4.6）。

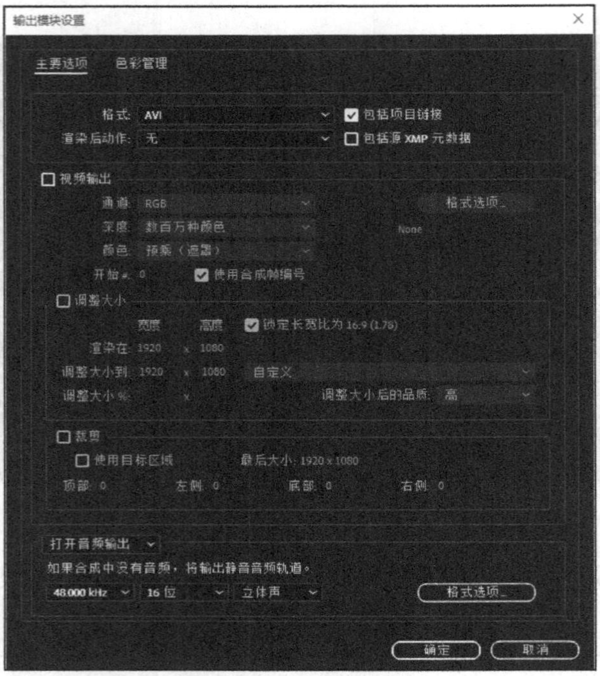

图 2.4.6 “输出模块设置”对话框

如果需要渲染带有声音的影片，在对话框下方的下拉列表中选择“自动音频输出”选项即可。

格式：选择输出格式，支持 PC 上最常用的 Video For Windows、各种音频、视频格式，序列图片等；当选择输出格式后，可以单击“格式选项”按钮，在打开的对话框中选择该输出格式的一些具体设置。

通道：选择通道设置，可以只输出颜色通道或者 Alpha 通道，或者两者都输出。

深度：设置颜色深度，颜色数越多，色彩越丰富，生成的文件尺寸也越大。

颜色：颜色设置，控制透明信息是否也存在颜色通道内。

以上这些信息在对生成影片的视频格式、压缩格式设定后，一般不需要再单独设置。

如果选择的是输出序列图片，如“Targa Sequence”“TIFF Sequence”，在设置窗口中还会多出如下的一个选项：可以在这里设置序列图片的起始编号。

调整大小：控制输出文件的帧尺寸。

裁剪：可以对输出图像进行裁剪。

自动音频输出：控制音频的输出控制。

5）“输出模块模板”对话框

同渲染设置一样，输出设置也有输出模板可以编辑、调用。在菜单栏中选择“编辑”→“模板”→“输出模块”命令，打开“输出模块模板”对话框（见图 2.4.7）。

AE 内置了 12 种输出模板，针对影片输出、单帧输出、内存预览、预渲染、影片代理分别设置了各种输出模板，可以在下拉菜单中改变这些默认设置（见图 2.4.8）。

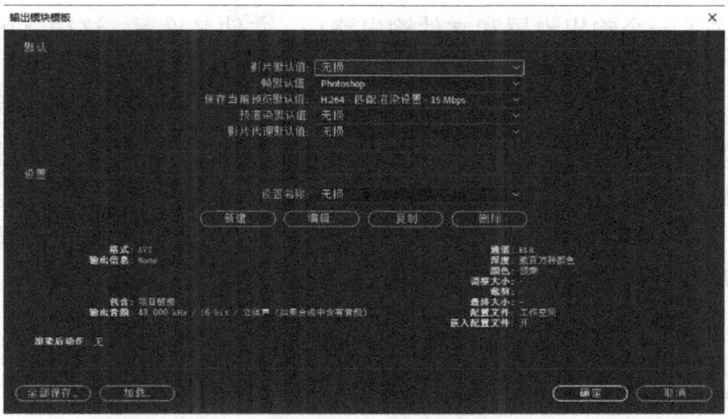

图 2.4.7　“输出模块模板”对话框

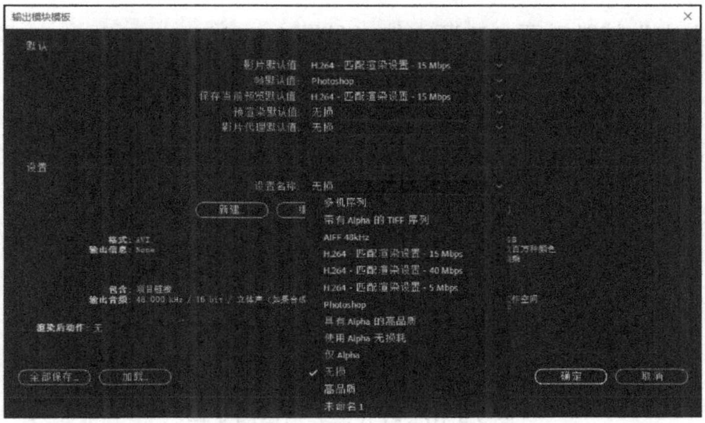

图 2.4.8　更改默认设置

其他操作与渲染模板相同。

6）其他输出设置

日志：AE 在渲染的同时可以生成一个文本样式（TXT）的日志文件，该文件可以记录渲染错误的原因及其他信息，可以在渲染信息窗口中看到保存该文件的路径信息。

输出到：定义渲染输出文件的文件名及保存路径。

渲染设置、输出设置、文件名及路径设置完毕后，就可以按下“渲染”按钮，开始渲染了。AE 可以为同一个合成项目输出多个不同的版本，比如同时输出影片和它的 Alpha 通道，以不同的解析度、不同的尺寸输出，当需要对合成项目采取多种格式输出时，首先在“渲染队列”面板中选择该渲染任务，在菜单栏中选择“合成”→“添加输出模块”命令（见图 2.4.9）。

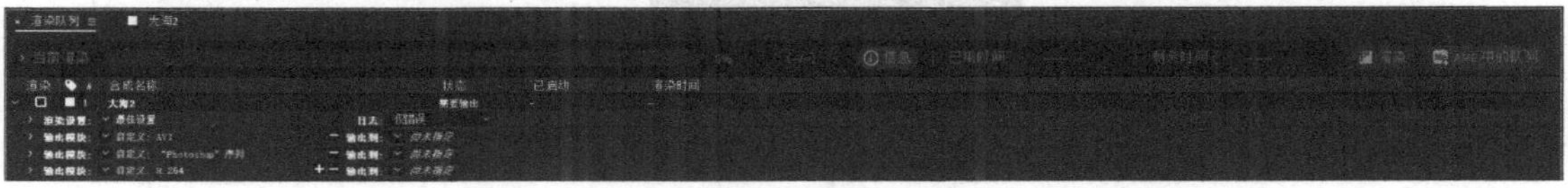

图 2.4.9　添加输出模块

该渲染任务多了一个输出设置和文件输出路径、文件名设置，这样就可以对合成项目进行多种格式输出了。

AE 可以对影片的单帧进行渲染，首先在时间线窗口中定位当前时间标志到希望渲染的单帧处，然后在菜单栏中选择“合成”→“帧另存为”→“文件”命令，弹出“将帧输出到：”对话框，设置参数后即可渲染出单帧；如果希望输出的单帧中带有 AE 的层信息，在菜单栏中选择“合成”→“帧另存为”→“Photoshop 图层”命令，AE 直接将单帧保存为多层的 PSD 文件，这些层与 AE 的层一致。

任务实施

本任务为需要输出影片的“电流文字”特效动画设置渲染输出参数，具体操作步骤如下。

合成设置与渲染输出

1）打开项目

打开“电流文字”特效动画 AE 源文件（见图 2.4.10）。

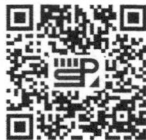

图 2.4.10　打开需要渲染的文件

2）打开“渲染队列”面板

激活“时间轴”面板，可以通过以下 3 种方式打开“渲染队列”面板：在菜单栏中执行“文件”→“导出”→“添加到渲染队列”命令；执行“合成”→“添加到渲染队列”命令（见图 2.4.11）；直接按 Ctrl+M 快捷键。

图 2.4.11　打开“渲染队列”面板的方式

此时“时间轴”面板中弹出“渲染队列”面板（见图 2.4.12）。

图 2.4.12　“渲染队列”面板

3）进行输出设置

单击“输出到”右侧文字，打开“将影片输出到”对话框，为输出文件命名并选择文件保存位置（见图 2.4.13）。

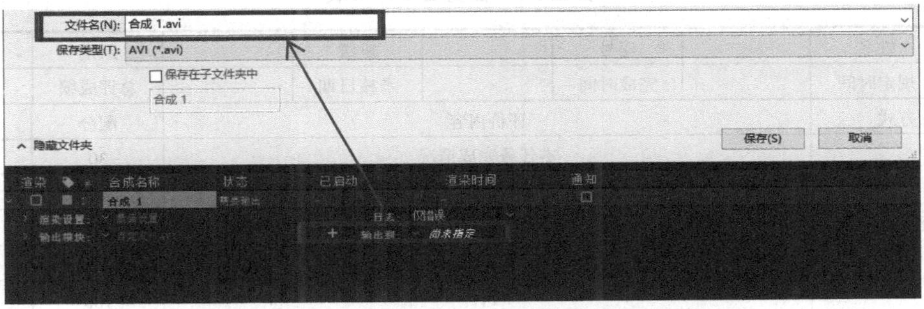

图 2.4.13　设置文件名并选择保存位置

按下“输出模块”右侧文字，打开“输出模块设置”对话框，为输出文件选择 AVI 格式（见图 2.4.14）；单击“格式选项”按钮，打开“AVI 选项”对话框，将“视频编解码器”设置为“DV NTSC”，其他保持默认设置即可（见图 2.4.15）。

图 2.4.14　选择输出格式

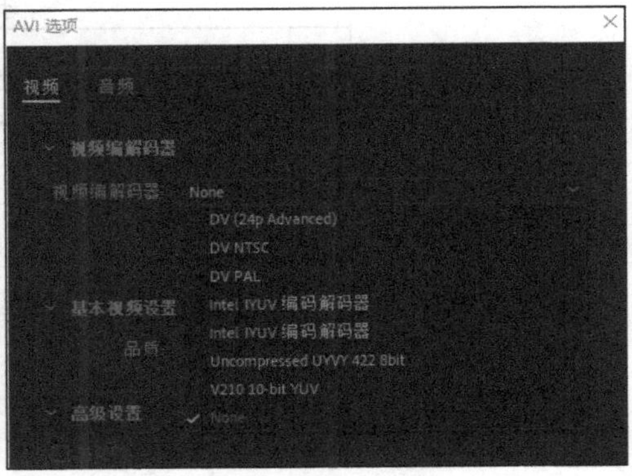

图 2.4.15　“格式选项”设置

4）渲染输出

全部设置完成后，单击“渲染”按钮，即可进行渲染输出（见图 2.4.16）。

图 2.4.16　设置完成后进行渲染输出

任务评价

本次任务评价内容见表 2.4.1。

表 2.4.1　任务 2.4 评价表

基本信息	姓名		座号		班级		组别	
	规定时间		完成时间		考核日期		总评成绩	
评价方式		评价内容					配分	得分
自我评价		本任务完成情况					30	
		对知识和技能的掌握程度					40	
		遵守工作场所纪律					20	
		遵循工作操作规范					10	
		合计					100	
小组评价		个人本次任务完成质量					30	
		个人参与小组活动的态度					30	
		个人的合作精神和沟通能力					30	
		个人素质评价					10	
		合计					100	
教师评价		打开需要渲染输出的文件					20	
		打开“渲染队列”面板					20	
		设置输出名称及保存位置					20	
		进行“输出模块”参数设置					30	
		小组合作情况					10	
		合计					100	
总评成绩=自我评价×（ ）%+小组评价×（ ）%+教师评价×（ ）%=								

拓展练习

根据所学知识，进行其他项目的渲染输出设置，并渲染输出视频或序列图片文件。

项目 3

制作文字特效

项目导读

在 AE 中，文字特效动画是一个重要的知识模块。文字特效的制作、影视作品字幕的添加等，是生成整个作品的重要步骤之一，更是诠释主题的有力支撑及点睛之笔。丰富生动的文字特效以及节目语音内容的文字显示制作或字幕制作，将文字表达内容和视频画面、音频效果结合，更加清晰明了地表现节目内容，阐述作品表达的主旨思想。本项目的主要任务就是掌握如何在 AE 中创建文字、优化文字、制作文字动画，以及创建文字蒙版和形状轮廓等，为视频主题阐述和情感升华提供更好的表现手段。

学习目标

知识目标

◆ 了解文字工具的作用；

◆ 熟悉文字图层的属性；

◆ 了解文字特效种类及应用场景。

能力目标

◆ 掌握制作路径文字的方法；

◆ 掌握主要文字特效的制作方法；

◆ 能够对综合文字特效进行应用。

素养目标

◆ 树立正确的学习观、价值观，自觉践行行业道德规范；

◆ 牢固树立质量第一、信誉第一的强烈意识；

◆ 培养学生小组合作、自主探究的能力；

◆ 培养学生自我激励、自我展示、勇于尝试的精神。

任务 3.1　认识文字工具与图层

任务引入

在完成对 AE 基础理论知识及素材导入管理的学习后，进入文字特效项目制作的实际操作阶段。这一阶段初期，将对文字工具的基本属性及其相关操作内容进行学习操作，为后期制作打好基础。

任务要求

（1）打开软件，新建合成；

（2）使用文字工具创建文字；

（3）按案例任务要求进行文字属性的调节设置。

知识储备

1. 文本图层

在 AE 中，可以灵活、精确地添加“效果和预设”面板中的文本工具，“字符”以及“段落”面板包含大量的文本控件。在合成窗口面板中，可以直接在屏幕上创建和编辑横排或竖排文本，快速改变文本的字体、风格、大小和颜色。可以修改单个字符，也可以设置整个段落的格式选项，包括文本对齐方式、边距和自动换行。除此以外，AE 还提供了可以方便地对指定字符和属性（如文字的不透明度和色相）进行动画处理的工具。

AE 使用两种类型的文本：点阵文本和段落文本。点阵文本适用于输入单个单词或行字符，段落文本适用于输入和格式化一段或多段文本。

在很多方面，文本图层和 AE 内的其他图层类似。可以对文本图层应用特效和表达式，对其进行动画处理，将其指定为 3D 图层，并且可以在编辑 3D 文本时以多种角度查看它。与从 Illustrator 导入的图层一样，文本图层也被栅格化，所以在缩放图层或调整文本大小时，它保持与分辨率无关的清晰边缘。文本图层和其他图层的主要区别是，文本图层不会出现在“项目”面板或自己的图层面板中，可以在文本图层中用特殊的文本动画属性和选择器对文本进行动画处理。

2. 文字创建

在 AE 中，可以使用以下两种方法来创建文字。

第 1 种，使用文字工具（见图 3.1.1）。

图 3.1.1　文字工具

第 2 种，在菜单栏中选择“图层”→“新建”→“文本”命令创建文字（见图 3.1.2）。

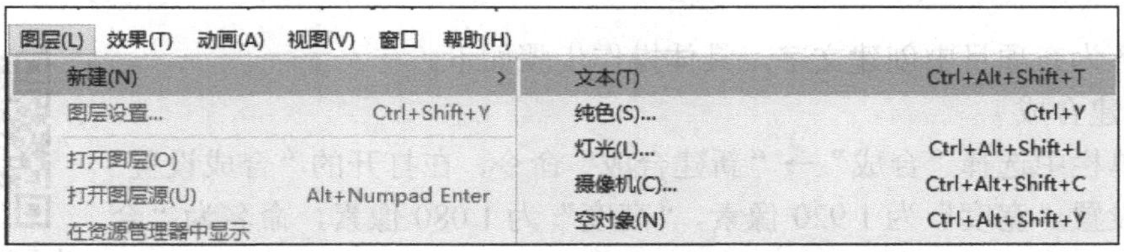

图 3.1.2　菜单命令

3. 文字编辑

在工具栏中找到文字工具，单击文字工具，把鼠标指针放在“合成”面板单击，即可在选中的位置横向地输入文字（见图 3.1.3）。同时，“时间轴”面板也会出现文本图层，需要让文字纵向排列时，可以按住 Alt 键的同时单击工具栏中的“文本工具”图标，在文本工具的前端即出现向下的箭头，代表输入的文字为纵向排列（见图 3.1.4）。

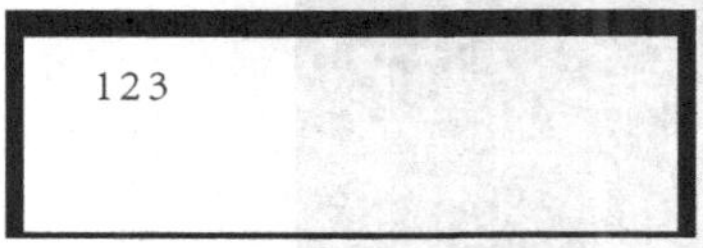

图 3.1.3　横排文字输入

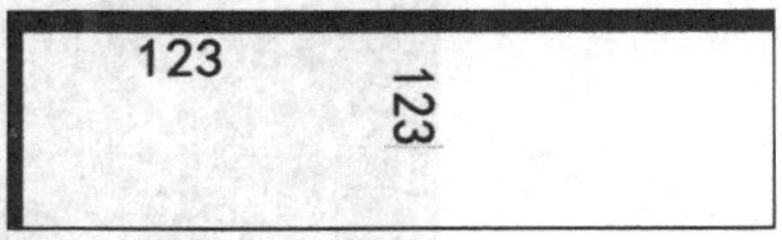

图 3.1.4　竖排文字输入

在输入文字的同时，可以看到右侧其他面板的位置，会出现文字工具特定的字符与段落面板（见图 3.1.5）。在该面板中，可以对输入以及即将输入的文字进行修改调整，包括改动文字的字体、颜色、像素、间距等。

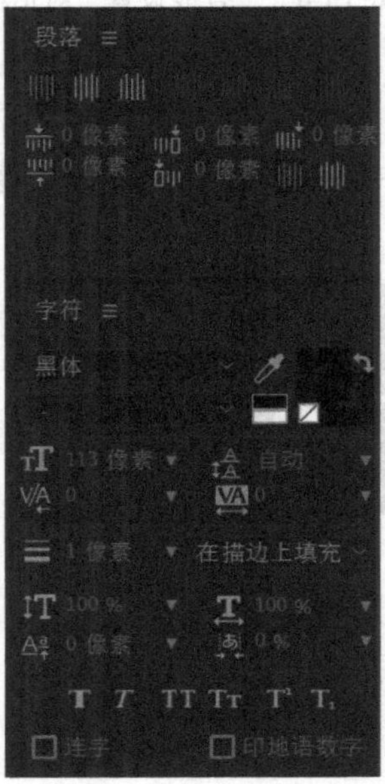

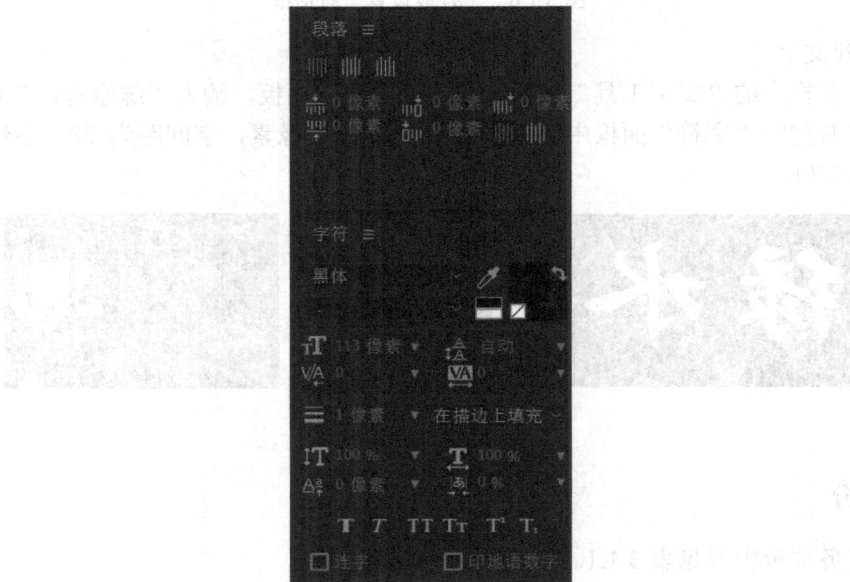

图 3.1.5　字符与段落面板

任务实施

本任务为在项目中创建文字，具体操作步骤如下。

认识文字工具与图层

1）新建合成

在菜单栏中选择“合成”→“新建合成”命令，在打开的“合成设置”对话框中设置“宽度”为 1 920 像素，“高度”为 1 080 像素，命名为“合成 1”，单击“确定”按钮，新建合成（见图 3.1.6）。

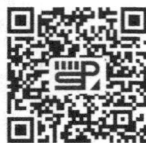

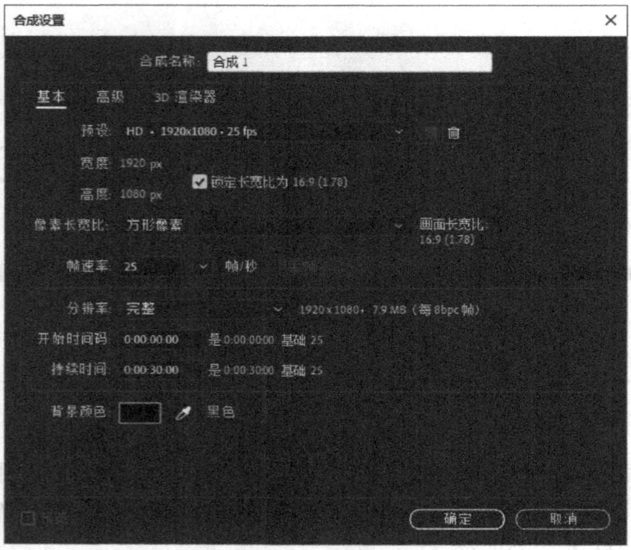

图 3.1.6 “合成设置”对话框

2）创建文字

单击工具栏中的“文字工具”按钮，单击“合成”面板，输入“绿水青山”4 个字，选中文字，在右侧的“字符”面板中设置文字高度为 240 像素，字间距为 28，字体为华文行楷（见图 3.1.7）。

图 3.1.7 创建文字

任务评价

本次任务评价内容见表 3.1.1。

表 3.1.1　任务 3.1 评价表

基本信息	姓名		座号		班级		组别	
	规定时间		完成时间		考核日期		总评成绩	
评价方式		评价内容					配分	得分
自我评价		本任务完成情况					30	
		对知识和技能的掌握程度					40	
		遵守工作场所纪律					20	
		遵循工作操作规范					10	
		合计					100	
小组评价		个人本次任务完成质量					30	
		个人参与小组活动的态度					30	
		个人的合作精神和沟通能力					30	
		个人素质评价					10	
		合计					100	
教师评价		熟悉创建方法					20	
		创建横排文字					20	
		创建段落文本					20	
		创建竖排文字					20	
		制作规范					10	
		小组合作情况					10	
		合计					100	
总评成绩=自我评价×（ ）%+小组评价×（ ）%+教师评价×（ ）%=								

拓展练习

根据所学知识，结合自身需求，在合成中输入段落文字、竖排文字内容并进行格式的设置。

任务 3.2　制作路径文字动画

任务引入

在完成对 AE 文字层概念及文字工具主要内容及操作技法的学习后，进入项目学习的新阶段。本任务将主要掌握 AE 路径文字的基本操作，为后期文字综合制作打好基础。

任务要求

（1）打开软件，导入素材，新建合成；

（2）了解路径文字，掌握使用路径文字的方法；

（3）在新建的合成中输入文字，进行路径文字动画的制作。

知识储备

1. 路径文字

路径文字是指创建在路径上的文字，文字会沿着路径排列，改变路径形状时，文字的排列方式也会随之改变。用于排列文字的路径可以是闭合式的，也可以是开放式的。

2. 路径文字创建路径

使用工具栏中的钢笔工具即可创建路径（见图 3.2.1）。

任务实施

本任务为路径文字动画的制作，具体操作步骤如下。

1）新建合成

新建合成：1 920×1 080 像素，方形像素，25 帧/秒，10 秒。

2）新建纯色背景图层

单击“时间轴”面板，在菜单栏中选择“图层”→“新建”→“纯色”命令，打开“纯色设置”对话框（见图 3.2.2），选择需要的颜色，单击“确定”按钮。

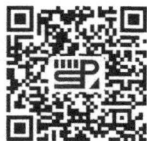

使用路径预设制作文字动画

图 3.2.1　钢笔工具

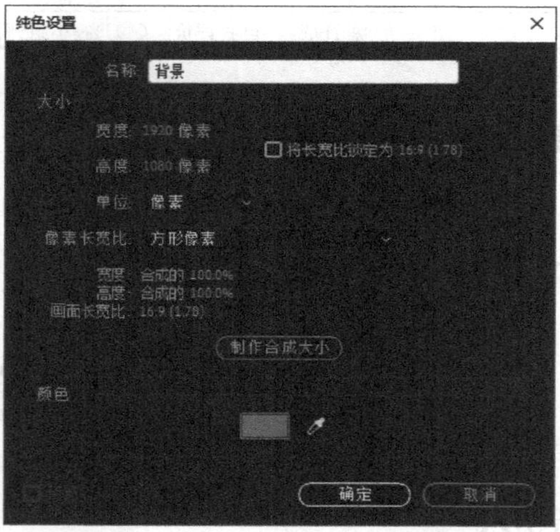

图 3.2.2　“纯色设置”对话框

3）新建形状路径

单击“时间轴”面板空白处，使用钢笔工具调整颜色填充，描边，在“合成”面板绘制出动画路径（见图 3.2.3）。

4）输入文字

使用文字工具，输入需要制作动画的文字，使用向后平移（锚点）工具，将文字图层的锚点调整到文字的正中心（见图 3.2.4）。

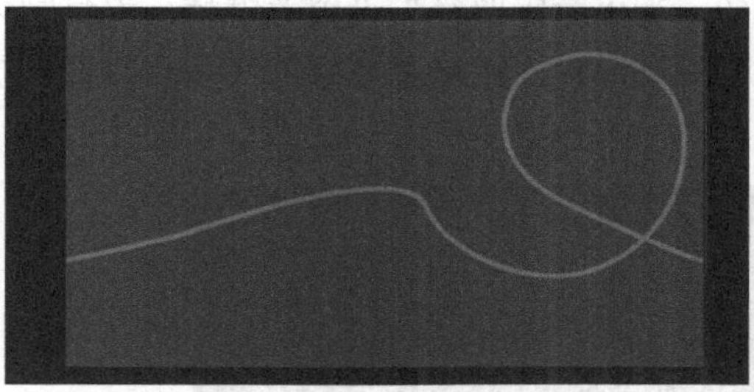

图 3.2.3　绘制动画路径

图 3.2.4　输入文字

5）为线条路径设置关键帧

在“时间轴”面板依次单击“形状图层”“内容”“形状 1”“路径 1”左侧扩展按钮，为路径 1 设置关键帧，并将关键帧复制（见图 3.2.5）。

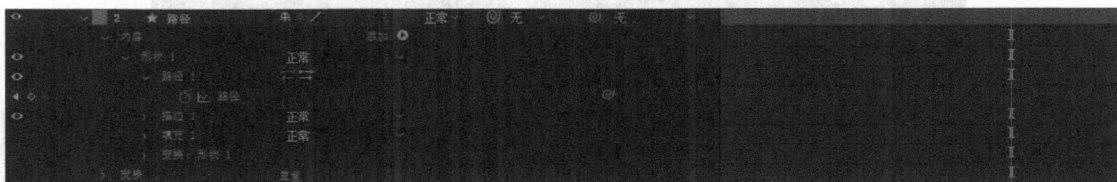

图 3.2.5　设置关键帧

6）制作蒙版路径

单击“时间轴”面板上的文本图层，使用钢笔工具在文本上绘制一条线，依次单击“文本图层”“文本”“路径选择”左侧扩展按钮，将“路径”选择为“蒙版 1”（见图 3.2.6）。

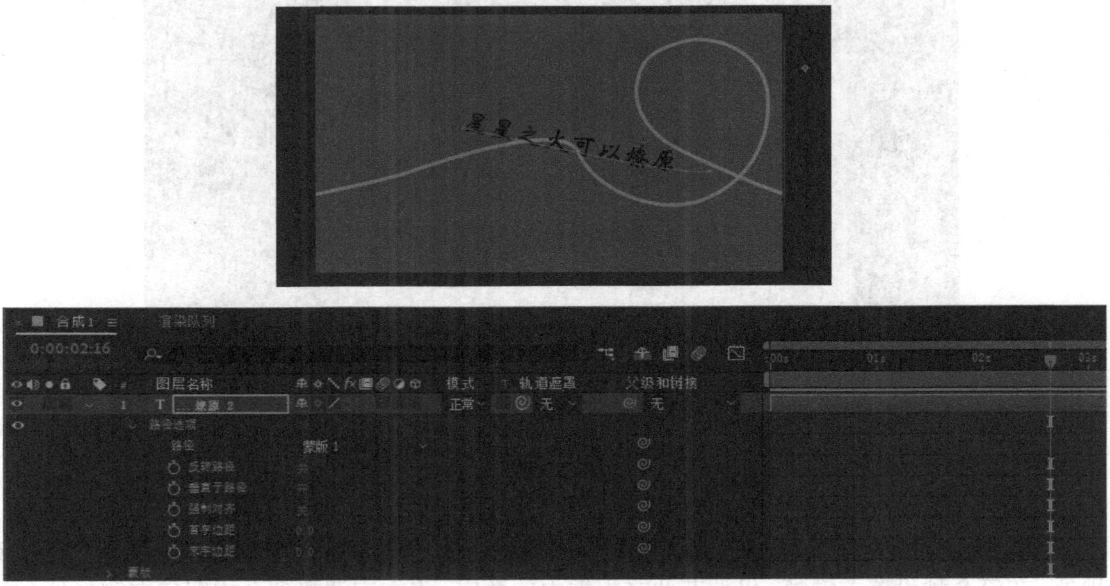

图 3.2.6　制作蒙版路径 1

单击“文本图层”下方“蒙版”左侧扩展按钮，为“蒙版路径”设置关键帧，将复制内容粘贴到“蒙版路径”上（见图3.2.7）；调整文字图层位置，将路径蒙版的线条与路径图层的线条重合（见图3.2.8）。

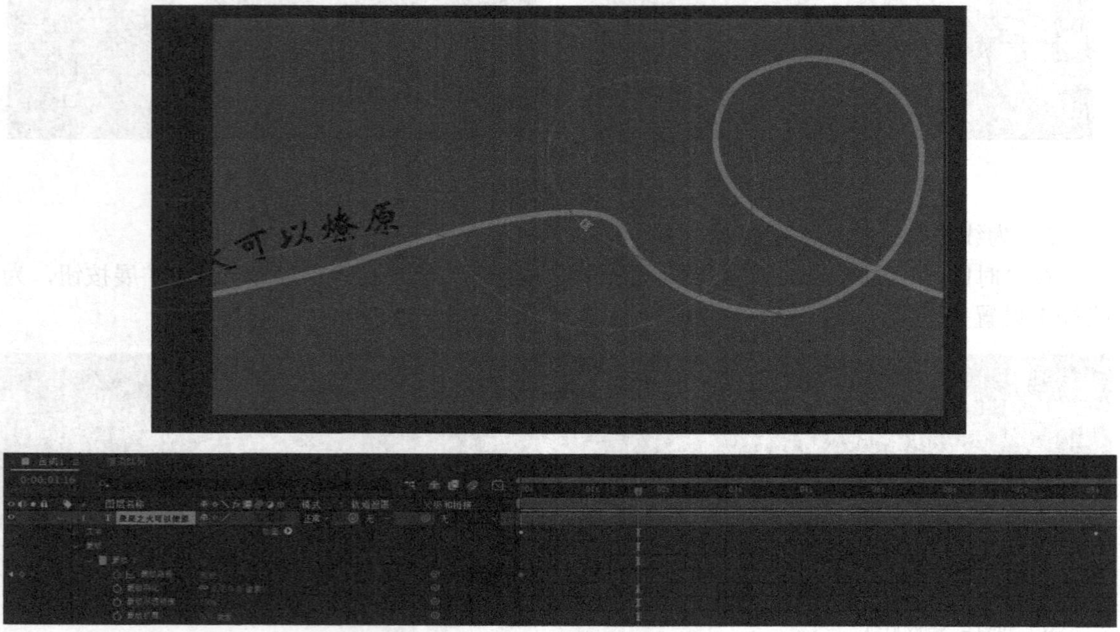

图3.2.7 制作蒙版路径2

图3.2.8 制作蒙版路径3

7）设置动画路径

依次单击“文本图层”“文本”“路径选项”左侧扩展按钮，为“首字边距”设置关键帧，调节文本框中的数字，将文字位置调整到合成窗口左侧之外。将“当前时间指示器”置于8秒处，在第8秒设置关键帧，仍调节此文本框中的数字，将文字调整到合成窗口右侧之外（见图3.2.9）。到这里，路径预设文字动画就制作完成了。

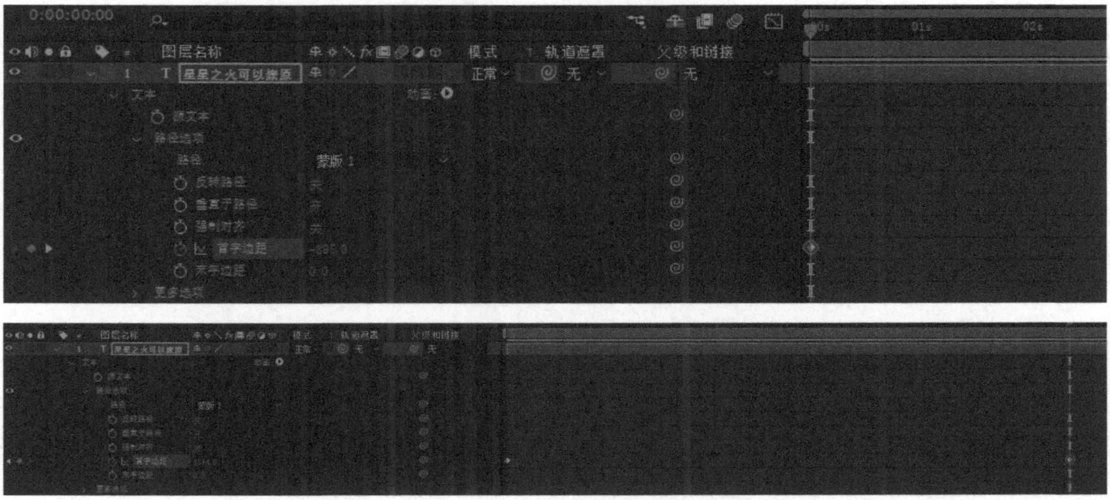

图 3.2.9　设置动画路径

任务评价

本次任务评价内容见表 3.2.1。

表 3.2.1　任务 3.2 评价表

<table>
<tr><td rowspan="2">基本信息</td><td>姓名</td><td></td><td>座号</td><td></td><td>班级</td><td></td><td>组别</td><td></td></tr>
<tr><td>规定时间</td><td></td><td>完成时间</td><td></td><td>考核日期</td><td></td><td>总评成绩</td><td></td></tr>
<tr><td colspan="2">评价方式</td><td colspan="5">评价内容</td><td>配分</td><td>得分</td></tr>
<tr><td colspan="2" rowspan="5">自我评价</td><td colspan="5">本任务完成情况</td><td>30</td><td></td></tr>
<tr><td colspan="5">对知识和技能的掌握程度</td><td>40</td><td></td></tr>
<tr><td colspan="5">遵守工作场所纪律</td><td>20</td><td></td></tr>
<tr><td colspan="5">遵循工作操作规范</td><td>10</td><td></td></tr>
<tr><td colspan="5">合计</td><td>100</td><td></td></tr>
<tr><td colspan="2" rowspan="5">小组评价</td><td colspan="5">个人本次任务完成质量</td><td>30</td><td></td></tr>
<tr><td colspan="5">个人参与小组活动的态度</td><td>30</td><td></td></tr>
<tr><td colspan="5">个人的合作精神和沟通能力</td><td>30</td><td></td></tr>
<tr><td colspan="5">个人素质评价</td><td>10</td><td></td></tr>
<tr><td colspan="5">合计</td><td>100</td><td></td></tr>
<tr><td colspan="2" rowspan="7">教师评价</td><td colspan="5">熟悉创建方法</td><td>10</td><td></td></tr>
<tr><td colspan="5">创建文本</td><td>20</td><td></td></tr>
<tr><td colspan="5">编辑路径</td><td>20</td><td></td></tr>
<tr><td colspan="5">关键帧动画的应用</td><td>20</td><td></td></tr>
<tr><td colspan="5">制作蒙版路径</td><td>20</td><td></td></tr>
<tr><td colspan="5">小组合作情况</td><td>10</td><td></td></tr>
<tr><td colspan="5">合计</td><td>100</td><td></td></tr>
<tr><td colspan="9">总评成绩=自我评价×（ ）%+小组评价×（ ）%+教师评价×（ ）%=</td></tr>
</table>

拓展练习

根据所学知识，模仿案例效果，制作一段路径文字动画。

任务 3.3　制作文字追踪动画

任务引入

在掌握 AE 文字路径动画的操作技法后，本任务将进行文字追踪动画制作的学习。文字跟踪效果是众多文字动画效果中的一种，可以让文字跟随画面一起运动，让原本静止的文字变得灵活生动起来，带来更好的视频观感，增加整个作品的趣味性。

任务要求

（1）了解文字追踪动画制作原理；
（2）了解运用跟踪器——“跟踪摄像机”的基本方法；
（3）在新建的合成中输入文字，进行文字追踪动画的制作。

知识储备

1. 跟踪与稳定

“跟踪”和“稳定”是 AE 中比较复杂的功能，使用频率不太高，但是需要了解。有时在处理视频时会遇到需要进行跟踪或稳定的操作，需注意跟踪和稳定不是万能的，跟踪和稳定的完成效果与视频素材的拍摄精度和拍摄情况有重要关系。

在 AE 中，“跟踪”即跟随，是一个对象跟随另一个运动的对象，因此可以完成运动替换。

2. “跟踪器”面板

“跟踪”“稳定”等操作都需要在“跟踪器”面板中进行。在菜单栏中选择“窗口”→“跟踪器”命令（见图 3.3.1），即可查看“跟踪器”面板参数（见图 3.3.2）。

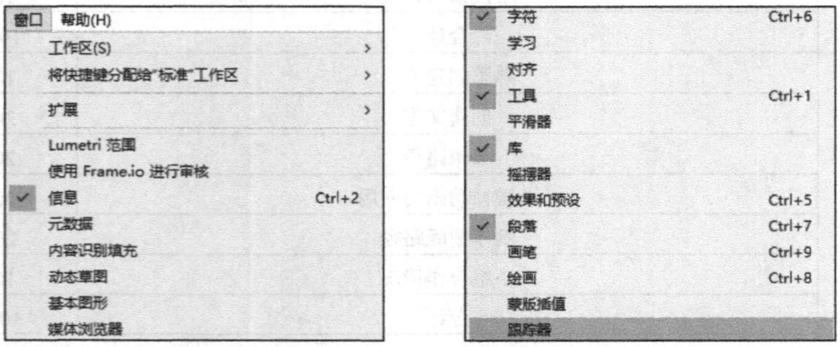

图 3.3.1　调取跟踪器

跟踪运动：将素材跟踪合成到运动的素材中，从而进行替换。选择时间轴中的素材，并单击“跟踪运动”按钮，即可使用相关参数（见图 3.3.3）。

图 3.3.2　“跟踪器”面板

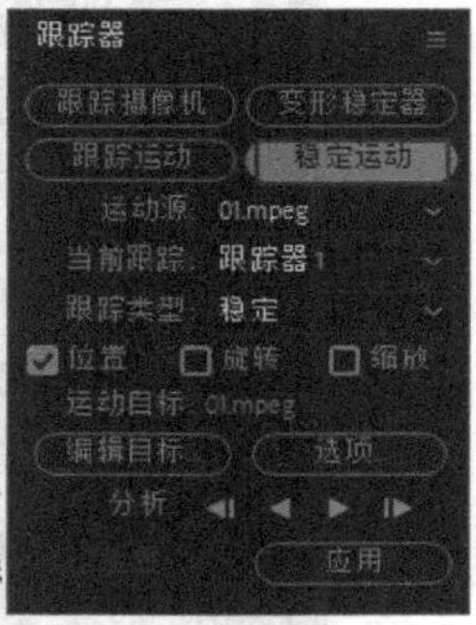

图 3.3.3　跟踪运动

稳定运动：将原本晃动的素材变得更稳定。选择时间轴中的素材，并单击“稳定运动”按钮，即可使用相关参数（见图 3.3.4）。

跟踪摄像机：在拍摄的视频素材中添加文字或其他元素，并且添加的素材可以跟着视频的镜头运动而运动。选择时间轴中的素材，并单击“跟踪摄像机”按钮（见图 3.3.5），即可在“效果控件”面板中设置参数。

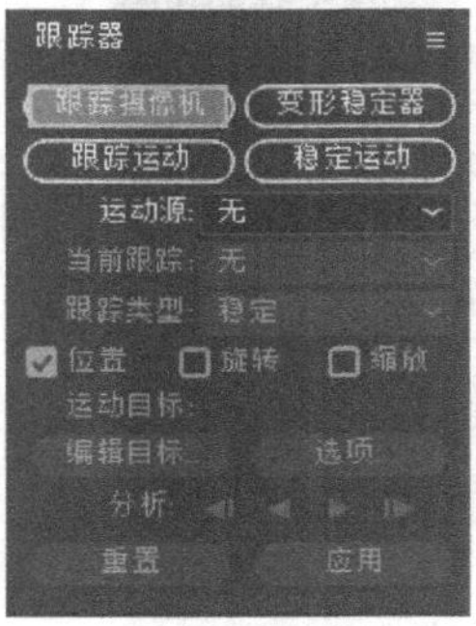

图 3.3.4　稳定运动

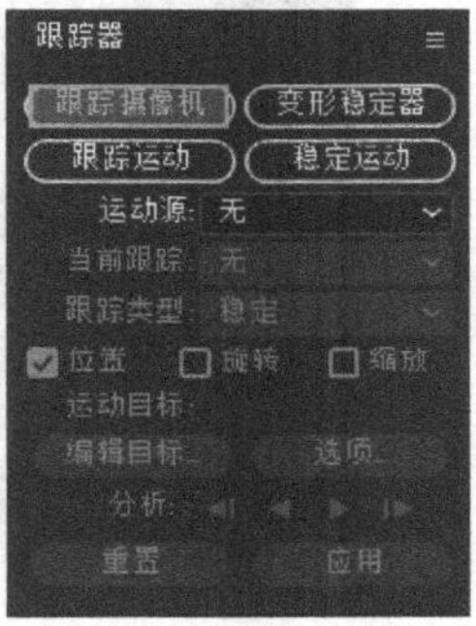

图 3.3.5　跟踪摄像机

任务实施

本任务为制作文字追踪动画，具体操作步骤如下。

1）新建合成，导入素材

选择“合成”→“新建”命令新建合成：1 920×1 080 像素，方形像素，25 帧/秒，10 秒（见图 3.3.6）。双击“项目”面板，导入所需素材（见图 3.3.7），为素材重命名。

制作文字追踪动画

2）使用跟踪摄像机分析跟踪点

在菜单栏中选择“窗口”→“跟踪器”命令，打开“跟踪器”面板（见图 3.3.8）。

将素材拖入“时间轴”面板，单击素材图层，单击“跟踪摄像机”按钮，等待自动分析（见图 3.3.9）。

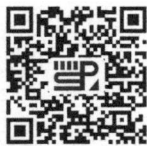

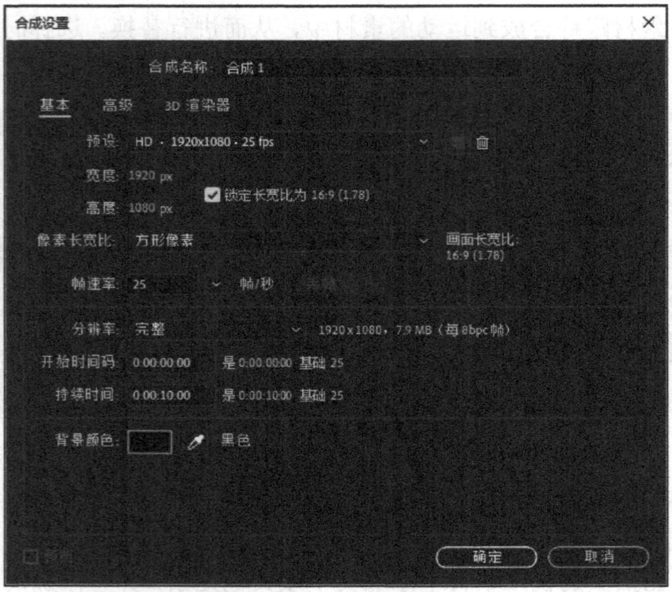

图 3.3.6　新建合成

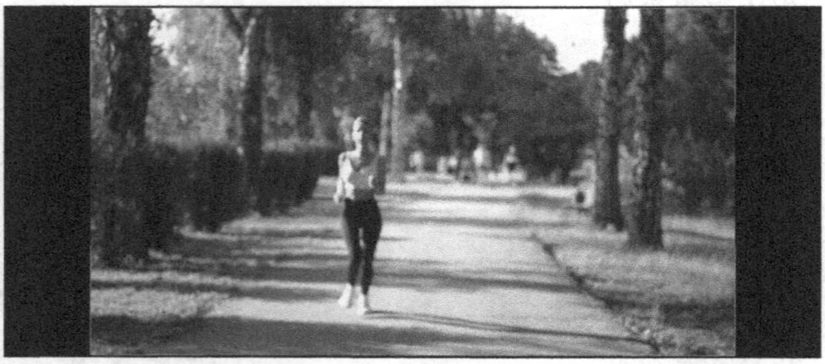

图 3.3.7　导入素材

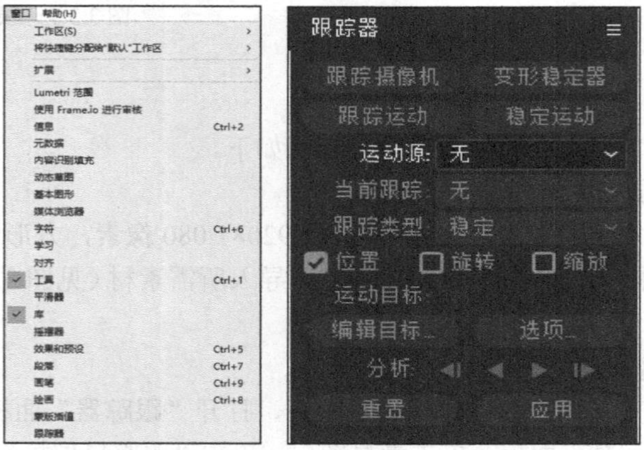

图 3.3.8　打开“跟踪器”面板

图 3.3.9　素材分析

3）选取跟踪点，建立文字内容

分析结束后出现许多跟踪点，在其中选取 3 个点，右击，在弹出的快捷菜单中选择“创建文本和摄像机”命令，在文本框内输入需要的文字，调整好文字大小，使用三维工具调整文字的 X 轴、Y 轴、Z 轴位置（见图 3.3.10）。

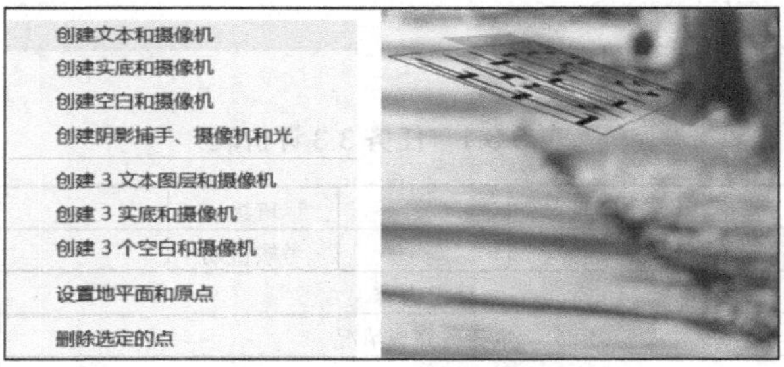

图 3.3.10　文字调整

复制文字图层，旋转复制文字层的 X 轴角度，让复制层文字倾倒，并把颜色改为灰色，将原文字改为白色，在菜单栏中选择“效果”→“模糊和锐化”→“高斯模糊”命令，为复制的文字层增加高斯模糊，在“效果控制”面板根据自身需求调整一些模糊数值，单击“效果”“材质选项”右侧扩展按钮，为复制层添加模糊阴影（见图 3.3.11）。至此，文字追踪动画就制作完成了。

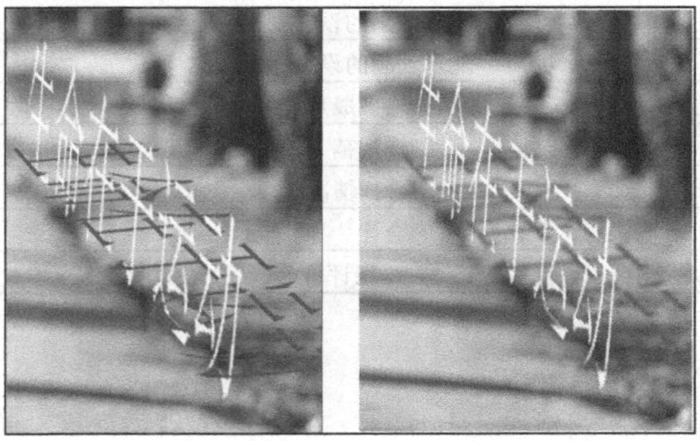

图 3.3.11　制作模糊效果

作品完成效果如图 3.3.12 所示。

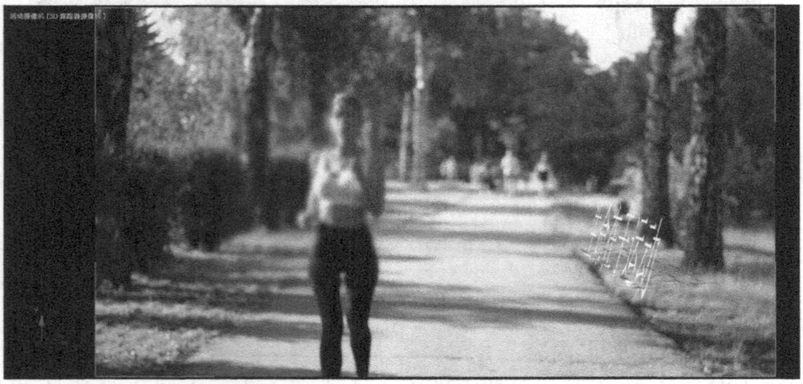

图 3.3.12　最终效果展示

任务评价

本次任务评价内容见表 3.3.1。

表 3.3.1　任务 3.3 评价表

<table>
<tr><td rowspan="2">基本信息</td><td>姓名</td><td></td><td>座号</td><td></td><td>班级</td><td></td><td>组别</td><td></td></tr>
<tr><td>规定时间</td><td></td><td>完成时间</td><td></td><td>考核日期</td><td></td><td>总评成绩</td><td></td></tr>
<tr><td colspan="2">评价方式</td><td colspan="5">评价内容</td><td>配分</td><td>得分</td></tr>
<tr><td colspan="2" rowspan="5">自我评价</td><td colspan="5">本任务完成情况</td><td>30</td><td></td></tr>
<tr><td colspan="5">对知识和技能的掌握程度</td><td>40</td><td></td></tr>
<tr><td colspan="5">遵守工作场所纪律</td><td>20</td><td></td></tr>
<tr><td colspan="5">遵循工作操作规范</td><td>10</td><td></td></tr>
<tr><td colspan="5">合计</td><td>100</td><td></td></tr>
<tr><td colspan="2" rowspan="5">小组评价</td><td colspan="5">个人本次任务完成质量</td><td>30</td><td></td></tr>
<tr><td colspan="5">个人参与小组活动的态度</td><td>30</td><td></td></tr>
<tr><td colspan="5">个人的合作精神和沟通能力</td><td>30</td><td></td></tr>
<tr><td colspan="5">个人素质评价</td><td>10</td><td></td></tr>
<tr><td colspan="5">合计</td><td>100</td><td></td></tr>
<tr><td colspan="2" rowspan="6">教师评价</td><td colspan="5">文字跟踪效果的设计制作</td><td>30</td><td></td></tr>
<tr><td colspan="5">遮罩动画的设置</td><td>30</td><td></td></tr>
<tr><td colspan="5">渲染输出成片</td><td>20</td><td></td></tr>
<tr><td colspan="5">制作规范</td><td>10</td><td></td></tr>
<tr><td colspan="5">小组合作情况</td><td>10</td><td></td></tr>
<tr><td colspan="5">合计</td><td>100</td><td></td></tr>
<tr><td colspan="9">总评成绩=自我评价×（　）%+小组评价×（　）%+教师评价×（　）%=</td></tr>
</table>

拓展练习

根据所学知识，模仿案例效果，制作一段文字追踪动画。

任务 3.4 制作三维文本动画

任务引入

在学习文字追踪动画制作技法后，本任务将进行三维文本动画制作的学习。三维文本动画是后期制作中常用的特效手段之一，操作简便，主题表达明确，有利于突出文字的视觉效果表现。

任务要求

（1）打开软件，导入素材，新建合成；

（2）了解三维文本动画的功能及应用场景，掌握制作步骤与方法；

（3）在新建的合成中输入文字，进行三维文本动画的制作。

知识储备

AE中的三维文本动画指的是使用AE软件中的效果实现具有3D空间效果的文字排版和动画制作。三维文本动画能够在不使用三维软件的情况下，使文字具有立体感，视觉效果更加生动，增强视觉冲击力，被广泛应用于电影、电视、广告等多个领域（见图3.4.1）。

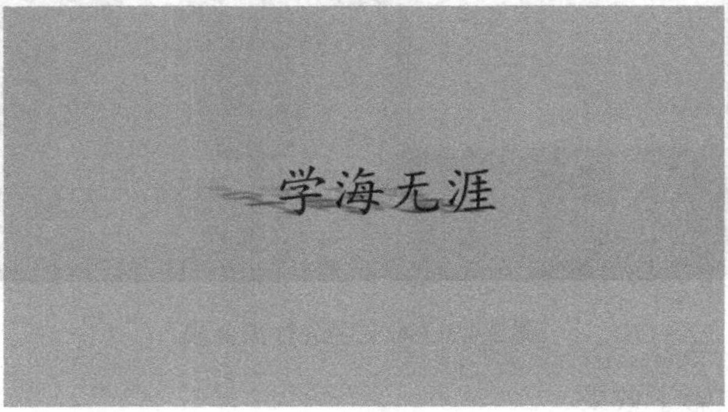

图3.4.1 动画效果展示

任务实施

本任务为在合成中输入正确的文本，并制作文本动画，具体操作步骤如下。

制作三维文本动画

1）新建合成

新建合成：1 920×1 080像素，方形像素，25帧/秒，10秒。

2）新建纯色背景

新建纯色图层，选择需要的颜色，为图层命名为“背景”（见图3.4.2）。

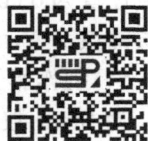

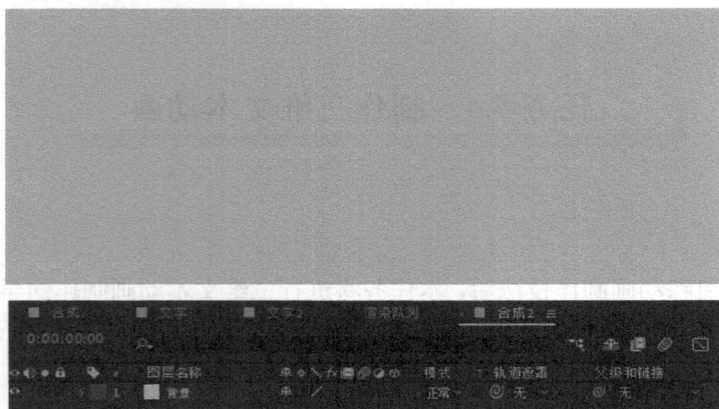

图 3.4.2　新建纯色图层

3）输入文本

调整文本位置、大小、锚点，修改所需字体、颜色，置于合成窗口中心。在菜单栏中选择“图层”→“预合成”命令，对文字进行预合成（见图 3.4.3）。

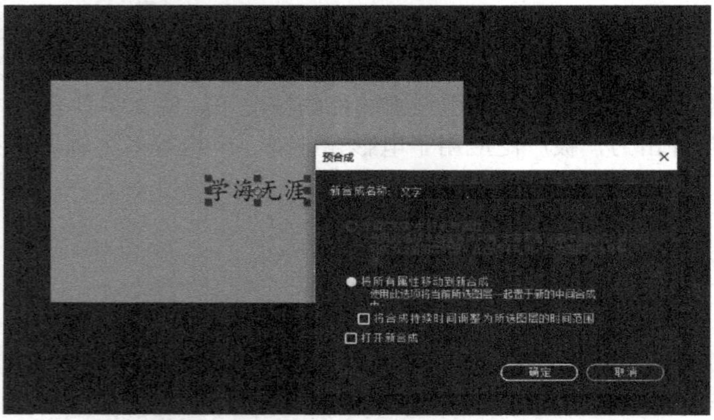

图 3.4.3　对文字进行预合成

4）制作文字三维影子效果

按 Ctrl+D 快捷键复制一层文本层，将复制层命名为“影子”，展开右侧“效果和预设”面板，查找到 CC Slant 命令，双击打开左侧的“效果控件”面板，为“影子”图层添加 CC Slant 效果（见图 3.4.4），将 Slant 数值设置为 120.0，修改到需要的倾斜程度，将 Height 数值设置为 63.0，修改到需要的倾斜程度。单击 Floor 的锚点图标，在“合成”窗口单击文本图层锚点下方，将影子对齐到文字底部，选中 Set Color 复选框，选取颜色，将影子改为灰色。

5）制作影子三维运动效果

为 Slant 数值设置关键帧，根据图像运动制作影子由左侧移动到右侧的运动，将起始帧的 Slant 数值改为负数，将 3 秒处 Slant 数值改为正数，两个数值大小根据需要的倾斜程度自行调整（见图 3.4.5）。

图 3.4.4　添加 CC Slant 效果

图 3.4.5　设置 Slant 数值

选中“影子”图层，在“效果和预设”面板中查找“快速方框模糊”命令，双击，将快速方框模糊效果添加到“影子”图层，将“模糊半径”设置为 6.0；将“迭代”设置为 4；将“模糊方向”设置为水平；选中“重复边缘像素”复选框（见图 3.4.6）。

图 3.4.6　设置快速方框模糊

6）为影子做修饰调整

在“效果和预设”面板中查找“线性擦除”命令，双击，将线性擦除效果加到“影子”图层。将“过渡完成”设置为 50%；将“擦除角度”设置为 0x+180°；将“羽化”设置为 60.0。

增加影子质感，在菜单栏选择“图层”→“新建”→“调整图层”命令，在“时间轴”面板上新建调整图层，为图层命名为“质感”。将调整图层放在最上方，在“效果和预设”面板中查找“杂色”命令，双击，将杂色效果添加到“质感”图层，将“杂色数量”设置为 19.0%；取消选中“杂色类型”后的“使用杂色”复选框（见图 3.4.7）。

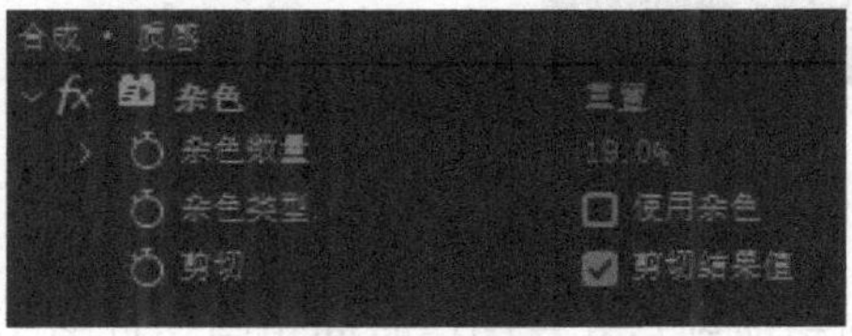

图 3.4.7　添加杂色效果

7）使用预合成修改文字

在“项目”面板找到文字合成，按 Ctrl+D 快捷键将文字合成复制，按住 Shift 键和鼠标左键将复制层拖动到“时间轴”面板，单击时间线上的“03s”，按 Ctrl+Shift+D 快捷键裁切时间线，选择图层，按 Delete 键删除。将文字层 1 在时间线 3 秒之后的删除；将文字层 2 在时间线 3 秒之前的删除（见图 3.4.8）。

图 3.4.8　设置文字图层 1 效果

双击打开文字层 2，修改文字为“苦作舟”，记得修改锚点位置。改动完成后，复制“文字 2”图层，命名为“文字影子 2”（见图 3.4.9）。单击“影子”图层的“效果”并复制，单击“文字影子 2”图层，粘贴，将影子效果复制到“文字影子 2”图层（见图 3.4.10）。

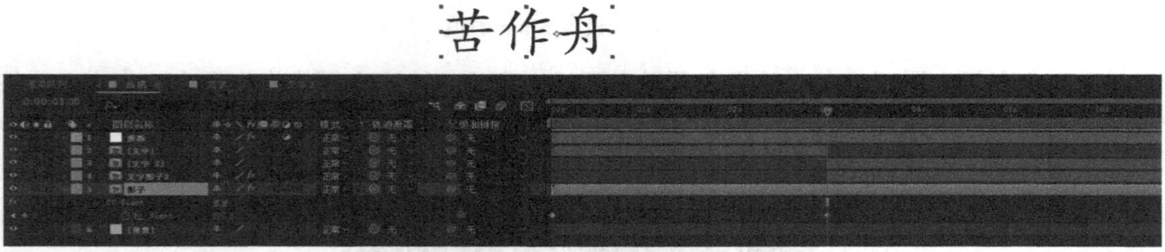

图 3.4.9　设置文字图层 2 效果

图 3.4.10　设置影子效果

8）调整影子

将“影子”图层的时间裁剪到与文字图层时间相同（见图 3.4.11），修改“文字影子 2”

图层的 CC Slant 的 Slant 关键帧，将“影子”图层初始处、3 处的 Slant 关键帧前后数值对调添加到“文字影子 2”图层 3 处、结尾处的 Slant 数值上。至此，三维文本影子动画就制作完成了，将时间指示器拖动到起始帧，按空格键进行预览播放，查看最后效果。

图 3.4.11　调整影子效果

任务评价

本次任务评价内容见表 3.4.1。

表 3.4.1　任务 3.4 评价表

<table>
<tr><td rowspan="2">基本信息</td><td>姓名</td><td></td><td>座号</td><td></td><td>班级</td><td></td><td>组别</td><td></td></tr>
<tr><td>规定时间</td><td></td><td>完成时间</td><td></td><td>考核日期</td><td></td><td>总评成绩</td><td></td></tr>
<tr><td colspan="2">评价方式</td><td colspan="5">评价内容</td><td>配分</td><td>得分</td></tr>
<tr><td colspan="2" rowspan="5">自我评价</td><td colspan="5">本任务完成情况</td><td>30</td><td></td></tr>
<tr><td colspan="5">对知识和技能的掌握程度</td><td>40</td><td></td></tr>
<tr><td colspan="5">遵守工作场所纪律</td><td>20</td><td></td></tr>
<tr><td colspan="5">遵循工作操作规范</td><td>10</td><td></td></tr>
<tr><td colspan="5">合计</td><td>100</td><td></td></tr>
<tr><td colspan="2" rowspan="5">小组评价</td><td colspan="5">个人本次任务完成质量</td><td>30</td><td></td></tr>
<tr><td colspan="5">个人参与小组活动的态度</td><td>30</td><td></td></tr>
<tr><td colspan="5">个人的合作精神和沟通能力</td><td>30</td><td></td></tr>
<tr><td colspan="5">个人素质评价</td><td>10</td><td></td></tr>
<tr><td colspan="5">合计</td><td>100</td><td></td></tr>
<tr><td colspan="2" rowspan="7">教师评价</td><td colspan="5">熟悉创建方法</td><td>10</td><td></td></tr>
<tr><td colspan="5">添加并调整文字</td><td>20</td><td></td></tr>
<tr><td colspan="5">设置文本三维效果</td><td>30</td><td></td></tr>
<tr><td colspan="5">添加动画关键帧</td><td>20</td><td></td></tr>
<tr><td colspan="5">制作规范</td><td>10</td><td></td></tr>
<tr><td colspan="5">小组合作情况</td><td>10</td><td></td></tr>
<tr><td colspan="5">合计</td><td>100</td><td></td></tr>
<tr><td colspan="9">总评成绩=自我评价×（ ）%+小组评价×（ ）%+教师评价×（ ）%=</td></tr>
</table>

拓展练习

根据所学知识，模仿案例效果，制作一段三维文本动画。

任务 3.5　解析文字动画综合案例

任务引入

在完成 AE 文字特效的基础学习后，本任务将学习各种文字特效的表现手法，并综合所学知识进行文本动画的制作。

任务要求

（1）打开软件，导入素材，新建合成；

（2）了解文字特效种类及应用场景，掌握文字特效制作方法；

（3）在新建的合成中进行文字特效动画的制作。

知识储备

1. 文本动画概述

区别于普通的文字，特效动态显示的文字效果是普通文字难以企及的，所以特效文字一推出就受到高清爱好者的热捧。尤其是解释性的文字，让观看者更能了解影片内容。与画面融为一体，达到真假难辨的效果。

在本任务中要了解文字特效的种类及应用场景，掌握 AE 软件的文字特效制作方法。

2. AE 文字特效的种类

1）“打字机”效果

在“时间轴”面板单击文字图层，在“效果和预设”面板的搜索栏中处输入“打字机”，选择“打字机”效果拖到文字图层中，按空格键播放即可出现“打字机”效果（见图 3.5.1）。“打字机”效果经常出现在悬疑电影中，制造悬疑的气氛，引发悬念。

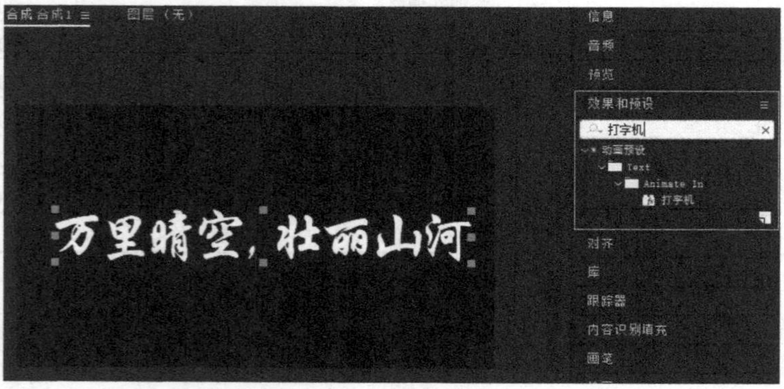

图 3.5.1 “打字机”效果

2）“蒸汽视力表”效果

单击文字图层，在“效果和预设”面板的搜索栏中输入“蒸汽视力表”，选择“蒸汽视力表”效果拖到文字图层中（见图 3.5.2）。不同文字、符号交替出现，最后显示准确的文字，让观众猜不到要显示的文字，吸引观众的注意力，制造紧张的视频氛围。

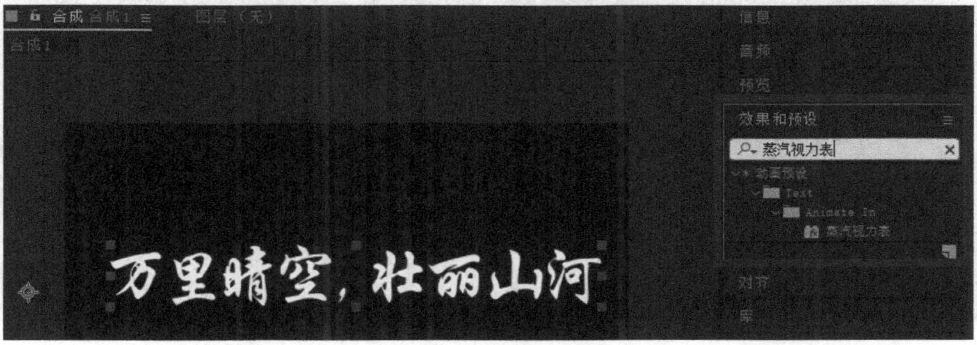

图 3.5.2 “蒸汽视力表”效果

3）“大化小”效果

单击文字图层，右击，在弹出的快捷菜单中选择“创建”→“从文字创建形状”命令（见图 3.5.3）。

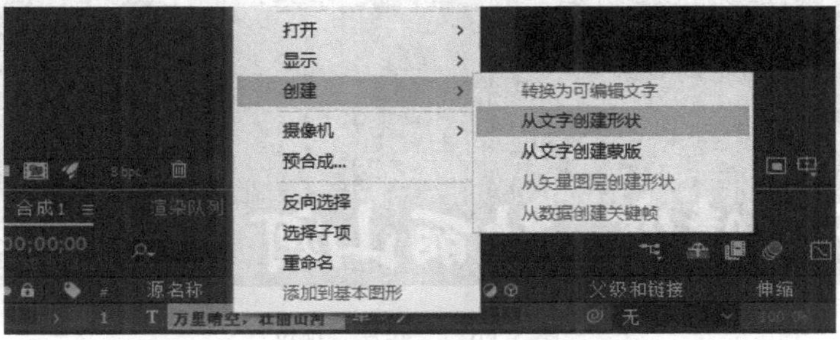

图 3.5.3 “创建”→“从文字创建形状”命令

单击该形状图层下“内容”右侧的添加按钮，在弹出的菜单中选择“位移路径”命令（见图 3.5.4）。

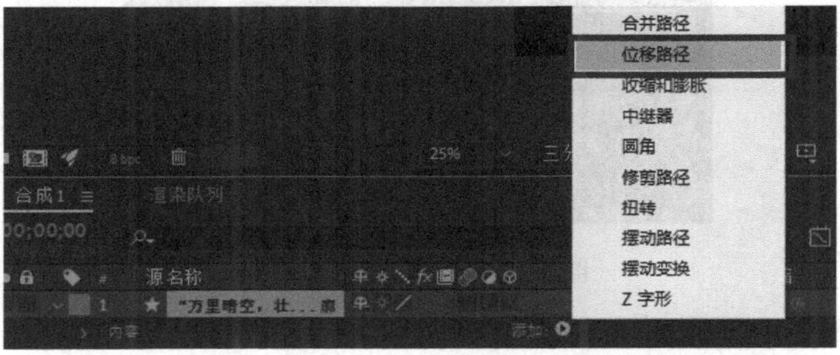

图 3.5.4 “位移路径”命令

单击“位移路径”左侧扩展按钮，设置“数量”的关键帧（见图 3.5.5）。

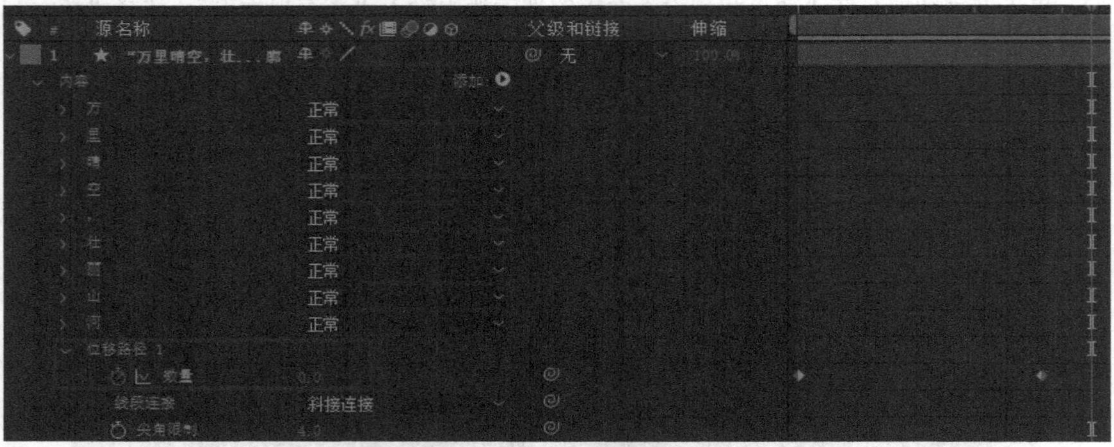

图 3.5.5　设置“数量”的关键帧

4）“碎片”效果

在“效果和预设”面板的搜索栏中搜索“碎片”，将“碎片”效果拖到文字图层（见图 3.5.6）。

图 3.5.6　“碎片”预设

在“效果控件”面板中将“碎片”效果选项组下的“视图”设置为“已渲染”，“渲染”设置为“块”（见图 3.5.7）。

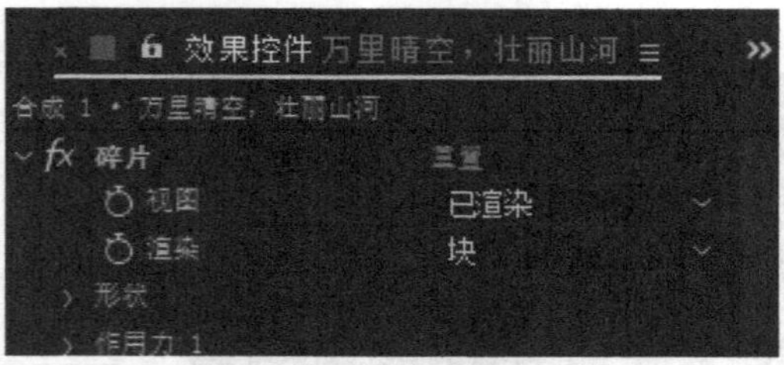

图 3.5.7　设置“碎片”效果

最后将得到文字由完整到碎片的效果（见图 3.5.8）。

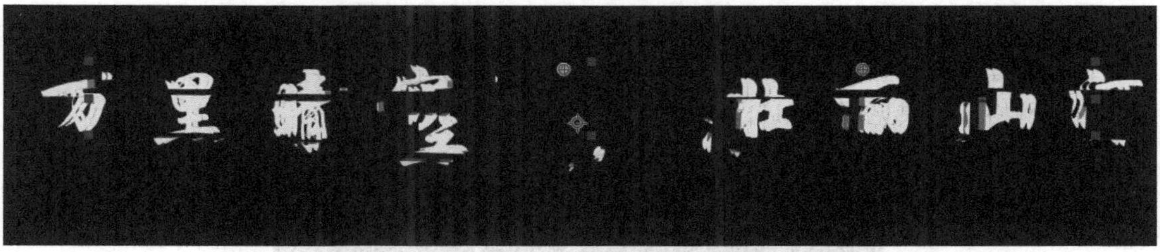

图 3.5.8　“碎片”效果

任务实施

本任务为综合运用文字特效进行文字液体流动动画制作，完成效果如图 3.5.9 所示。

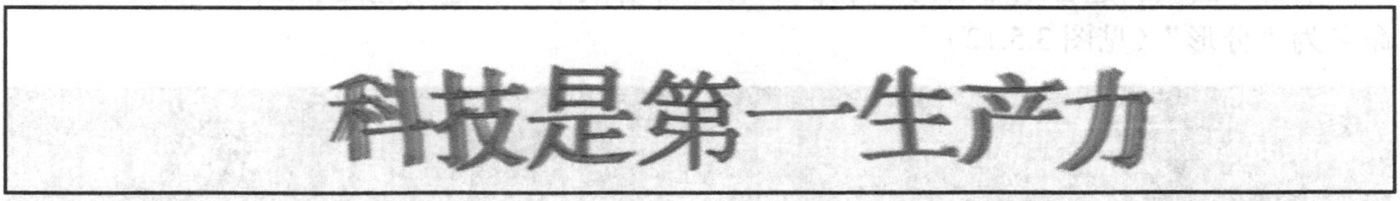

图 3.5.9　动画完成效果

具体操作步骤如下。

1）新建合成

新建合成：1 920×1 080 像素，方形像素，25 帧/秒，10 秒（见图 3.5.10）。

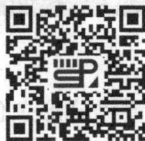

制作文字案例动画 1

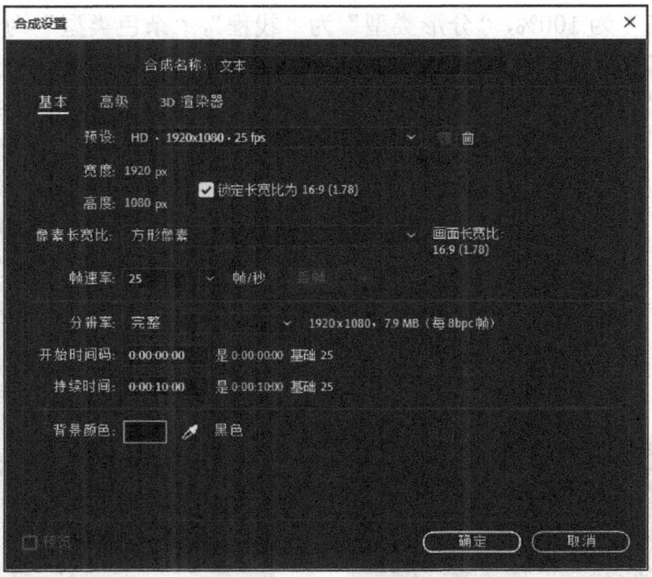

图 3.5.10　新建合成

2）输入文字

输入需要设置动画的文字，将文字居中。点开时间线窗口下，选择网格和参考线选项，选中对称网格，效果见图 3.5.11。

图 3.5.11　添加文字

3）复制蒙版合成，设置“分形”图层

在“项目”面板将文本合成拖动到“新建合成”图标处，新建合成并命名为“蒙版”。在“项目”面板新建合成命名为“分形”，在分形合成中，新建纯色图层，颜色设置为黑色，命名为“分形”（见图 3.5.12）。

图 3.5.12　设置“分形”图层

4）设置“分形杂色”效果

先关闭对称网格，在“效果和预设”面板的搜索栏中搜索“分形杂色”，为“分形”纯色图层添加“分形杂色”效果。将时间轴移动到第 30 帧，设置“缩放”为 100%，“旋转”为 3 周。“不透明度”为 100%，“分形类型”为“线程”，“杂色类型”为“线性”，“对比度”为 360.0，亮度为-25.0，“溢出”为“反绕”。单击“变换”左侧扩展按钮，取消选中“统一缩放”复选框，设置“缩放宽度”为 600.0，“缩放高度”为 45.0，“复杂度”为 1.2（见图 3.5.13）。

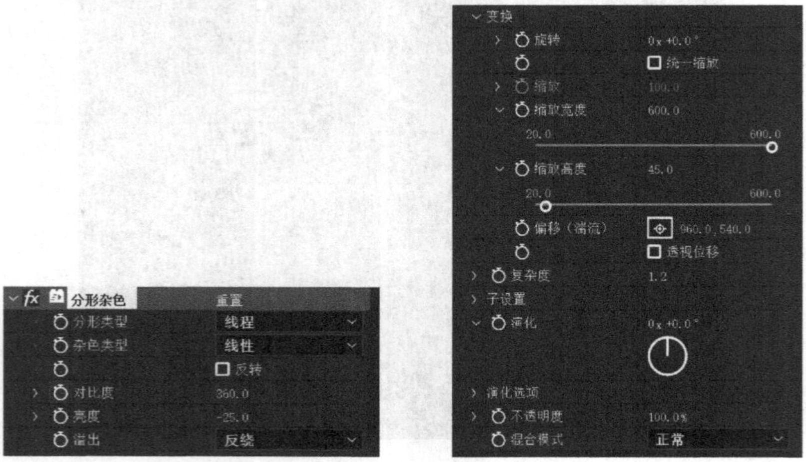

图 3.5.13　设置“分形杂色”效果

5）调整蒙版图层

双击蒙版合成，在“时间轴”面板打开，将调整完成的分形合成拖动到“时间轴”面板，将分形合成放置在文本合成的上方，在文本合成的轨道遮罩处，选取亮度反转遮罩“分形”（见图 3.5.14）。

图 3.5.14　调整蒙版图层

6）调整文本亮度

在“效果与预设”面板中选取“曲线”效果，将“曲线”效果拖至分形合成，根据个人喜好，修改曲线，将文本调亮（见图 3.5.15）。

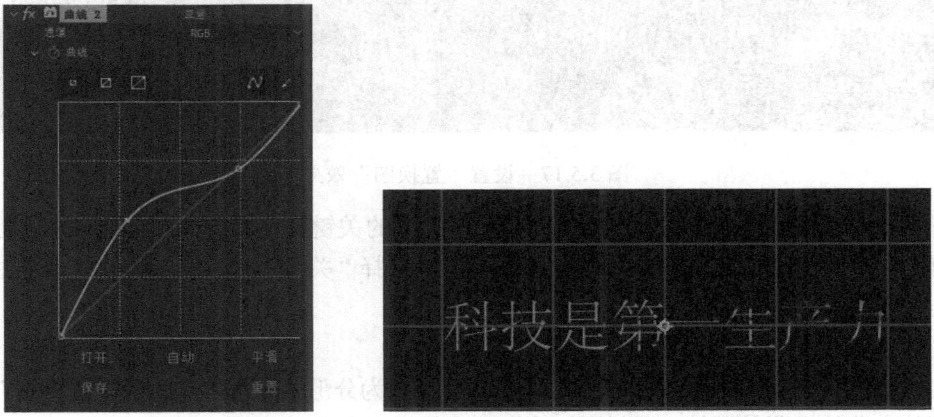

图 3.5.15　使用“曲线”效果调亮文本

7）制作蒙版

在文本合成内，使用矩形工具为同一选框中的文字制作蒙版。单击“时间轴”面板中“蒙版”“蒙版 1”左侧扩展按钮，将“蒙版羽化”设置为 600；为“蒙版羽化”在 15 帧处设置关键帧数值为 360；在 1 秒处数值设置为 0。按 P 快捷键，打开文本合成的位置属性，在 1 秒设置关键帧，位置属性不变，默认为原位置；在起始帧将位置属性调整至原位置的左侧；按 T 快捷键，打开文本合成的不透明度属性，在起始帧位置将不透明度属性调整为 0%，设置关键帧；在 1 秒将不透明度属性改为 100%（见图 3.5.16）。

8）使用“置换图”效果

在“效果和预设”面板的搜索栏中搜索“置换图”效果，将置换图效果添加到文本合成上。

在“效果控件”面板中置换图效果：将“置换图层”设置为“分形”，在起始帧将“最大水平置换”设置为 500，设置关键帧；在 1 秒处将“最大水平置换”设置为 0.0；将“最大垂直置换”设置为 0.0（见图 3.5.17）。

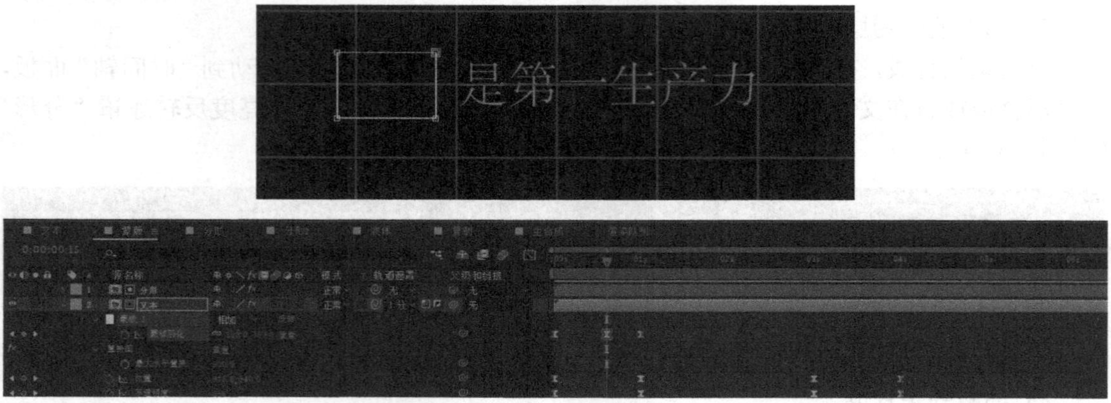

图 3.5.16　添加蒙版

图 3.5.17　设置“置换图”效果

按 U 快捷键，显示所有关键帧，将置换图下方的关键帧进行复制，在第 3 秒处将复制内容粘贴，粘贴完成后右击，在弹出的快捷菜单中选择“关键帧辅助”→“时间反向关键帧”命令（见图 3.5.18）。

9）制作文字明暗对比

在“效果和预设”面板的搜索栏中搜索“曲线”，为分形图层再次添加一个“曲线”效果，在 15 帧处为曲线设置关键帧，不做修改，在 1 秒处修改下方顶点，变为直角三角形（见图 3.5.19）。

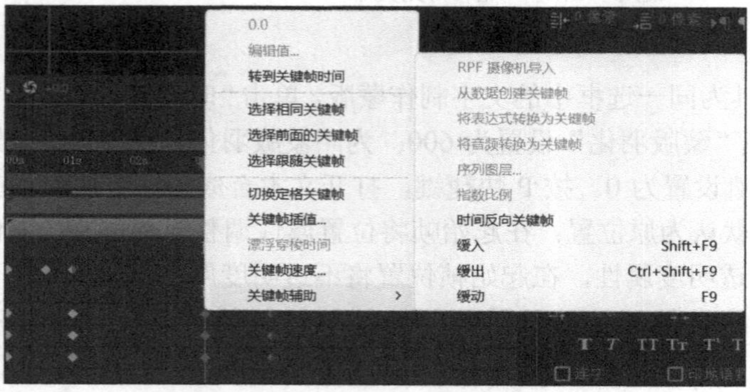

图 3.5.18　“关键帧辅助”→“时间反向关键帧”命令

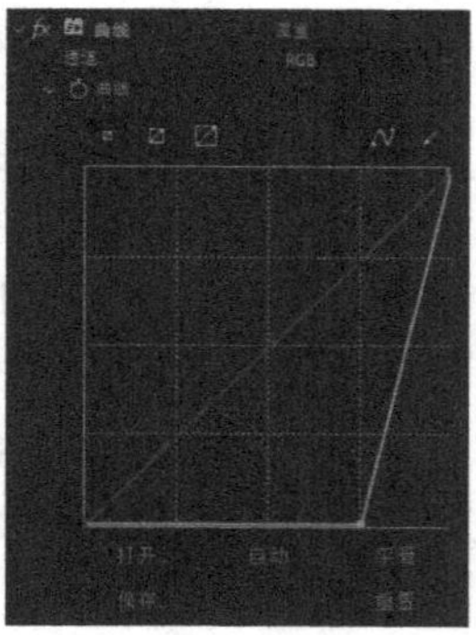

图 3.5.19　设置“曲线”效果

按 U 快捷键，显示分形合成的所有关键帧，选取两个关键帧进行复制，在 3 秒处将复制内容进行粘贴，粘贴完成后右击，在弹出的菜单中选择“关键帧辅助”→“时间反向关键帧”命令（见图 3.5.20）。

图 3.5.20　再次选择“关键帧辅助”→“时间反向关键帧”命令

10）制作全部文字蒙版并调整文字出现时间

将分形合成和文本图层的关键帧全选，按 Shift+F9 快捷键，增加缓入效果；按 Ctrl+Shift+F9 快捷键，增加缓出效果。选中分形图层和文本图层，将两个图层进行复制（见图 3.5.21）。

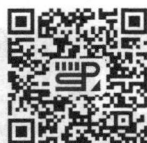

制作文字案例动画 2

图 3.5.21　增加缓入、缓出效果

复制完成后，按住鼠标左键，将最上面两个图层时间线向后挪动 10 帧，使用 M 快捷键，打开“蒙版路径”属性，使用 Ctrl+T 快捷键，快速识别绘制的蒙版图形，按住 Shift 键将矩形蒙版向左平移直至出现左侧两个文字（见图 3.5.22）。

框选完成之后，重复上述操作，对两个图层进行复制，复制完成后，将最上面两个图层时间线向后挪动 10 帧，使用 M 快捷键，打开“蒙版路径”属性，使用 Ctrl+T 快捷键，快速识别绘制的蒙版图形，按住 Shift 键将矩形蒙版向左平移直至出现左侧两个文字。以此类推，将所有文字框选完成（见图 3.5.23）。

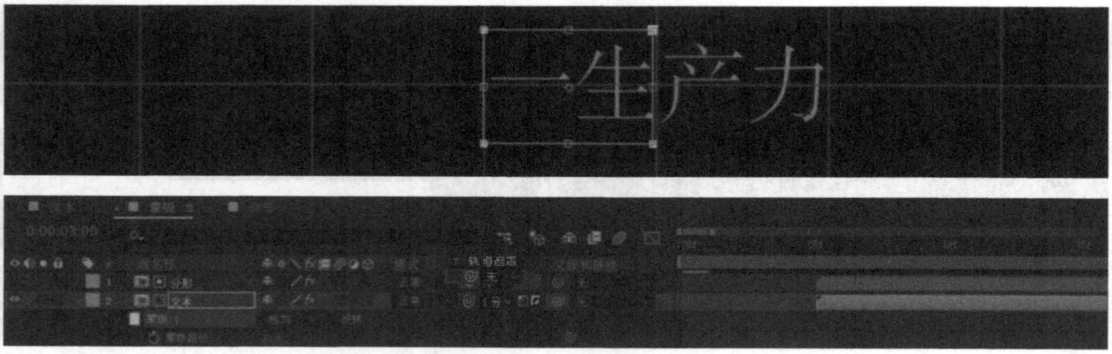

图 3.5.22　改变“蒙版路径”、设置属性

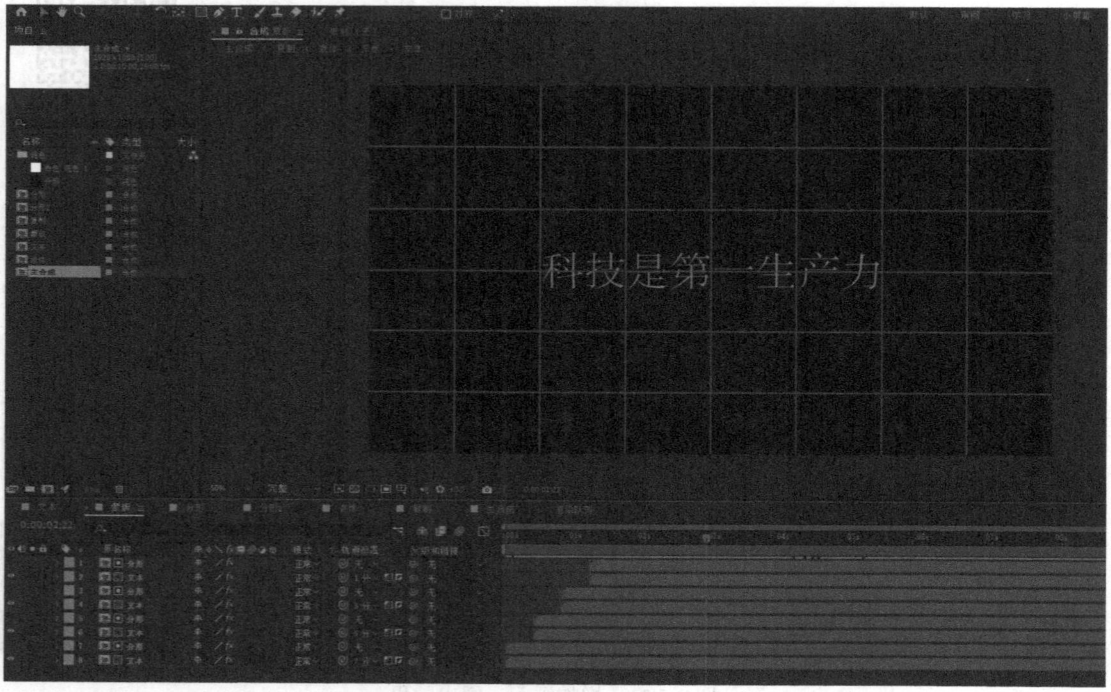

图 3.5.23　预览效果

11）制作液体分形杂色

在“项目”面板创建新的合成，参数与之前的相同，命名为“分形 2”，打开分形 2 合成，将之前建立的黑色的分形纯色图层拖动到“时间轴”面板（见图 3.5.24）。

在“效果和预设”面板中再次找到“分形杂色”，给分形图层添加“分形杂色”效果：设置“分形类型”为“小凹凸”，“杂色类型”为“样条”；选中“反转”复选框；设置“对比度”为 250，“亮度”为 12，“溢出”为“反绕”；单击变换左侧扩展按钮选中“统一缩放”复选框；设置“缩放度”为 70，“复杂度”为 2.8（见图 3.5.25）。

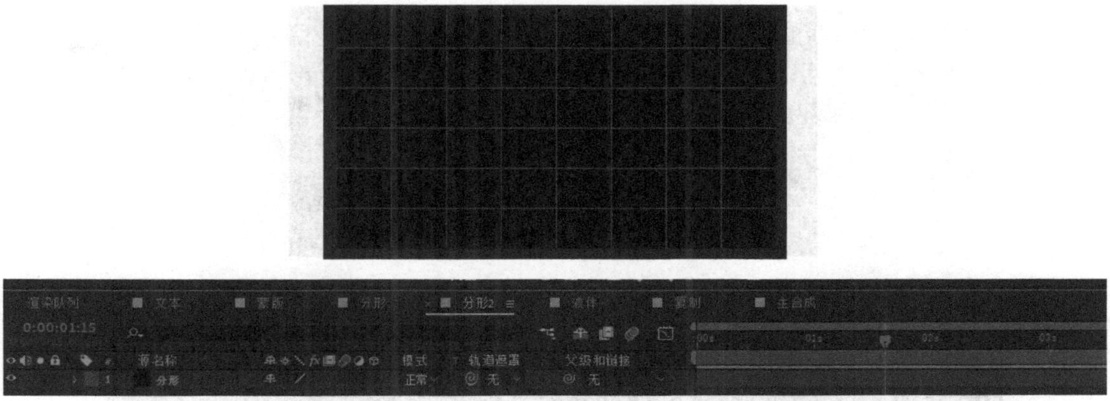

图 3.5.24　“分形 2”合成中的分形图层

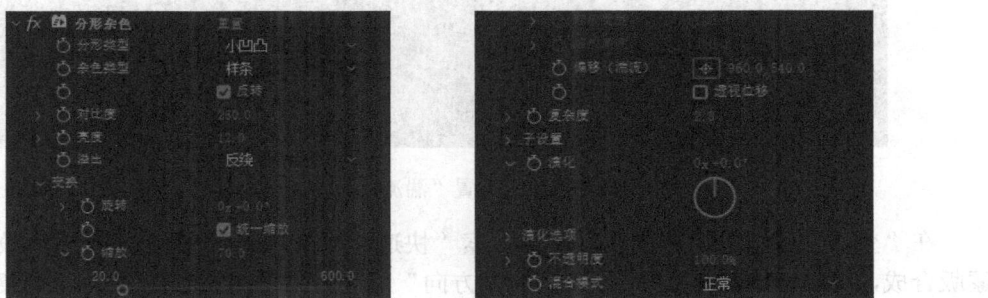

图 3.5.25　设置“分形杂色”效果

12）新建蒙版图层并调整

在“项目”面板中将蒙版图层拖动到新建合成图标上，新建一个蒙版图层，命名为“液体”，将刚制作完成的第 2 个分形合成拖动到“时间轴”面板，将“分形 2”合成放在蒙版合成的上方，在蒙版合成的轨道遮罩上，选择 Alpha 遮罩“分形 2”（见图 3.5.26）。

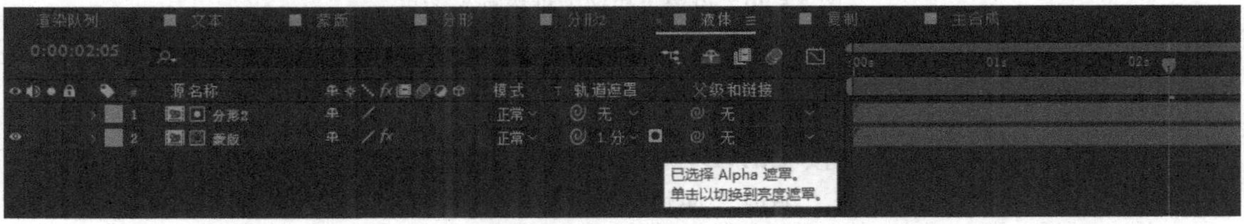

图 3.5.26　使用“轨道遮罩”命令

在“效果和预设”面板的搜索栏中搜索“残影”，将“残影”效果添加到蒙版合成，设置“残影时间（秒）”为-0.008。“残影数量”为 20，“残影运算符”为“从后至前组合”（见图 3.5.27）。

在“效果和预设”面板的搜索栏中搜索“湍流置换”，将“湍流置换”效果添加到蒙版合成，将“数量”在起始帧设置关键帧，数据值设置为 100；在 2 秒处设置“数量”为 16，“大小”为 50（见图 3.5.28）。

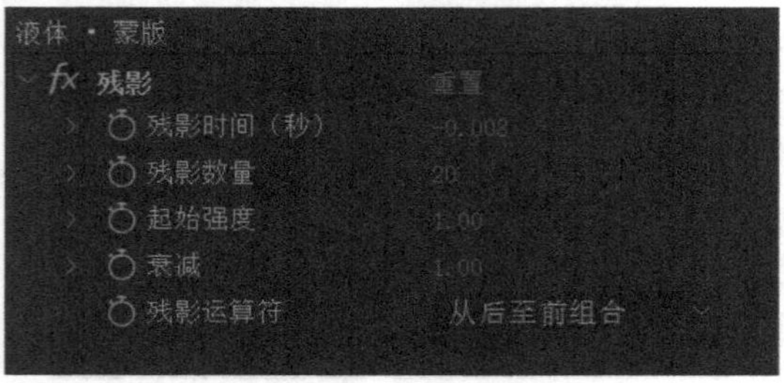

图 3.5.27　设置“残影”效果

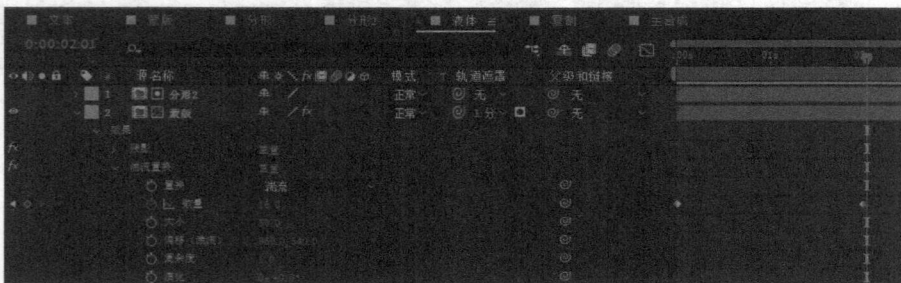

图 3.5.28　设置“湍流置换”效果

在“效果和预设”面板的搜索栏中搜索“快速方框模糊”，将快速方框模糊效果添加到蒙版合成，设置“模糊半径”为 1.5，“模糊方向”为水平，选中“重复边缘像素”复选框（见图 3.5.29）。

图 3.5.29　设置“快速方框模糊”效果

13）制作文字厚度

回到“项目”面板，将制作完成的液体合成拖到新建合成图标处，将新建的合成命名为“复制合成”，打开复制合成，按 Ctrl+D 快捷键将合成中的液体图层进行复制，选取位于下方的一层，使用 S 快捷键打开“缩放”属性，将数值修改为 98%，为此图层添加填充效果，添加一个更深沉的颜色，再复制此图层，将复制的图层“缩放”设置为 96%（见图 3.5.30）。

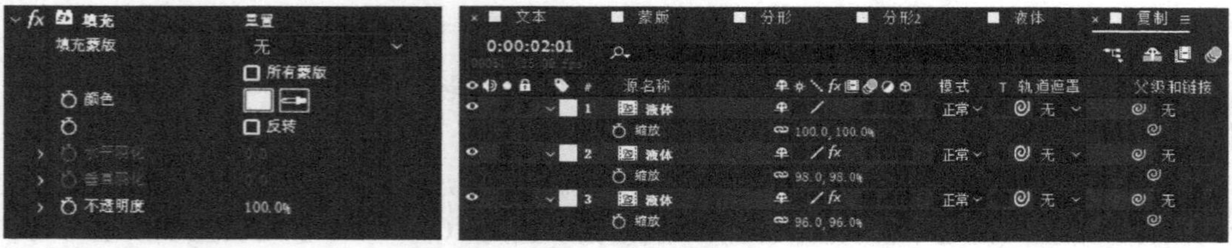

图 3.5.30　设置液体图层“缩放”属性

14）制作背景层

在“项目”面板找到复制合成，将复制合成拖到新建合成图标上，将复制出的合成命名为“主合成”，在“时间轴”面板新建白色的纯色图层，重命名为“背景”，将背景图层拖到主合成下方。

在“效果和预设”面板的搜索栏中搜索“光学补偿”，将光学补偿效果添加到主合成，设置“现场”为 78，根据自行需求选择是否选中“反转镜头扭曲”复选框，选中之后是凸出效果，不选中是凹陷效果。至此，文字液体流动动画就制作完成了。

任务评价

本次任务评价内容见表 3.5.1。

表 3.5.1 任务 3.5 评价表

基本信息	姓名		座号		班级		组别	
	规定时间		完成时间		考核日期		总评成绩	
评价方式	评价内容						配分	得分
自我评价	本任务完成情况						30	
	对知识和技能的掌握程度						40	
	遵守工作场所纪律						20	
	遵循工作操作规范						10	
	合计						100	
小组评价	个人本次任务完成质量						30	
	个人参与小组活动的态度						30	
	个人的合作精神和沟通能力						30	
	个人素质评价						10	
	合计						100	
教师评价	熟悉创建方法						10	
	创建文字						20	
	添加效果						20	
	制作关键帧动画						20	
	最终效果呈现						20	
	小组合作情况						10	
	合计						100	
总评成绩=自我评价×（ ）%+小组评价×（ ）%+教师评价×（ ）%=								

拓展练习

根据所学知识，模仿案例效果，制作一段文本特效动画。

项目 4

运用蒙版

项目导读

在 AE 软件中，蒙版就是选框的外部（选框的内部是选区）。“蒙版”一词本身来自生活，也就是“蒙在上面的板子”的含义。如果想对图像的某一特定区域运用颜色变化、滤镜和其他效果，没有被选的区域就会受到保护和隔离而不被编辑。蒙版和圈选线选择区域在使用和效果上有相似之处，但蒙版可以利用 AE 大部分功能甚至滤镜，更为详细地描述出想要操作的区域。

学习目标

知识目标

◆ 了解蒙版的概念及应用原理；

◆ 熟悉蒙版的功能及应用场景；

◆ 掌握创建与编辑蒙版的主要方法。

能力目标

◆ 能够创建与编辑蒙版；

◆ 能够对蒙版特效进行综合应用。

素养目标

◆ 树立正确的学习观、价值观，自觉践行行业道德规范；

◆ 牢固树立质量第一、信誉第一的强烈意识；

◆ 培养学生小组合作、自主探究的能力；

◆ 培养学生自我激励、自我展示、勇于尝试的精神。

任务 4.1　创建蒙版与编辑蒙版

任务引入

项目 3 学习了制作文字特效，本项目将进入蒙版的应用学习，蒙版是合成图像的重要工具，使用它可在不破坏原始图像基础上实现特殊的图层叠加效果，具有保护、隔离的功能。本任务将对蒙版应用进行认知和操作。

任务要求

（1）打开软件，新建合成；
（2）在合成中使用不同工具创建蒙版；
（3）对蒙版进行编辑修改。

知识储备

1. 蒙版的概念

AE 中的蒙版是合成图像的重要工具，使用它可在不破坏原始图像基础上实现特殊的图层叠加效果。蒙版就是一种遮罩，对图像中不需要编辑的图像区域进行保护。

AE 中的蒙版可以是一条封闭的贝塞尔曲线所构成的路径轮廓，轮廓可以作为控制图层透明区域和不透明区域的依据。如果不是闭合曲线，不是蒙版，就只能作为路径使用。

2. 蒙版的创建

在 AE 软件中使用矩形和钢笔工具（见图 4.1.1）创建形状和蒙版。创建蒙版或形状图层时注意以下事项。

如果在时间轴面板中选择了图层，则会创建蒙版。

如果未在时间轴面板中选择图层，则会创建形状图层。绘制蒙版路径类似于绘制形状路径。也可以拖动形状工具（见图 4.1.2）来创建蒙版。

图 4.1.1　钢笔工具

图 4.1.2　形状工具

选择形状工具，在“合成”面板或“图层”面板中按住左键进行拖曳，即可创建出蒙版。

在选择好的形状工具上双击，可以在当前图层中自动创建一个最大的蒙版。在“合成”面板中，按住 Shift 键的同时使用形状工具可以创建出等比例的蒙版形状，例如，使用“矩形工具”可以创建出正方形的蒙版，使用“椭圆工具”可以创建出圆形的蒙版。如果在创建蒙版时按住 Ctrl 键，可以创建一个以单击确定的第 1 个点为中心的蒙版。

任务实施

本任务为创建蒙版并进行编辑，具体操作步骤如下。

创建蒙版与编辑蒙版

1）新建合成

创建一个宽度为 1 920 像素、高度为 1 080 像素的合成，命名为“合成 1”。

2）新建图层

新建一个纯色图层，并为纯色图层命名为“蒙版颜色”（见图 4.1.3）。

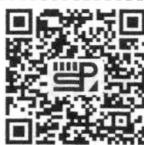

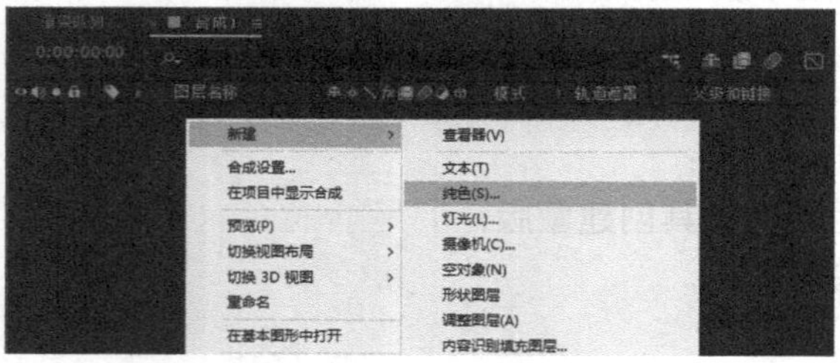

图 4.1.3　创建纯色图层

3）创建蒙版

单击纯色图层，单击工具栏的矩形工具，在纯色图层上绘制一个矩形，绘制完成的矩形就是蒙版（见图 4.1.4），在一个图层内可以制作多个蒙版。

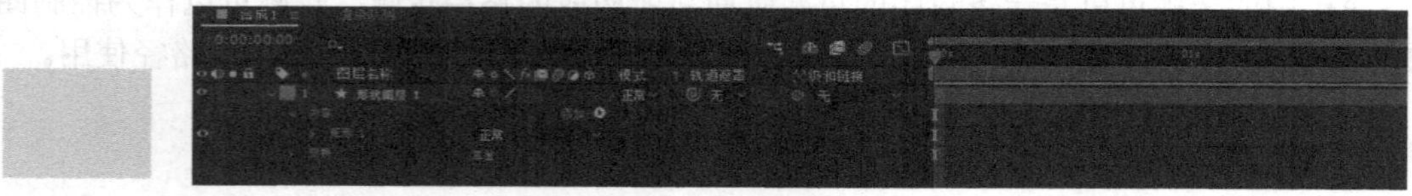

图 4.1.4　创建形状蒙版 1

除了矩形之外，使用矩形工具下方的其他形状也可以拉出不同形状的蒙版（见图 4.1.5）。

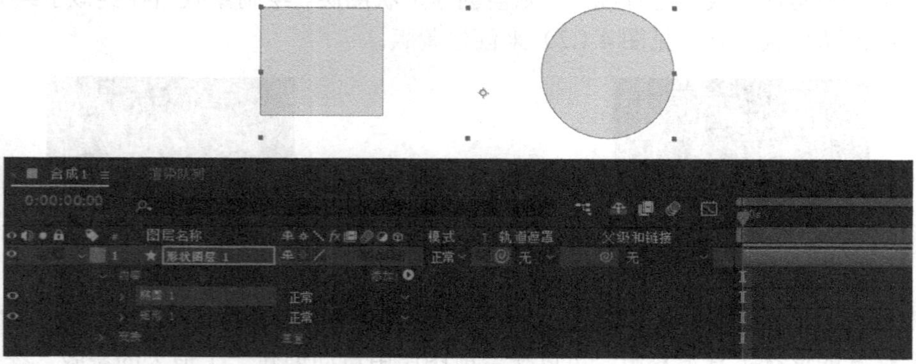

图 4.1.5　创建形状蒙版 2

除了使用矩形工具创建蒙版，还可以使用钢笔工具绘制蒙版的形状。但是需要注意，使用钢笔工具需要将起始点与最后制作的点相连接才可以形成图形，成为蒙版。

未连接完成图形则为图 4.1.6 所示样式。

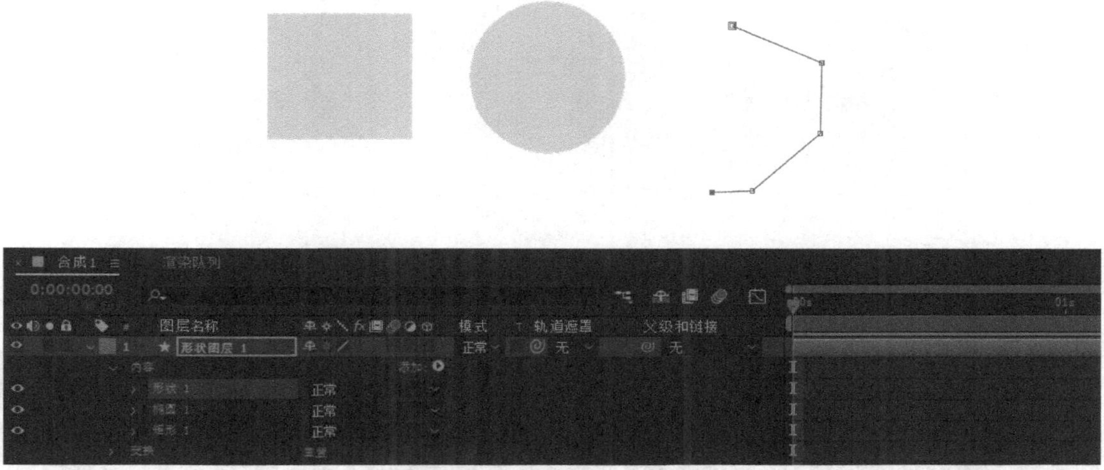

图 4.1.6　创建不闭合形状

连接完成之后则会形成蒙版（见图 4.1.7）。

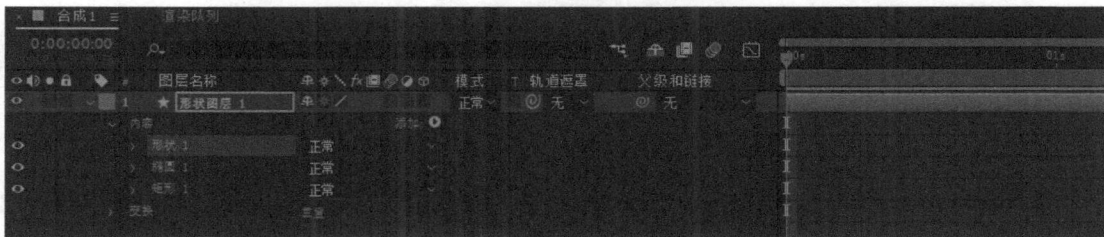

图 4.1.7　创建闭合形状

4）对制作完成的蒙版进行编辑与调整

以图 4.1.7 中的蒙版为例，使用选取工具，单击或者框选需要改变的顶点，对蒙版进行一个顶点的拖动，实现对蒙版大小的变换（见图 4.1.8）。

若想要将大小进行同一缩放，可以双击顶点，将蒙版图形调整为编辑状态（见图 4.1.9）。此状态下可以对蒙版图形进行旋转、移动、缩放。

在蒙版图形创建完成之后，如果不想改动图形的形状，但是需要增加或者减少顶点，可以单击蒙版图形，在工具栏中左键长按钢笔工具，打开钢笔工具的选项框（见图 4.1.1）。使用添加“顶点”工具，则可以在图形的线上增加顶点（见图 4.1.10）。使用删除“顶点”工具，则可以在图形的线上减少顶点（见图 4.1.11），这就是关于蒙版顶点的增加与减少。

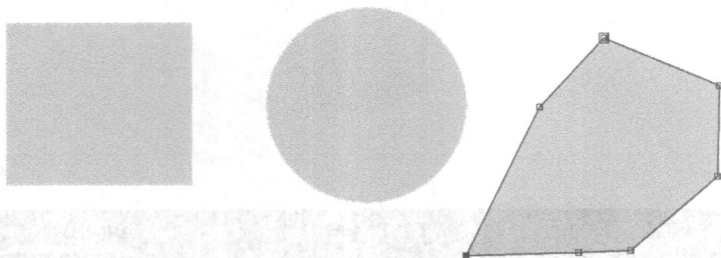

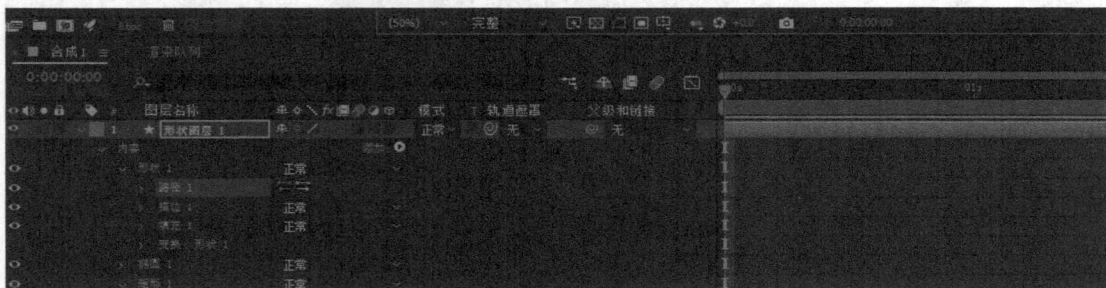

图 4.1.8　蒙版的大小变换

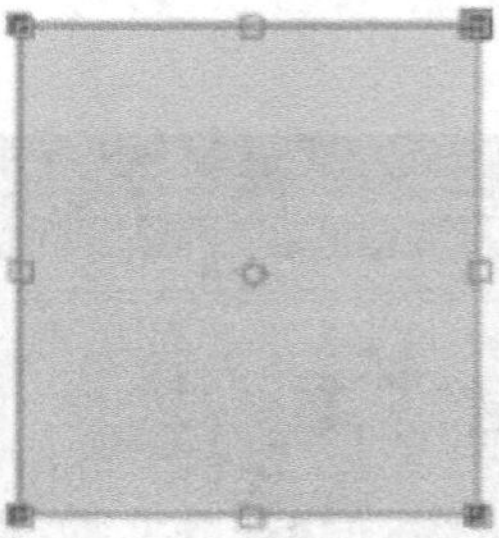

图 4.1.9　蒙版编辑状态

图 4.1.10　点的添加和删除

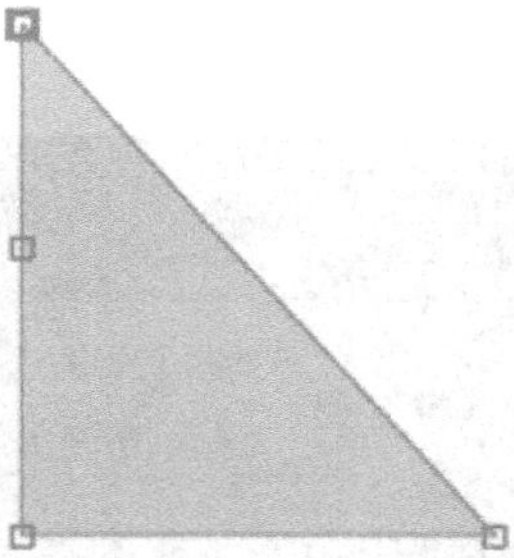

图 4.1.11　顶点的增加与减少

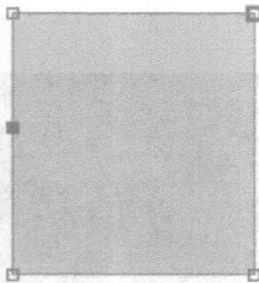

任务评价

本次任务评价内容见表 4.1.1。

表 4.1.1　任务 4.1 评价表

<table>
<tr><td rowspan="2">基本信息</td><td>姓名</td><td></td><td>座号</td><td></td><td>班级</td><td></td><td>组别</td><td></td></tr>
<tr><td>规定时间</td><td></td><td>完成时间</td><td></td><td>考核日期</td><td></td><td>总评成绩</td><td></td></tr>
<tr><td colspan="2">评价方式</td><td colspan="5">评价内容</td><td>配分</td><td>得分</td></tr>
<tr><td colspan="2" rowspan="5">自我评价</td><td colspan="5">本任务完成情况</td><td>30</td><td></td></tr>
<tr><td colspan="5">对知识和技能的掌握程度</td><td>40</td><td></td></tr>
<tr><td colspan="5">遵守工作场所纪律</td><td>20</td><td></td></tr>
<tr><td colspan="5">遵循工作操作规范</td><td>10</td><td></td></tr>
<tr><td colspan="5">合计</td><td>100</td><td></td></tr>
<tr><td colspan="2" rowspan="5">小组评价</td><td colspan="5">个人本次任务完成质量</td><td>30</td><td></td></tr>
<tr><td colspan="5">个人参与小组活动的态度</td><td>30</td><td></td></tr>
<tr><td colspan="5">个人的合作精神和沟通能力</td><td>30</td><td></td></tr>
<tr><td colspan="5">个人素质评价</td><td>10</td><td></td></tr>
<tr><td colspan="5">合计</td><td>100</td><td></td></tr>
<tr><td colspan="2" rowspan="6">教师评价</td><td colspan="5">熟悉蒙版的创建方法</td><td>20</td><td></td></tr>
<tr><td colspan="5">创建不同形状的蒙版</td><td>30</td><td></td></tr>
<tr><td colspan="5">修改蒙版</td><td>30</td><td></td></tr>
<tr><td colspan="5">制作规范</td><td>10</td><td></td></tr>
<tr><td colspan="5">小组合作情况</td><td>10</td><td></td></tr>
<tr><td colspan="5">合计</td><td>100</td><td></td></tr>
<tr><td colspan="9">总评成绩=自我评价×（ ）%+小组评价×（ ）%+教师评价×（ ）%=</td></tr>
</table>

拓展练习

根据所学知识，结合自身需求，新建合成，并在合成中创建一个不规则形状的蒙版。

任务 4.2　添加蒙版内容

任务引入

在学习创建蒙版和编辑蒙版后，本次任务将对创建的蒙版进行内容的添加及相关属性的修改，对蒙版进行更多的精细操作，更好地利用蒙版。

任务要求

（1）打开软件，新建合成；

（2）在合成中使用不同工具创建蒙版；

（3）对蒙版进行内容添加及属性的修改。

知识储备

在“时间轴”面板中连续按两次 M 键可以展开蒙版的所有属性（见图 4.2.1），具体介绍如下。

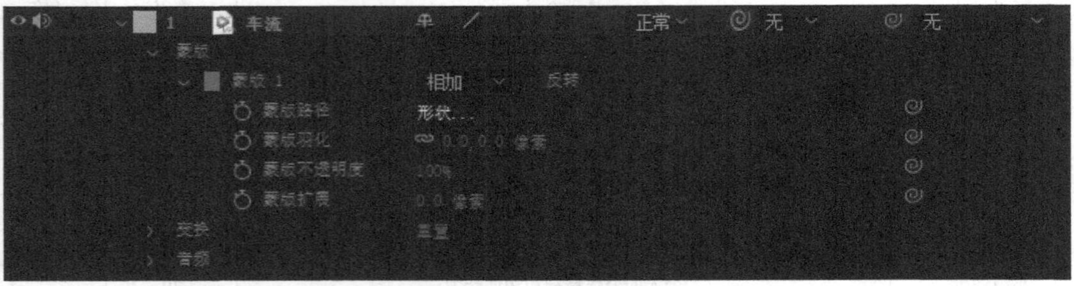

图 4.2.1　蒙版属性

蒙版路径：设置蒙版的路径范围和形状，也可以为蒙版节点制作关键帧动画。

反转：反转蒙版的路径范围和形状（见图 4.2.2）。

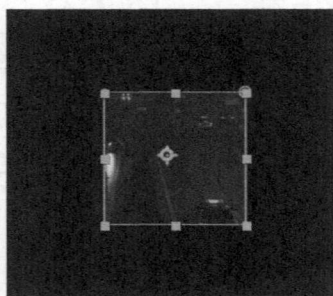

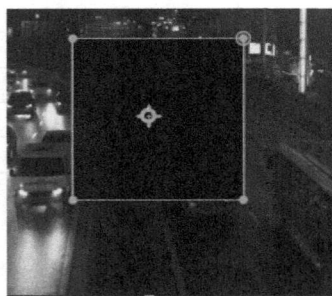

反转前　　反转后

图 4.2.2　反转蒙版

蒙版羽化：设置蒙版边缘的羽化效果，这样可以使蒙版边缘与底层图像完美地融合在一起（见图 4.2.3）。

蒙版不透明度：设置蒙版的不透明度。图 4.2.4 所示为不透明度 50%的效果，图 4.2.5 所示为不透明度 80%的效果。

图 4.2.3　蒙版羽化效果

图 4.2.4　不透明度 50%的效果

图 4.2.5　不透明度 80%的效果

蒙版扩展：调整蒙版的扩展程度。正值为扩展蒙版区域（见图 4.2.6），负值为收缩蒙版区域（见图 4.2.7）。

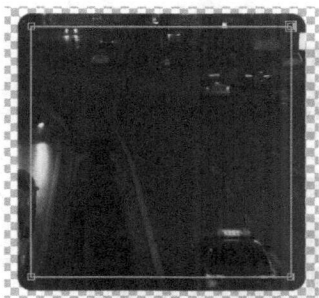

图 4.2.6 扩展+50

图 4.2.7 扩展-50

任务实施

本任务为添加蒙版中的内容，为蒙版添加效果，具体操作步骤如下。

添加蒙版中的内容

1）新建合成

打开 AE 软件，新建项目，选择“合成”→“新建合成”命令，新建合成。

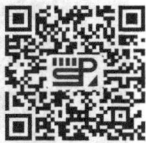

2）导入素材

导入图片，调整图片缩放大小，将图片拖入“时间轴”面板，将图片命名为“蒙版素材”（见图 4.2.8）。

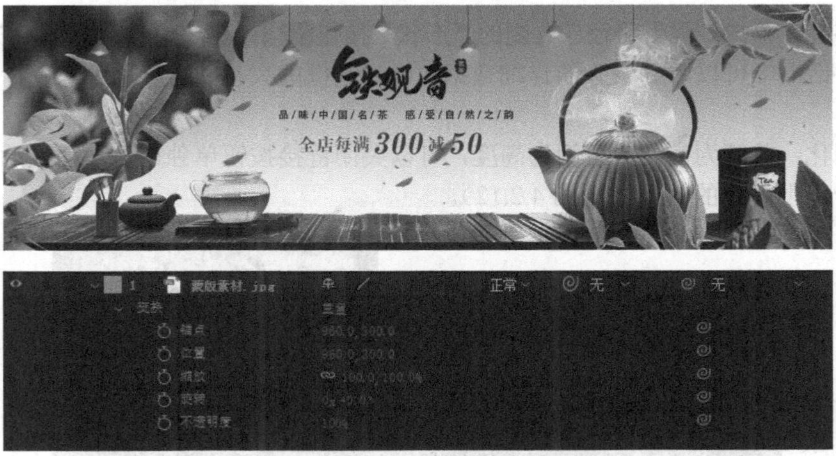

图 4.2.8 素材导入及调整

3）添加蒙版内容

在工具栏选用矩形工具，在“合成”面板为图片图层绘制蒙版（见图 4.2.9）。

当蒙版绘制完成后，可以看见蒙版内出现的就是图 4.2.9 中框选的广告内容，依次单击“蒙版素材”“蒙版”“蒙版 1”左侧扩展按钮（见图 4.2.10）。

单击“相加”右侧扩展按钮，会出现多个选项（见图 4.2.11），此处的多个选项用于建立蒙版与素材原图的关系，根据制作的需要可以自行选择与调整，后侧的“反转”是指基于前侧的蒙版与素材的关系进行反转。

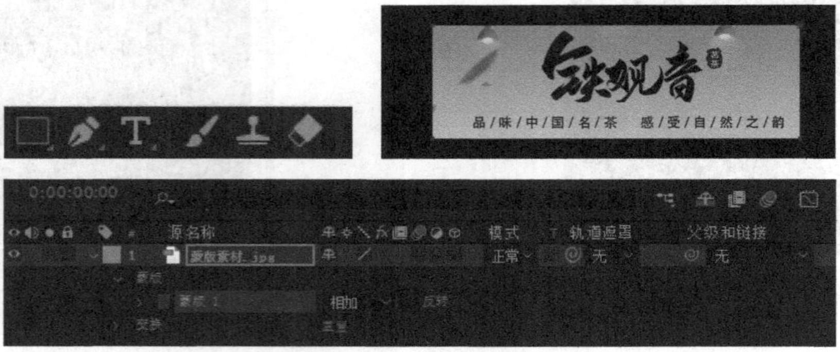

图 4.2.9 绘制蒙版

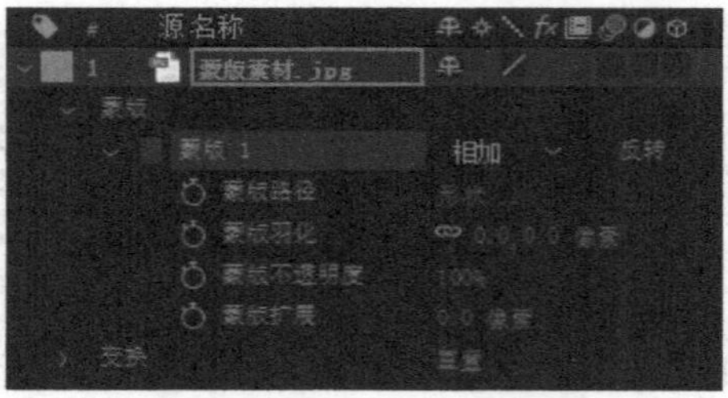

图 4.2.10 蒙版层内容 1

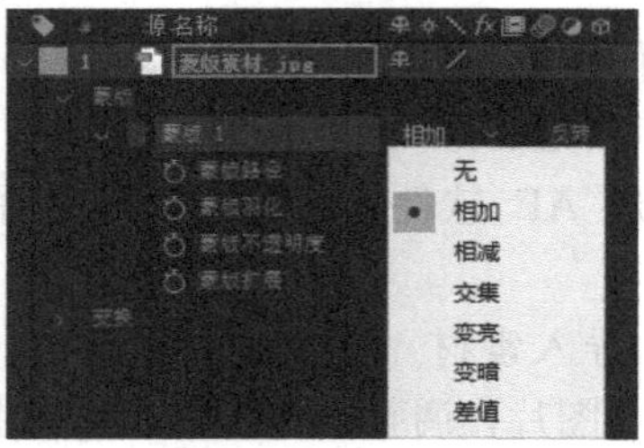

图 4.2.11 蒙版层内容 2

蒙版路径：单击“蒙版路径”右侧的“形状”按钮，在弹出的“蒙版形状”对话框中可以看到蒙版的详细数据，比如选框的大小、高度，可以进行设置的修改与调整。

蒙版羽化：前侧为宽度，后侧为高度，可以关闭链接按钮单独调整，当改动数值时，蒙版的四周会出现虚化的效果（见图 4.2.12）。

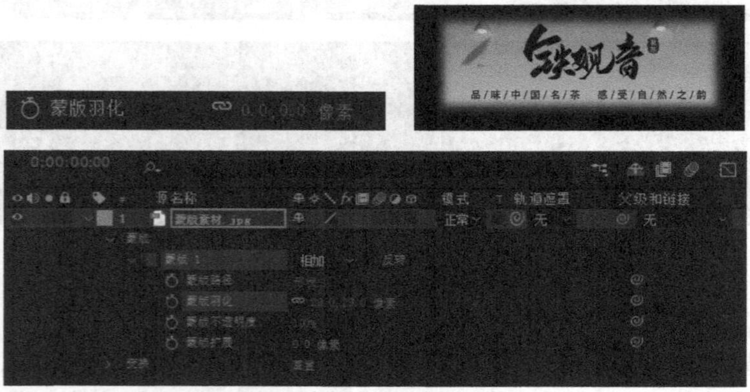

图 4.2.12 蒙版羽化

蒙版的不透明度：这个与图层的不透明度属性相同，改变数值可以调整蒙版层的可见度，调整为 0 后则不可见（见图 4.2.13）。

图 4.2.13　蒙版不透明度

蒙版扩展：调整数值可以改变蒙版的衍生大小，当数值调整时蒙版会渐渐扩张或者缩小（见图 4.2.14）。

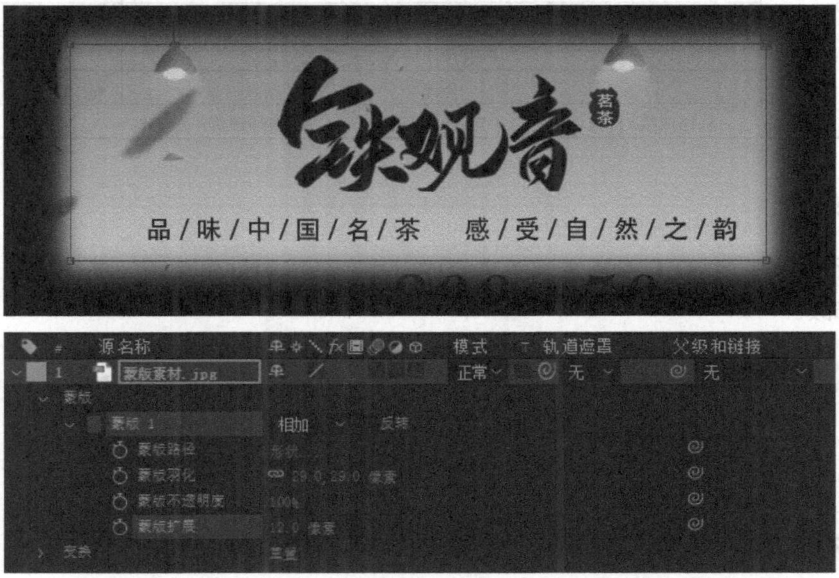

图 4.2.14　蒙版扩展

下方的“变换”则是图层的五大属性之一，与普通图层相同，同时蒙版的以上四个属性可以和图层属性一样设置关键帧进行动画的调整。

任务评价

本次任务评价内容见表 4.2.1。

表 4.2.1 任务 4.2 评价表

基本信息	姓名		座号		班级		组别	
	规定时间		完成时间		考核日期		总评成绩	
评价方式		评价内容					配分	得分
自我评价		本任务完成情况					30	
		对知识和技能的掌握程度					40	
		遵守工作场所纪律					20	
		遵循工作操作规范					10	
		合计					100	
小组评价		个人本次任务完成质量					30	
		个人参与小组活动的态度					30	
		个人的合作精神和沟通能力					30	
		个人素质评价					10	
		合计					100	
教师评价		熟悉蒙版的创建方法					10	
		创建蒙版					20	
		编辑蒙版					30	
		编辑蒙版属性					30	
		小组合作情况					10	
		合计					100	
总评成绩=自我评价×（ ）%+小组评价×（ ）%+教师评价×（ ）%=								

拓展练习

根据所学知识，结合自身需求，新建合成，并在合成中创建蒙版，进行蒙版内容的添加及属性的修改。

任务 4.3 基础数字视频擦除

任务引入

在学习添加蒙版内容及操作其属性后，本次任务将对视频内容进行数字擦除。在完成了对文字特效的学习后，进入蒙版的应用学习，在了解了蒙版的基本参数和操作后，本次任务将进行对视频画面内容的擦除修改工作。

任务要求

（1）打开软件，导入素材，新建合成；

（2）在合成中对素材视频的擦除范围进行蒙版选取；

（3）对蒙版内容进行内容识别填充操作，实现视频内容的数字擦除。

知识储备

从视频中移除不想要的对象或区域，这项工作以前烦琐又消耗时间，现在使用“内容识别填充”功能，只需几个简单的步骤，即可轻松移除任何不想要的对象，例如视频中的话筒、电线杆和人等。此功能由 Adobe Sensei 提供技术支持，具备即时感知能力，可自动移除选定区域并分析时间轴中的关联帧，通过拉取其他帧中的相应内容来合成新的像素点。只需环绕某个区域绘制蒙版，AE 软件即可马上将该区域的图像内容替换成根据其他帧生成的新图像内容。

1. 内容识别填充面板

要打开“内容识别填充”面板，选择“窗口”→“内容识别填充”命令。

“内容识别填充”面板如图 4.3.1 所示。

图 4.3.1　“内容识别填充”面板

（1）填充目标：此功能用于预览内容识别填充的分析区域。透明区域周边轮廓为粉红色。

（2）阿尔法扩展：使用此选项可增加待填充区域的大小。内容识别填充不需要精确的蒙版，即使选定区域内包含待移除对象范围之外的像素，也可获得更佳的结果。

（3）填充方法：选择要渲染的填充类型，包括“对象”“表面”“边缘混合”3 个选项。

① 对象：将对象从素材中移除。通过合成当前帧和周围帧中的像素点，填充透明区域。此选项会估算对象背后的场景运动，然后使用估算结果找出对应的颜色值。为获得最佳效果，可将此选项用于取代移动的对象，如道路上行驶的车辆。

② 表面：替换对象的表面。其原理与“对象”相似，都是从周围帧获取像素，但使用的是合成中透明区域下的估算运动。为获得最佳效果，可将此选项用于静态和平坦表面，如衬衫上的色斑或建筑物上的标志。

③ 边缘混合：混合周边的像素。通过对透明区域边缘的像素进行采样和混合，填充透明区域并快速进行渲染。为获得最佳效果，可使用此选项用于替换缺少纹理的表面上的静态对象，如纸张上的文字。

（4）光照校正：启用此选项可在素材中处理动态光线变化。将光照校正合并到填充中，以便从光照在帧与帧之间变化的素材中将对象删除干净。可以在 3 种不同的校正强度（弱、中度和强）中进行选择。为获得最佳效果，优先选择“强”，如果这样做对素材添加了过多的校正，可转为选择“中度”或“弱”。

（5）范围：选择仅渲染工作区域的填充图层，或者渲染合成的整个持续时间。将其设置为“工作区”，可限制内容识别填充引入工作区域外部的内容。

（6）创建参考帧：创建一个单帧填充图层帧，并使用 Photoshop 将其打开。使用参考帧有助于“内容识别填充”了解形成的填充图层应该是什么样子。例如，如果视频的背景很复杂，使用内容识别填充无法获得所需的结果，则可使用 Photoshop 中的工具，例如“仿制”和“补丁”，以便在参考帧上获得更佳的结果。完成操作后，会生成新的填充图层。“内容识别填充”会将来自参考帧的像素点转化为填充图层中的新帧。对于某些镜头，可以使用光线或摄像头角度有变化的帧创建多个参考帧。注意，也可以使用任何其他流程创建单帧图层，从而为内容识别填充提供指导。它还会考虑这些图层中的内容作为参考。这是执行此类工作的快捷方式。

（7）生成填充图层：生成新的填充图层。面板的底部会显示分析和渲染的进度。“内容识别填充”工具会优先分析和渲染当前时间指示器（CTI）下方的帧。在生成整个填充图层之前，正在渲染填充时，可将 CTI 移动到某个不同的帧处以优先处理该帧，这有助于判断是否能获得正确的填充结果。

2. “内容识别填充”面板的使用

“内容识别填充”面板提供了多项功能，以便准确地去除视频中不想要的对象。但在有些情况下，可能会有部分功能不适合使用。

下方列出了使用“内容识别填充”功能时需要遵循的操作步骤摘要。

（1）使用任意可用方法在合成中创建透明区域。例如，围绕合成中要替换的对象或区域绘制蒙版，并将其设置为“相减”模式（见图 4.3.2）。

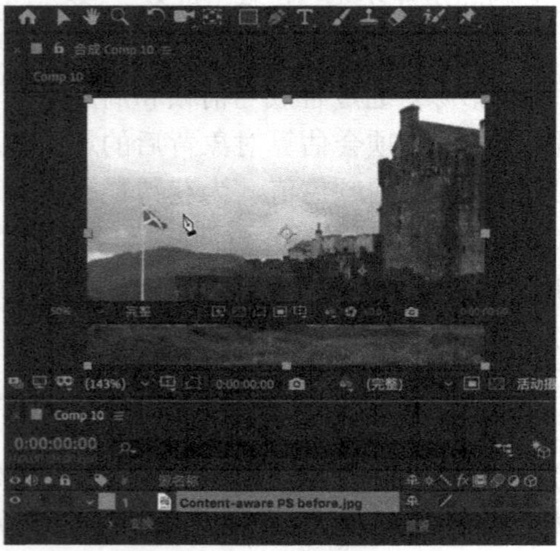

图 4.3.2　创建环绕对象的蒙版

（2）选择“窗口”→“内容识别填充”命令，打开“内容识别填充”面板。

（3）在“内容识别填充”面板，选择“填充方法”，设置想要 AE 软件分析的范围。然后，单击“生成填充图层”按钮以生成填充，将填充图层添加到“时间轴”面板中选定图层的顶部。该图层包含 AE 软件生成填充图层时分析的图像序列。

任务实施

本任务为数字视频擦除的操作，具体操作步骤如下。

1）新建合成

新建合成：1 920×1 080 像素，方形像素，25 帧/秒，15 秒（见图 4.3.3）。

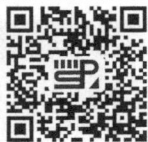

基础数字视频擦除

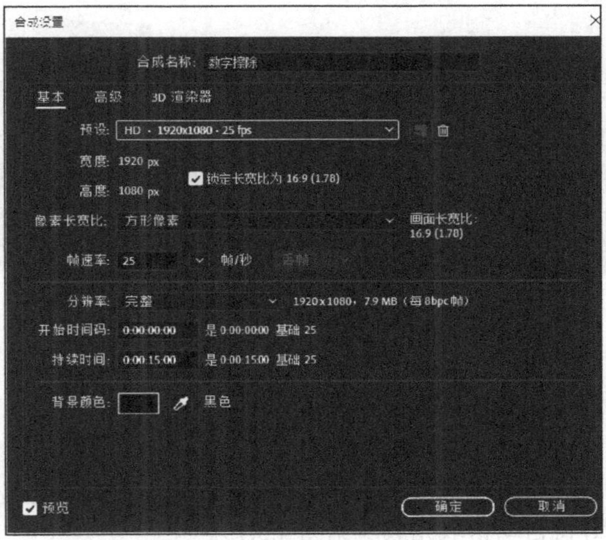

图 4.3.3　新建合成

2）导入素材

导入需要进行数字擦除的视频素材，并拖动到“时间轴”面板（见图 4.3.4）。

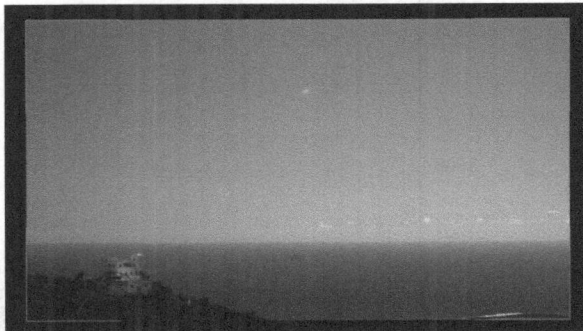

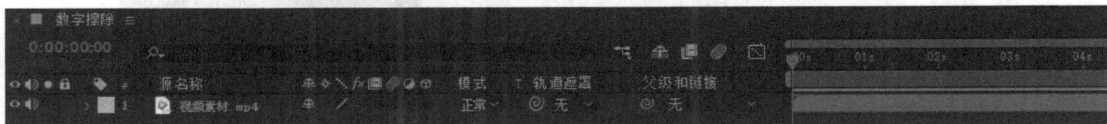

图 4.3.4　导入素材

3）框选擦除部分

使用矩形工具或者钢笔工具，在素材图层框选需要擦除的部分（见图 4.3.5）。

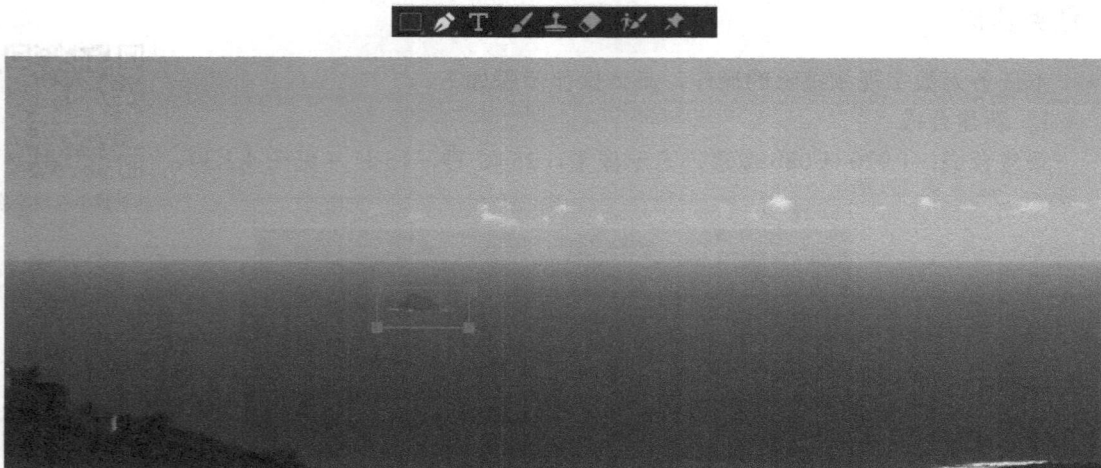

图 4.3.5　框选需要擦除的部分

4）使用跟踪器

选择框选出的蒙版，在菜单栏中选择“窗口”→“跟踪器”命令，框下跟踪器，因为已经选择蒙版，打开跟踪器会自动出现设置好的蒙版（见图 4.3.6）。

将“方法”选择为“位置，缩放及旋转”，将时间指示器拖动到起始帧，单击“向后跟踪所选蒙版”按钮，等待自动拾取完成（见图 4.3.7）。

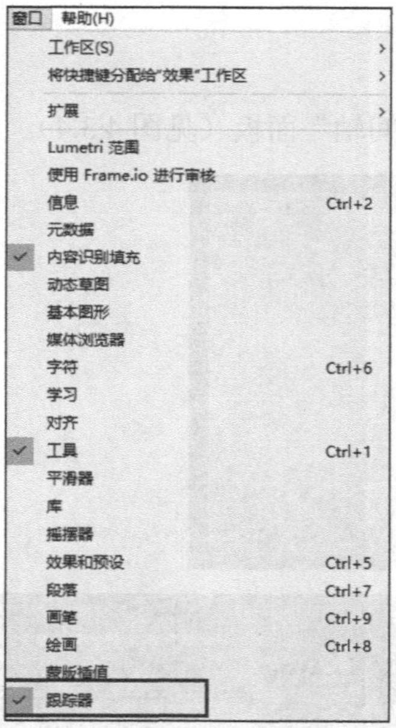

图 4.3.6　打开跟踪器

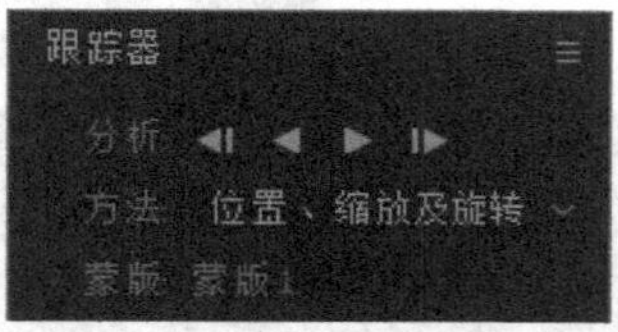

图 4.3.7　跟踪器参数选择

5）进行擦除

等待拾取完成之后，展开“时间轴”面板的蒙版选项在“蒙版 1”右侧的下拉列表中选择“相减”，选择完成后，合成窗口选框内的部分被擦除（见图 4.3.8）。

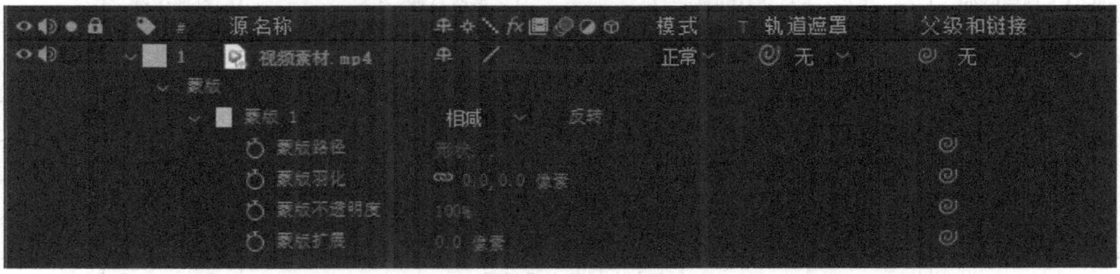

图 4.3.8　模式切换

6）为擦除部分填充

擦除完成后单击“合成”面板下方的“切换透明网格”按钮（见图 4.3.9），选择完成后，选择“窗口”→“内容识别填充”命令（见图 4.3.10），打开“内容识别填充”面板，修改“内容识别填充”设置（见图 4.3.11）。

图 4.3.9　切换透明网格

图 4.3.10　选择内容识别

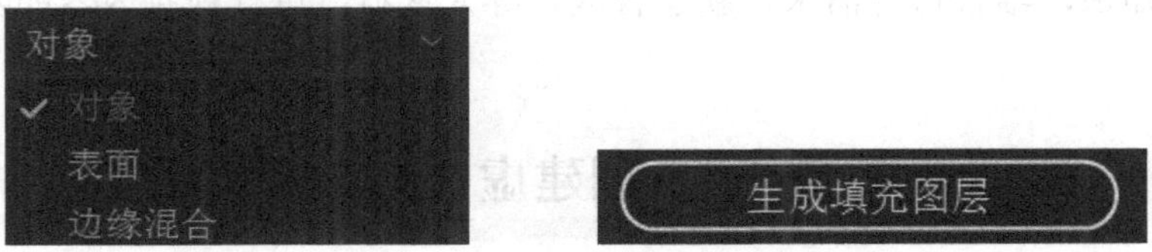

图 4.3.11　内容识别填充设置

注意：若擦除的对象为文字，则选择“表面”；若擦除的对象为物体，则选择“对象”。此处擦除的对象为物体，所以选择“对象”，调整完成后，点选生成填充图层，生成填充后就完成了视频数字擦除效果。

任务评价

本次任务评价内容见表 4.3.1。

表 4.3.1　任务 4.3 评价表

<table>
<tr><td rowspan="2">基本信息</td><td>姓名</td><td></td><td>座号</td><td></td><td>班级</td><td></td><td>组别</td><td></td></tr>
<tr><td>规定时间</td><td></td><td>完成时间</td><td></td><td>考核日期</td><td></td><td>总评成绩</td><td></td></tr>
<tr><td colspan="2">评价方式</td><td colspan="5">评价内容</td><td>配分</td><td>得分</td></tr>
<tr><td colspan="2" rowspan="5">自我评价</td><td colspan="5">本任务完成情况</td><td>30</td><td></td></tr>
<tr><td colspan="5">对知识和技能的掌握程度</td><td>40</td><td></td></tr>
<tr><td colspan="5">遵守工作场所纪律</td><td>20</td><td></td></tr>
<tr><td colspan="5">遵循工作操作规范</td><td>10</td><td></td></tr>
<tr><td colspan="5">合计</td><td>100</td><td></td></tr>
<tr><td colspan="2" rowspan="5">小组评价</td><td colspan="5">个人本次任务完成质量</td><td>30</td><td></td></tr>
<tr><td colspan="5">个人参与小组活动的态度</td><td>30</td><td></td></tr>
<tr><td colspan="5">个人的合作精神和沟通能力</td><td>30</td><td></td></tr>
<tr><td colspan="5">个人素质评价</td><td>10</td><td></td></tr>
<tr><td colspan="5">合计</td><td>100</td><td></td></tr>
<tr><td colspan="2" rowspan="6">教师评价</td><td colspan="5">熟悉视频擦除的操作方法</td><td>10</td><td></td></tr>
<tr><td colspan="5">创建合成并导入素材</td><td>20</td><td></td></tr>
<tr><td colspan="5">编辑擦除视频内容蒙版</td><td>30</td><td></td></tr>
<tr><td colspan="5">执行视频擦除操作</td><td>30</td><td></td></tr>
<tr><td colspan="5">小组合作情况</td><td>10</td><td></td></tr>
<tr><td colspan="5">合计</td><td>100</td><td></td></tr>
<tr><td colspan="9">总评成绩=自我评价×（ ）%+小组评价×（ ）%+教师评价×（ ）%=</td></tr>
</table>

拓展练习

根据所学知识，结合自身需求，新建合成，导入素材，进行视频内容的数字擦除。

任务 4.4　创建虚光照效果

任务引入

在学习视频内容的数字擦除后，本任务将进入虚光照效果的制作环节，这一光线效果不仅能让画面变得更有层次感，还能让画面更加真实有质感，增加相关类型的特效效果。

任务要求

（1）打开软件，新建合成，制作背景及文字；

（2）在合成中使用光照效果进行参数修改；

（3）进行关键帧动画的设置及最终效果修改。

知识储备

虚光照效果的实现可以在工具栏选择“效果”→“生成”→CC Light Rays 命令。

具体操作可以在“时间轴”面板的素材层上，用鼠标移动时间指示器到需要编辑效果的时间点，然后选中素材，右击，在弹出的菜单中选择“效果”→“生成”→CC Light Rays 命令（见图 4.4.1），生成后在“效果控件”面板对相关参数进行对应调节即可。

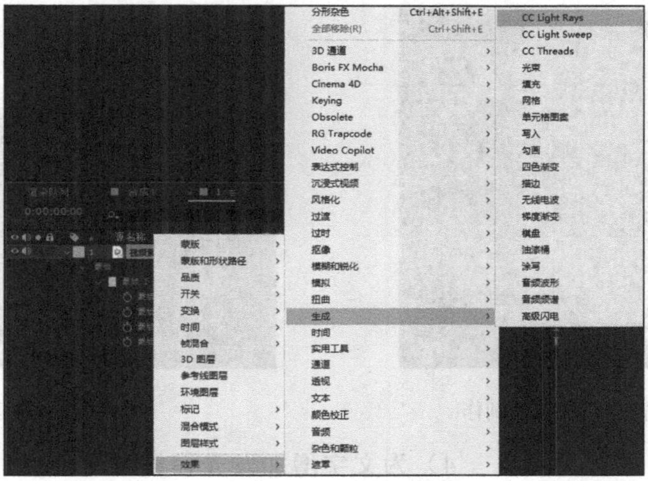

图 4.4.1　新建光线效果

任务实施

本任务为创建虚光照效果，具体操作步骤如下。

创建虚光照效果

1）新建合成

新建合成：1 920×1 080 像素，方形像素，25 帧/秒，10 秒（见图 4.4.2），命名为“背景”。

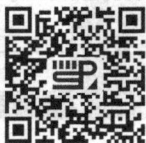

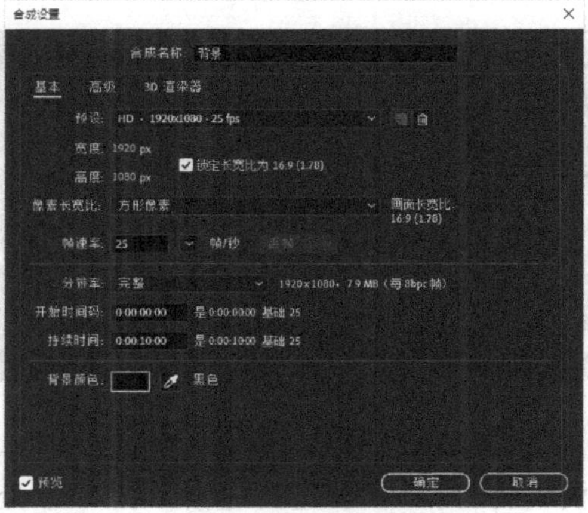

图 4.4.2　新建合成

2）创建背景图层

在背景合成中新建纯色图层，命名为“背景”，在“效果和预设”面板的搜索栏中搜索“四色渐变”，为背景图层增加四色渐变效果，选择需要的颜色（见图 4.4.3）。

3）创建文字

单击菜单栏中的文字工具，输入文本，并调整至所需位置，选取所需大小及字体（见图 4.4.4）。

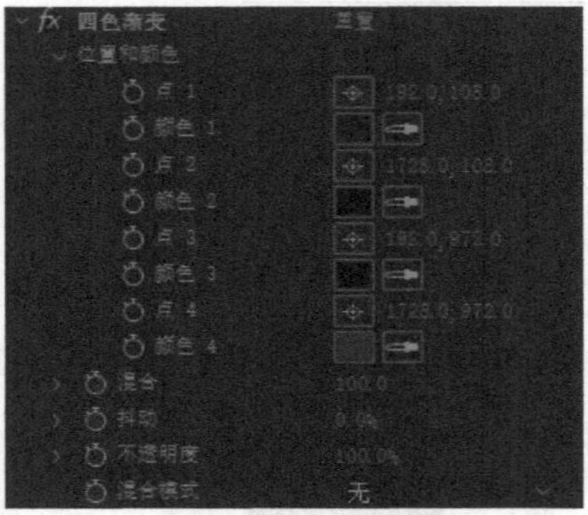

图 4.4.3　背景四色渐变制作

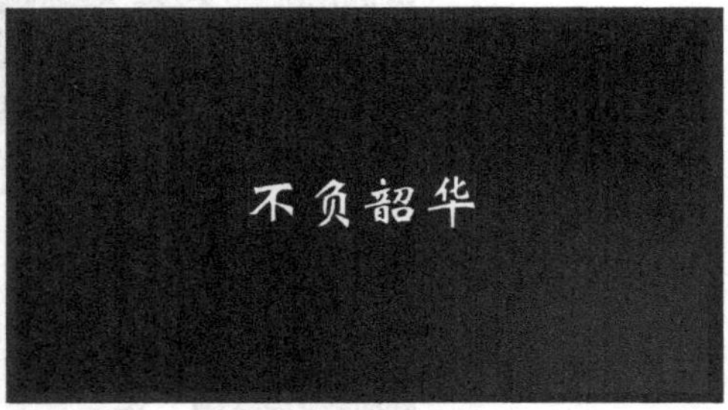

图 4.4.4　创建文字

4）为文字增加发光模糊效果

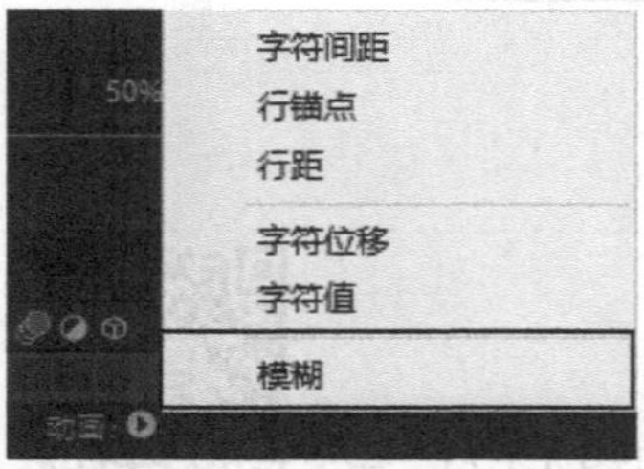

图 4.4.5　文字增加发光模糊效果

在“时间轴”面板单击文字图层左侧的扩展按钮，单击“文本”右侧的“动画”按钮，在弹出的菜单中选择“模糊”命令（见图 4.4.5），单击“文本”“动画制作工具 1”左侧扩展按钮设置“模糊”属性。在起始帧处，将模糊属性的数值设置为 400；在 2 秒处，将数值设置为 0。

在“效果和预设”面板的搜索栏中搜索 CC Light Burst 2.5 效果。将 CC Light Burst 2.5 效果添加到文字图层（见图 4.4.6）。

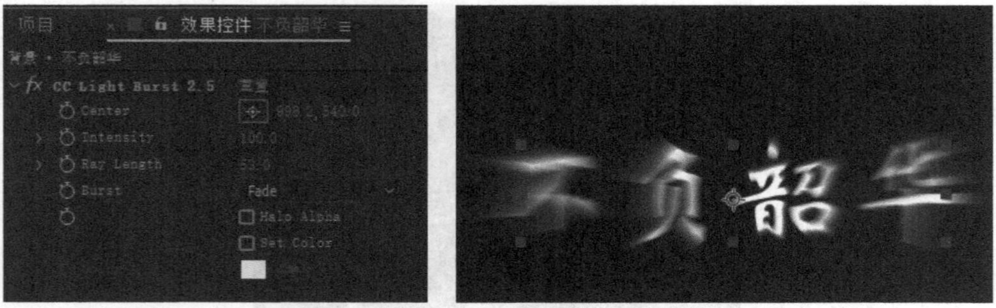

图 4.4.6　添加 CC Light Burst 2.5 效果

在“效果控件”面板中将 Center 设置关键帧，在 2 秒处将坐标定位为文字图层的最左侧，在 4 秒处定位为文字图层的最右侧（见图 4.4.7）。

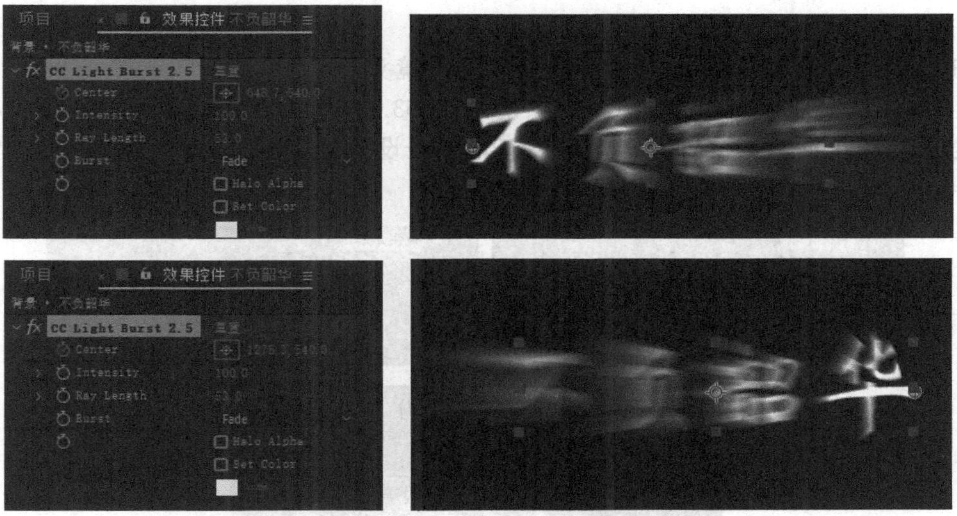

图 4.4.7 Center 数值修改

在“时间轴”面板选取 Center 数值的两个关键帧并复制，在 6 秒处将关键帧粘贴，粘贴完成后在关键帧处右击，在弹出的菜单中选择“关键帧辅助”→“时间反向关键帧”命令，制作一个光源往返效果，使用快捷键为 4 个关键帧增加缓入缓出效果（见图 4.4.8）。

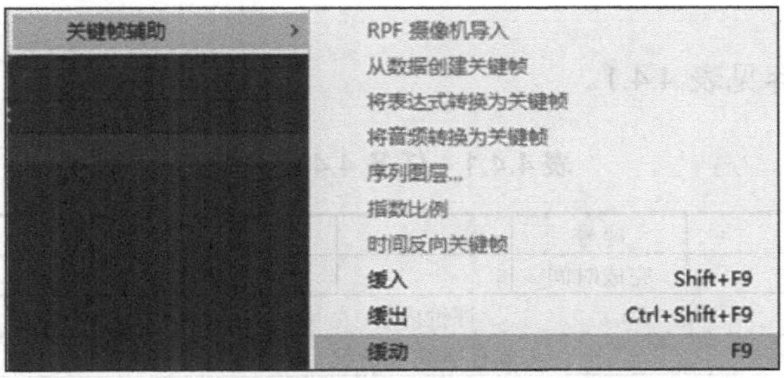

图 4.4.8 关键帧缓动

根据制作需求使用 Ray Length 数值改动光源深度，在 8 秒处设置关键帧，设置 Ray Length 数值为 53.0；在 9 秒处设置为 0.0（见图 4.4.9）。

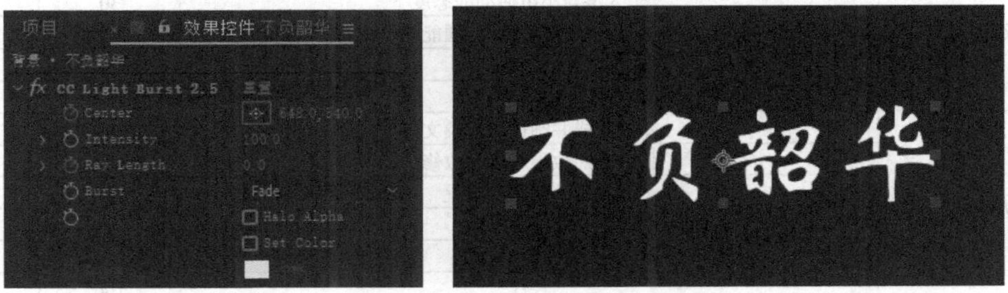

图 4.4.9 Ray Length 数值调节

5）制作背景虚光

在“效果和预设”面板的搜索栏中搜索“镜头光晕”，将镜头光晕效果添加到背景图层。为光晕中心设置关键帧，在初始帧设置为 253.0，432.0，在 8 秒处改为 1 719.0，432.0。为“与原始图像混合”设置关键帧，在初始帧处设置为 100%，在 8 秒处改为 0%（见图 4.4.10）。

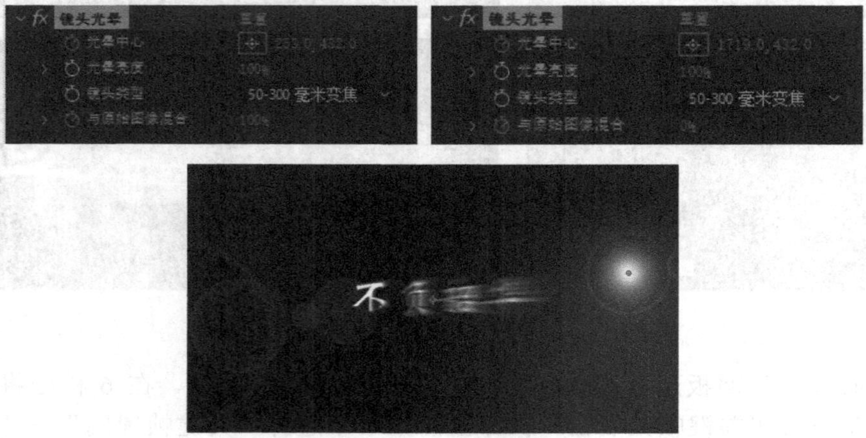

图 4.4.10 “与原始图像混合”数值调节

任务评价

本次任务评价内容见表 4.4.1。

表 4.4.1 任务 4.4 评价表

基本信息	姓名		座号		班级		组别	
	规定时间		完成时间		考核日期		总评成绩	
评价方式		评价内容					配分	得分
自我评价		本任务完成情况					30	
		对知识和技能的掌握程度					40	
		遵守工作场所纪律					20	
		遵循工作操作规范					10	
		合计					100	
小组评价		个人本次任务完成质量					30	
		个人参与小组活动的态度					30	
		个人的合作精神和沟通能力					30	
		个人素质评价					10	
		合计					100	
教师评价		新建合成并制作背景及文字					20	
		使用光照效果进行参数修改					30	
		关键帧动画的设置					20	
		最终效果调整					20	
		小组合作情况					10	
		合计					100	
总评成绩=自我评价×（ ）%+小组评价×（ ）%+教师评价×（ ）%=								

拓展练习

根据所学知识，结合自身需求，新建合成，导入素材，在合成素材层上设置光照效果及相关参数，设置关键帧动画并调整最终效果。

任务 4.5　制作运用蒙版动效

任务引入

我们已学习制作虚光照效果，在完成对蒙版特效的学习后，本任务进入蒙版案例效果的制作，这一任务使用到蒙版及遮罩，结合色彩动画效果，使简单的文字动画更具视觉效果。

任务要求

（1）打开软件，新建合成，制作背景及文字；

（2）在合成中制作颜色合成与动画，完成蒙版效果设置；

（3）进行关键帧动画的设置及最终效果修改。

知识储备

遮罩是一种特殊的蒙版类型，它可以将一个图层的 Alpha 通道信息或亮度信息作为另一个图层的透明度信息，同样可以完成建立图像透明区域或限制图像局部显示的工作。当遇到特殊要求的时候（如在运动的文字轮廓内显示图像），用户可以通过轨道遮罩来完成镜头的制作。

任务实施

本任务为制作运用蒙版案例动效，完成效果如图 4.5.1 所示。

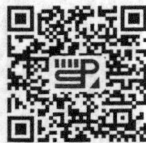

制作运用蒙版案例动效

图 4.5.1　完成效果

具体操作步骤如下。

1）新建合成

新建合成：1 920×1 080 像素，方形像素，25 帧/秒，15 秒。命名为“主合成”。

2）制作文字合成

输入所需文字，调整文字位置、大小、字体、为文字新建预合成，命名为“文字”（见图 4.5.2）。

3）制作颜色合成与动画

新建合成，命名为“颜色”，打开颜色合成后，将文字合成拖入“时间轴”面板，并选择“图层”→“新建”→“形状图层”命令，在“时间轴”面板新建形状图层，单击工具栏中的矩形工具，在形状图层框选出矩形，并设置为需要的颜色，修改图层名称（见图 4.5.3）。

图 4.5.2　新建文字合成

图 4.5.3　制作颜色合成

打开红图层的“锚点”属性，在起始帧处设置关键帧，在 2 秒处改为 375.0，0.0；在 4 秒处改为 375.0，−25.0。按 Ctrl+D 快捷键复制红图层，命名为“白图层”，单击“内容”“矩形”“填充”左侧扩展按钮，将填充颜色改为白色，为“锚点”属性设置关键帧，将起始帧设置为 800.0，−145.0；在 4 秒处改为 375.0，−145.0（见图 4.5.4）。

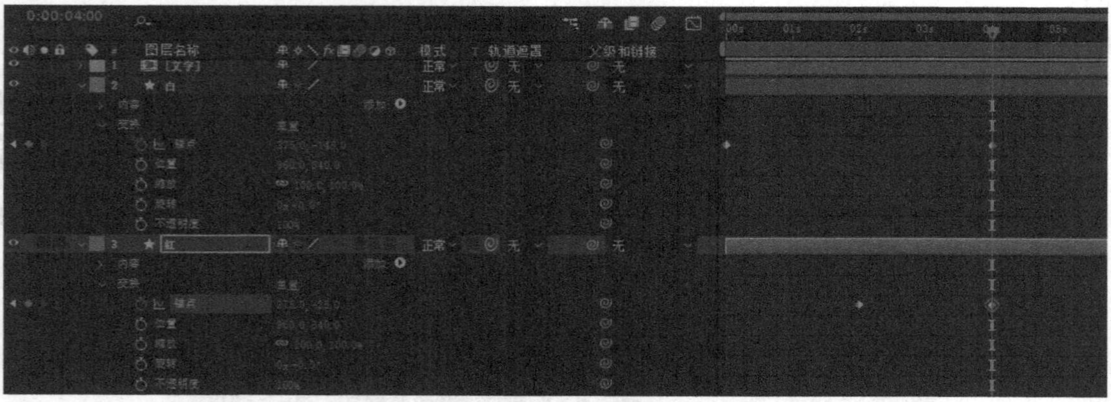

图 4.5.4　参数修改

按 Ctrl+D 快捷键复制白图层，命名为“黄图层”，将填充颜色改为黄色，为“锚点”属性设置关键帧，在起始帧设置为 0.0，−265.0；在 4 秒处改为 375.0，−265.0（见图 4.5.5）。

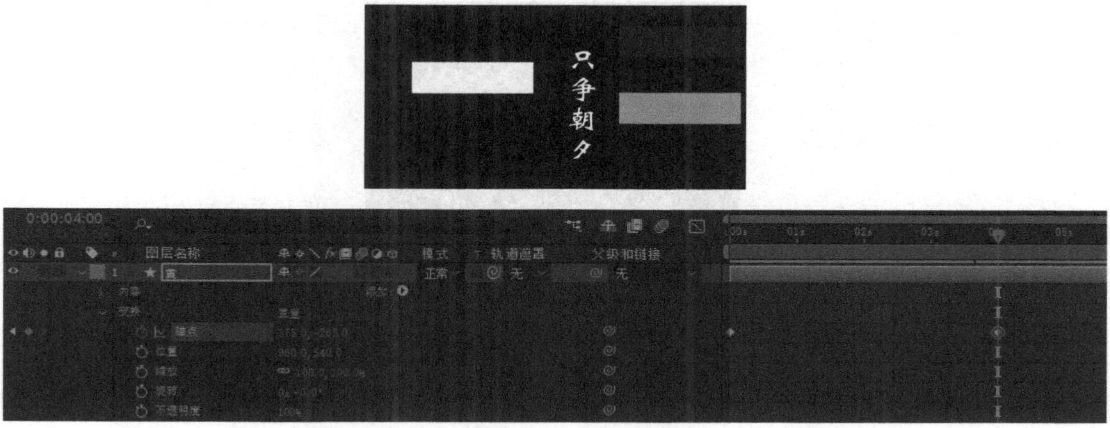

图 4.5.5　制作黄图层

按 Ctrl+D 快捷键复制黄图层，命名为“蓝图层”，将填充颜色改为蓝色，将“缩放”属性改为 120，为“锚点”属性设置关键帧，在起始帧设置为 375.0，−520.0；在 4 秒处改为 375.0，−375.0。制作完成后将最下层的文字合成隐藏（见图 4.5.6）。

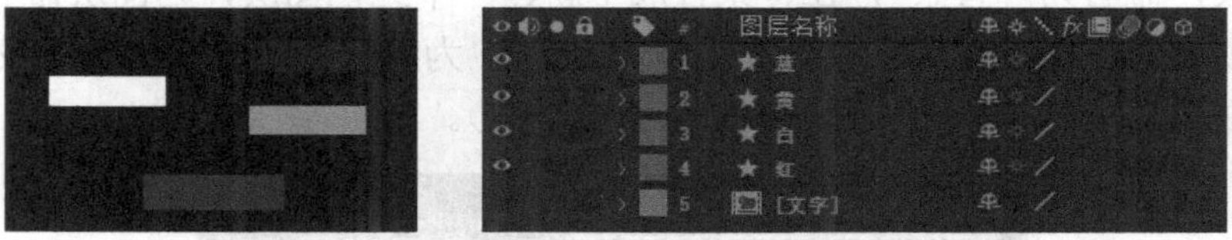

图 4.5.6　设置关键帧

4）进行合成的整合

单击“主合成”标签，将制作完成的颜色合成拖动到“时间轴”面板，将文字合成放置在颜色合成上方，隐藏文字合成，将颜色合成的轨道遮罩选取为 Alpha 遮罩“文字”（见图 4.5.7）。

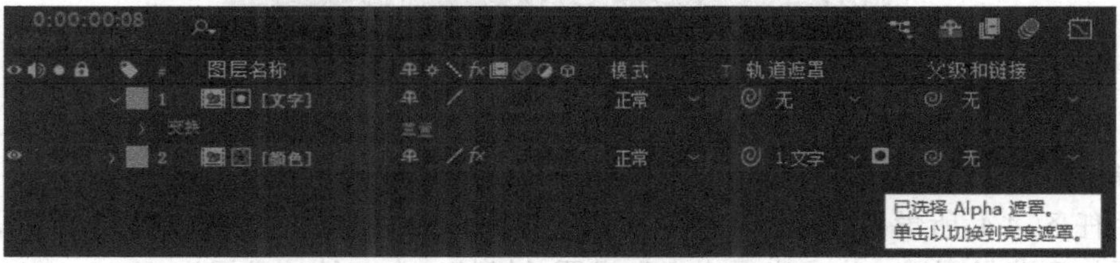

图 4.5.7　设置遮罩

5）增加修饰效果

在“效果和预设”搜索栏中搜索“湍流置换”，将湍流置换效果添加到颜色合成上，设置“置换”为“扭转”，“数量”为 100.0，“大小”为 50.0，“复杂度”为 5.0；为“演化”设置关键帧，在起始帧不做改动，在动画的最后一帧改为 7x+0.0°（见图 4.5.8）。

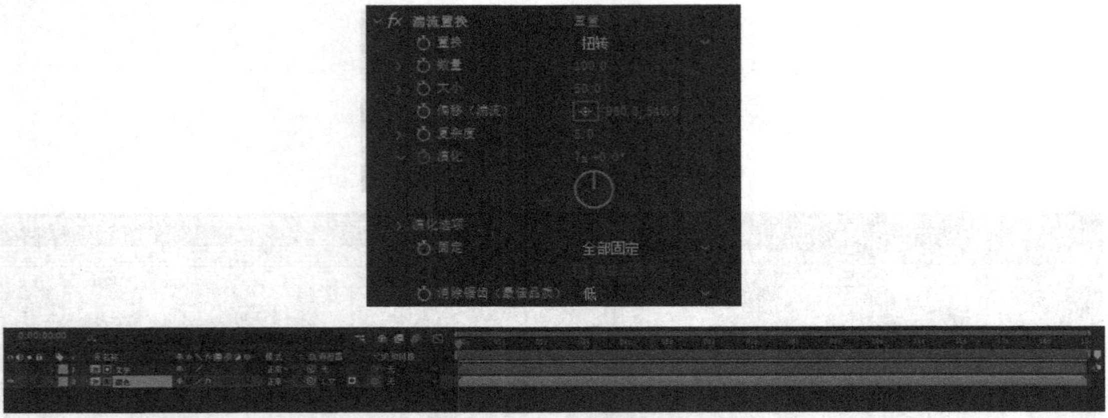

图 4.5.8　设置“湍流置换”效果

在“效果和预设”面板的搜索栏中搜索“发光”，为颜色合成添加发光效果，数值不作修改。

6）制作背景

新建合成，命名为“背景”，在背景合成中新建一个纯色图层，为图层命名为“背景”。在“效果和预设”面板的搜索栏中搜索“梯度渐变”，为纯色图层增加梯度渐变效果，“起始颜色”采用白色，“结束颜色”采用灰色（见图 4.5.9）。

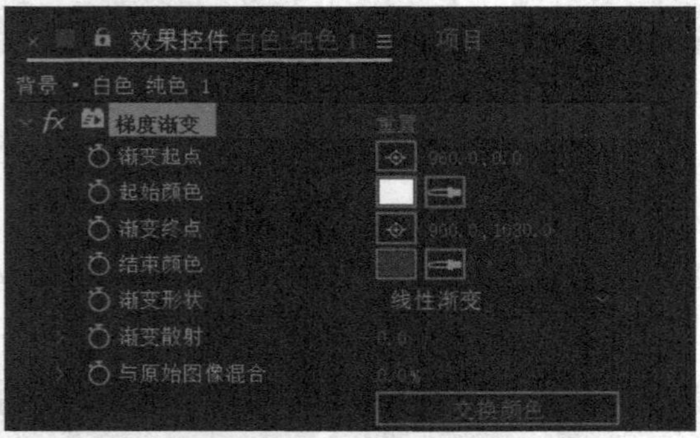

图 4.5.9　设置“梯度渐变”效果

7）制作虚光

使用任务 4.4 所学内容，在“效果和预设”面板的搜索栏中搜索“镜头光晕”，将镜头光晕效果加到背景图层，为“光晕中心”设置关键帧，在起始帧设置为 700.0，175.0；在结尾帧改为 700.0，900.0。设置“镜头类型”为“35 毫米定焦”，“与原始图像混合”为 30%。

单击“主合成”标签，将制作完成的背景合成拖入“时间轴”面板，取消文字图层的隐藏，按空格键进行预览。至此，蒙版动效动画就制作完成了。

任务评价

本次任务评价内容见表 4.5.1。

表4.5.1 任务4.5评价表

基本信息	姓名		座号		班级		组别	
	规定时间		完成时间		考核日期		总评成绩	
评价方式		评价内容					配分	得分
自我评价		本任务工单完成情况					30	
		对知识和技能的掌握程度					40	
		遵守工作场所纪律					20	
		遵循工作操作规范					10	
		合计					100	
小组评价		个人本次任务完成质量					30	
		个人参与小组活动的态度					30	
		个人的合作精神和沟通能力					30	
		个人素质评价					10	
		合计					100	
教师评价		新建合成并制作背景及文字					10	
		制作颜色合成与动画					30	
		蒙版遮罩及关键帧动画的设置					30	
		最终效果调整					20	
		小组合作情况					10	
		合计					100	
总评成绩=自我评价×（ ）%+小组评价×（ ）%+教师评价×（ ）%=								

拓展练习

根据所学知识，以爱国主义教育为主题，自行设计并收集相关素材，制作蒙版效果动画片头。

任务4.6 解析运用蒙版动画综合案例

任务引入

在完成制作蒙版动效的学习后，本任务将进入进行蒙版动画项目的制作，这一任务考验的是对于蒙版技术进行综合运用的能力，需要对所学知识进行整合应用。

任务要求

（1）打开软件，新建合成，导入素材；
（2）在合成中制作背景效果，设置完成蒙版效果，加入红船素材；
（3）设置文字遮罩动画，进行整体关键帧调节及最终效果修改。

知识储备

在 AE 中，可以在一个素材里面添加多个蒙版及遮罩来提升蒙版的视觉效果，也可以单独对不同的蒙版进行编辑。

任务实施

本任务为综合运用蒙版技术进行蒙版动画制作，完成效果如图 4.6.1 所示。

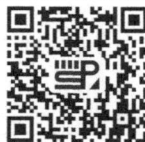

制作运用蒙版综合案例动画

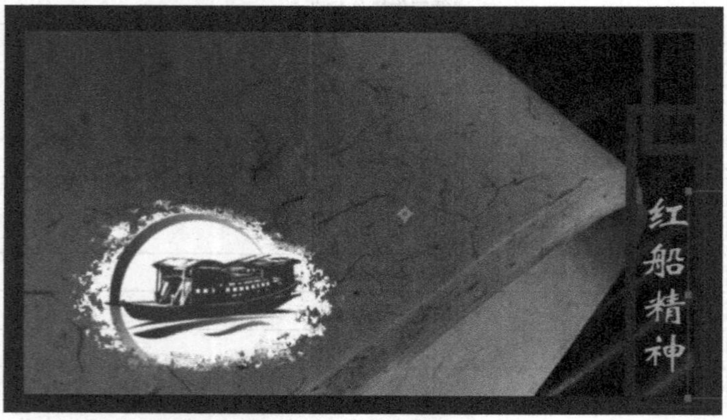

图 4.6.1　完成效果

具体操作步骤如下。

1）新建合成

新建合成：1 920×1 080 像素，方形像素，25 帧/秒，15 秒。命名为“主合成”。

2）导入素材

将文件导入“项目”面板，导入后整理素材（见图 4.6.2）。

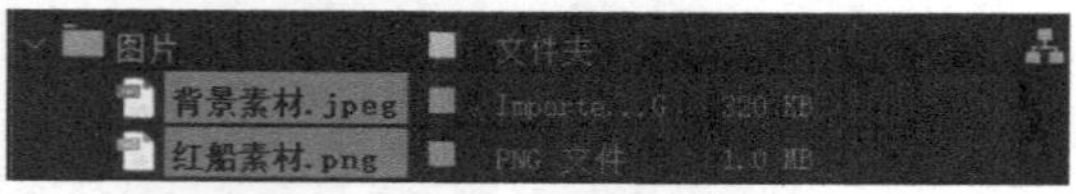

图 4.6.2　导入整理素材

3）新建背景合成

将素材图片拖入“时间轴”面板，同时调整缩放大小（见图 4.6.3）。

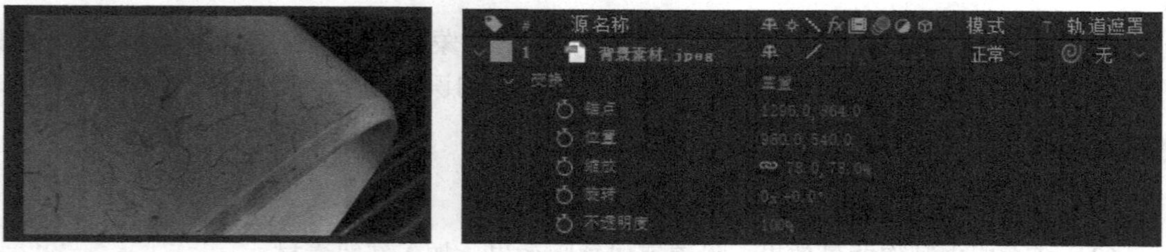

图 4.6.3　新建背景合成

4）制作杂色合成

新建合成，用于制作杂色效果，在“时间轴”面板新建纯色图层，在“效果和预设”面板的搜索栏中搜索“分形杂色”，为纯色图层添加分形杂色效果，调整分形杂色效果设置，设置“对比度”为 320，“缩放”为 30。

5）制作蒙版

单击主合成，在“合成”面板新建形状图层，将形状图层命名为“蒙版”，放置于杂色合成上方。使用矩形工具或钢笔工具在图片上绘制红船素材出现的位置，打开绘制图形的“变换”属性，将锚点移动到图形中心，为“缩放”属性设置关键帧，在 1 秒处设置为 0.0%，在 2 秒处改为 90.0%，在 4 秒处改为 120.0%，并为 3 个关键帧设置缓入缓出效果（见图 4.6.4）。

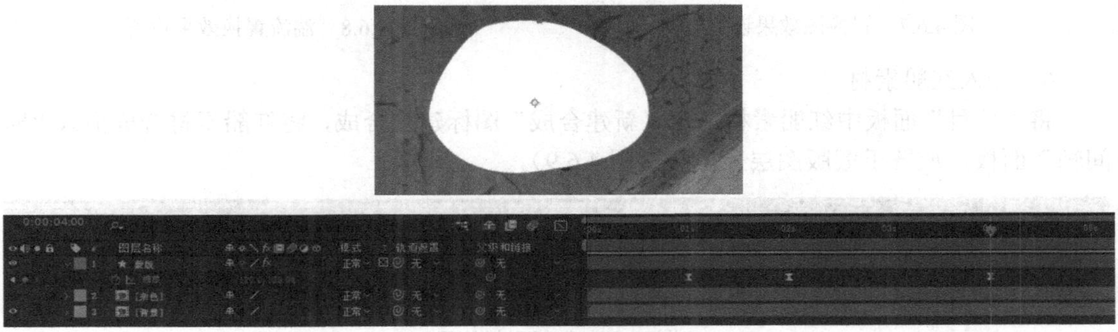

图 4.6.4　关键帧设置

在“效果和预设”面板的搜索栏中搜索“毛边”，将毛边效果添加到蒙版图层，设置“边界”为 150.00，“比例”为 80.0，“复杂度”为 3（见图 4.6.5）。

在“效果和预设”面板的搜索栏中搜索“快速方框模糊”，将快速方框模糊效果添加到蒙版图层，将“模糊半径”设置为 3（见图 4.6.6）。

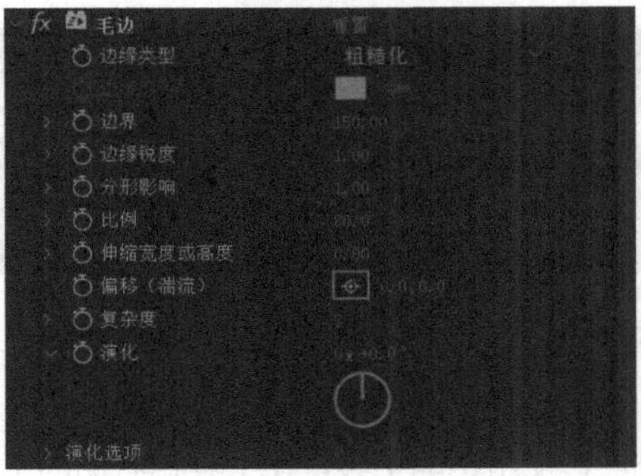

图 4.6.5　毛边效果设置

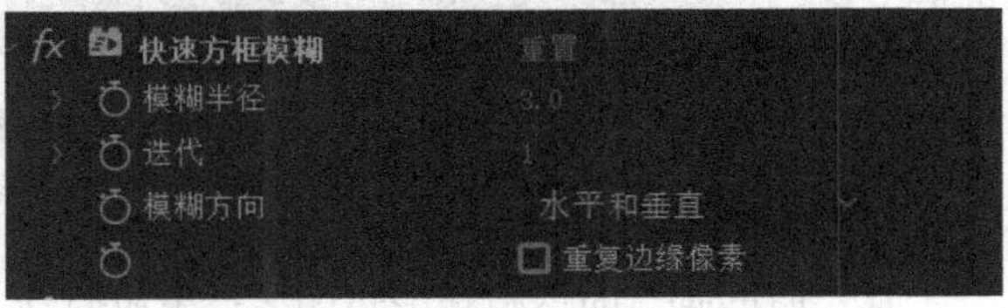

图 4.6.6　快速方框模糊效果设置

在“效果和预设”面板的搜索栏中搜索“置换图”，将置换图效果添加到蒙版图层，设置“置换图层”为“杂色”，“最大水平置换”为 50.0，“最大垂直置换”为 5.0（见图 4.6.7）。

在“效果和预设”面板的搜索栏中搜索“湍流置换”，将湍流置换效果添加到蒙版图层，设置“数量”为 30.0，“大小”为 190.0（见图 4.6.8）。

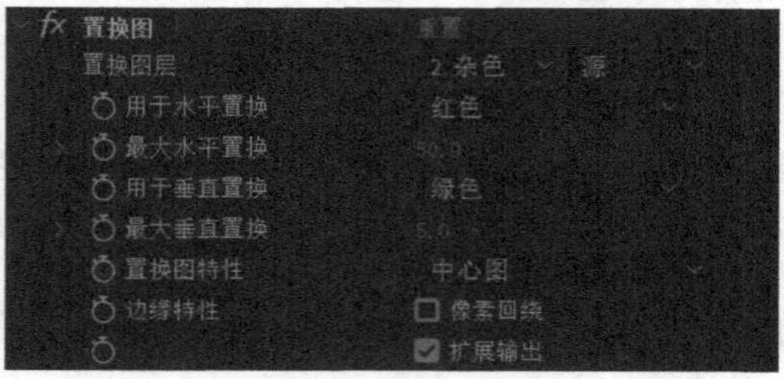

图 4.6.7　置换图效果设置

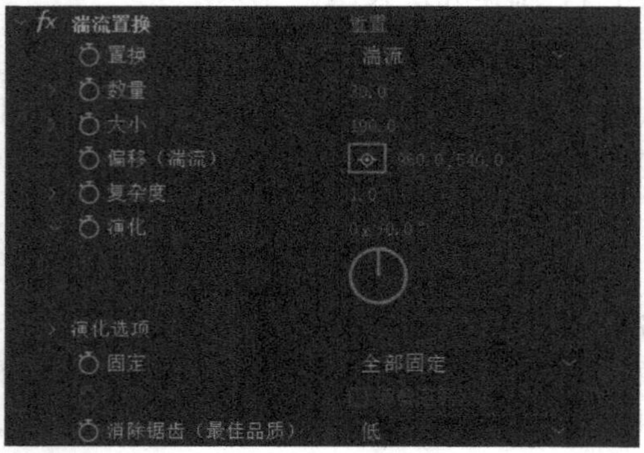

图 4.6.8　湍流置换效果设置

6）加入红船素材

将“项目”面板中红船素材拖至“新建合成”图标建立合成，将红船素材合成拖入“时间轴”面板，放置于蒙版图层上方（见图 4.6.9）。

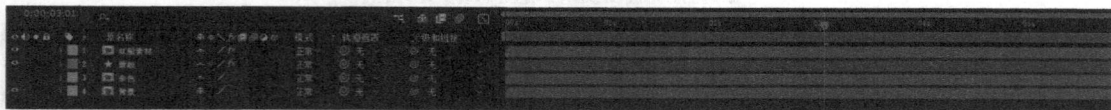

图 4.6.9　红船素材使用

将红船素材拖动到方框位置，调整素材的“缩放”属性，设置关键帧，在 1 秒处设置为 0%，在 3 秒处改为 32%，在 4 秒处改为 35%。

在“效果与预设”面板的搜索栏中搜索“快速方框模糊”，为红船素材合成添加快速方框模糊效果，为“模糊半径”设置关键帧，在 1 秒处设置为 10，在 3 秒处改为 5，在 4 秒处改为 0（见图 4.6.10）。

图 4.6.10　红船素材效果调节

7）设置边框

在“时间轴”面板新建形状图层，重命名为“边框”，使用钢笔工具，在工具栏右侧的工具箱将“填充”关闭，“描边”选择需要的颜色，适当调整描边像素大小。

8）设置文字出入动画

输入所需要设置的文字，调整好大小、字体和排列（见图 4.6.11）。

新建形状图层，命名为“遮罩”，将遮罩图层放置于文字图层上方，使用矩形工具，将“描边”关闭，“填充”选择白色，在输入的文字上框选矩形（见图 4.6.12）。

图 4.6.11　设置文字出入动画

图 4.6.12　设置文字遮罩图层

将文本图层的“轨道遮罩”选择“遮罩”，单击右侧反转遮罩图标对应的黑框（见图 4.6.13）。

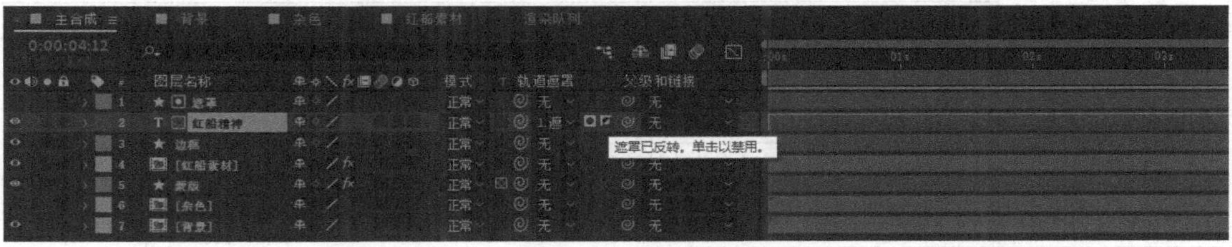

图 4.6.13　设置文字出入

单击文本图层，打开“位置”属性，设置关键帧，为文字制作从右侧出现的动画，使用遮罩将右侧运动轨迹遮盖（见图 4.6.14）。

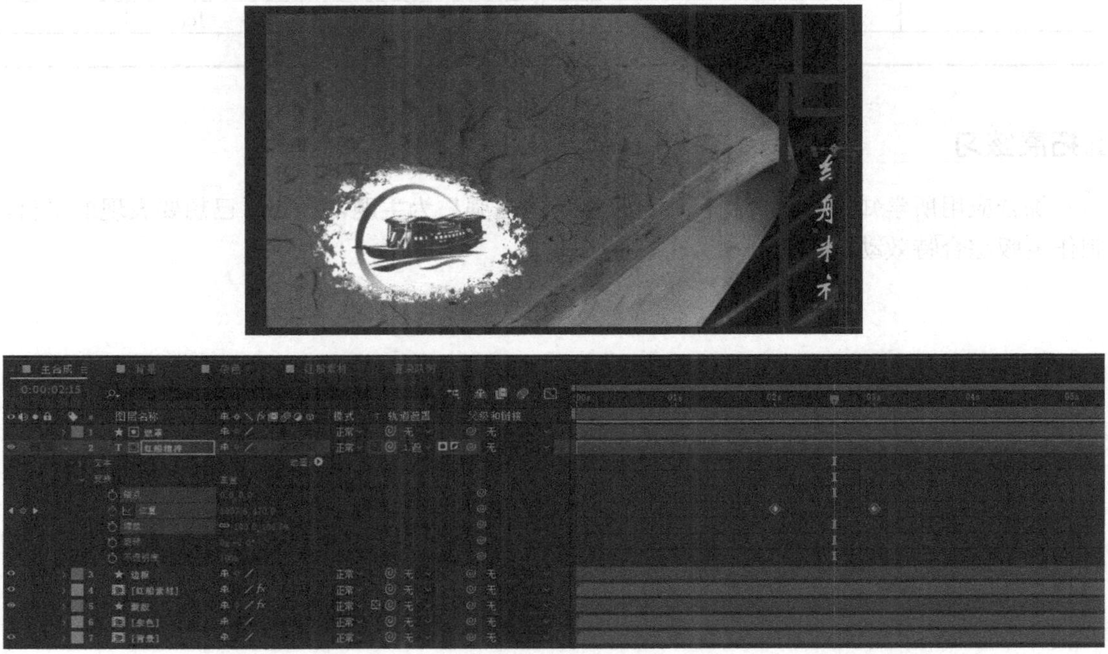

图 4.6.14　遮罩动画设置

重复上述操作，再制作一段文字与遮罩。至此，蒙版综合动画就制作完成了。

任务评价

本次任务评价内容见表 4.6.1。

表 4.6.1　任务 4.6 评价表

基本信息	姓名		座号		班级		组别	
	规定时间		完成时间		考核日期		总评成绩	
评价方式		评价内容					配分	得分
自我评价		本任务完成情况					30	
		对知识和技能的掌握程度					40	
		遵守工作场所纪律					20	
		遵循工作操作规范					10	
		合计					100	
小组评价		个人本次任务完成质量					30	
		个人参与小组活动的态度					30	
		个人的合作精神和沟通能力					30	
		个人素质评价					10	
		合计					100	
教师评价		新建合成，导入素材					10	
		背景制作，设置完成蒙版并加入素材					30	
		设置文字遮罩动画及关键帧调节					30	
		最终效果调整					20	
		小组合作情况					10	
		合计					100	
总评成绩=自我评价×（ ）%+小组评价×（ ）%+教师评价×（ ）%=								

拓展练习

综合应用所学知识，以“祖国崛起，吾辈当自强”为主题，收集自己想要表现的素材，制作蒙版综合特效动画片头。

项目 5

颜色校正

项目导读

在 AE 中，调色是非常重要的功能，在很大程度上决定作品的“好坏”。通常情况下，不同的颜色带有不同的情感倾向，在设计作品中也是一样，只有与作品主题相匹配的色彩才能正确地传达作品的主旨内涵。本项目主要讲解 AE 软件的调色功能。

学习目标

知识目标

- ◆ 了解色彩基础知识；
- ◆ 了解颜色校正及调色的相关技巧；
- ◆ 掌握创建与编辑蒙版进行调色的主要方法。

能力目标

- ◆ 能灵活运用 AE 中颜色校正及调色的相关技巧；
- ◆ 能根据需求对素材进行颜色校正处理。

素养目标

- ◆ 树立正确的学习观、价值观，自觉践行行业道德规范；
- ◆ 牢固树立质量第一、信誉第一的强烈意识；
- ◆ 培养学生审美情趣、自主探究的能力；
- ◆ 培养学生自我激励、自我展示、勇于尝试的精神。

任务 5.1 简单调色

任务引入

我们已学习运用蒙版制作动画，本项目将进行应用调色的学习，在处理高质量的图片或者视频的过程之中，非常重要的一环就是色彩基调的调节。本次任务将学习调色的基础知识，进行基本操作。

任务要求

（1）打开软件，新建合成；

（2）在合成中导入图片素材并进行色彩分析；

（3）对图片存在的色彩进行简单调色处理。

知识储备

在制作影片时，经常要碰到调色这一环节，如把整个片子调成某个色调，或协调前景色和背景色等。有些环节对调色的要求非常高、非常细，特别是对人物的调色方面。例如只想对肤色做调整，而不影响其他方面，或者只是调整服装的颜色。这就需要用到局部调色的技巧。

在学习调色前，我们有必要对色彩的基础知识有一定的了解。

如果在计算机中表现现实世界中的对象，必须依靠不同的配色方式来实现。下面，将介绍几种常用的色彩模式。

1. RGB

RGB 是由红、绿、蓝三原色组成的色彩模式。图像中所有的色彩都是由三原色组合而来。

所谓三原色，即指不能由其他色彩组合而成的色彩。三原色并不是固定不变的，例如红、黄、蓝也被称为三原色。三原色中每个颜色都可包含 256 种亮度级别，三个通道合成起来就可显示完整的彩色图像。电视机或监视器等视频设备，就是利用三原色进行彩色显示的。在视频编辑中，RGB 是唯一可以使用的配色方式。

在 RGB 图像中的每个通道可包含 2^8 个不同的色调。我们通常所提到的 RGB 图像包含三个通道，因而在一幅图像中可以有 2^{24}（约 1 670 万）种不同的颜色。

如果以等量的三原色光混合，可以形成白光。三原色中红和绿等量混合则成为黄色；绿和蓝等量混合为青色；红和蓝等量混合为品红色。

在 AE 软件中，可以通过对红、绿、蓝三个通道的数值进行调节，来改变图像的色彩。三原色中每一种颜色都有一个 0～255 的取值范围。当三个值都为 0 时，图像为黑色；当三个值都为 255 时，图像为白色。

2. 灰度

灰度图像模式属于非彩色模式。它只包含 256 级不同的亮度级别，只有一个 Black 通道。用户在图像中看到的各种色调都是由 256 种不同强度的黑色所表示的。灰度图像中的每个像素的颜色都要用 8 位二进制存储。

3. Lab

Lab 是一种图像处理软件，是用来从一种颜色模式向另外一种颜色模式转变的内部颜色模式，如在 Photoshop 中将 CMYK 图像转变为 RGB 图像。系统首先将 CMYK 转变为 Lab，然后将 Lab 转换为 RGB。

Lab 色彩模式由三个通道组成。每个通道包含 256 种不同的色调。Lab 颜色通道由一个亮度（Lightness）通道和两个色度通道 A 和 B 组成。其中 A 代表从绿到红，俗称红绿轴；B 代表从蓝到黄，俗称蓝黄轴。

Lab 色彩模式是一种独立的模式。用户在显示器上看到的 Lab 颜色应该和彩色打印机或其他印刷工具输出的颜色相同。Lab 色彩模式的数据量略大于 RGB 模式。

Lab 色彩模式作为一个彩色测量的国际标准，基于最初的 CIE1931 色彩模式。1976 年，这个模式被定义为 CIELab。Lab 模式解决了彩色复制中由于不同的显示器或不同的印刷设备而带来的差异。Lab 色彩模式是在与设备无关的前提下产生的，因此它不考虑用户所使用的设备。

4. HSB

HSB 色彩模式基于人对颜色的感觉而制定，它既不是 RGB 的计算机数值，也不是 CMYK 的打印机百分比，而是将颜色看作由色相、饱和度和明亮度组成的。

（1）色相是色彩相貌种类的名称。色谱是基于从某个物体返回的光波，或者是透过某个物体的光波。人眼中看到的光谱中的颜色，称为可见光谱颜色。所谓可见光谱，是指红、橙、黄、绿、青、蓝、紫系列色彩，俗称七彩色。黑白及各种灰色则是属于无色相的。

（2）饱和度指示某种颜色浓度的含量。饱和度越高，颜色的强度也就越高。

（3）明亮度则是对一种颜色中光的强度的表述。明度高则色彩明亮，明度低则色彩暗。同一颜色中也有不同的明度值，如白色明度值较大，灰色明度值适中，黑色明度值较小。

任务实施

本任务为对素材进行简单的调色，具体操作步骤如下。

1）新建合成，导入素材

新建合成，导入所需要进行调色的视频素材，将其拖至“时间轴”面板（见图 5.1.1）。

简单调色

2）认识基础的调色效果

选择“效果”→“通道”命令，可以打开通道特效的菜单，也可以在“效果和预设”面板中找到（见图 5.1.2）。

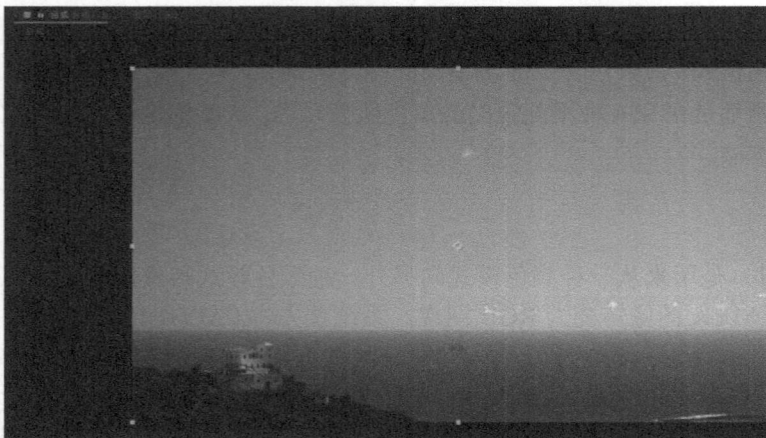

图 5.1.1　导入素材

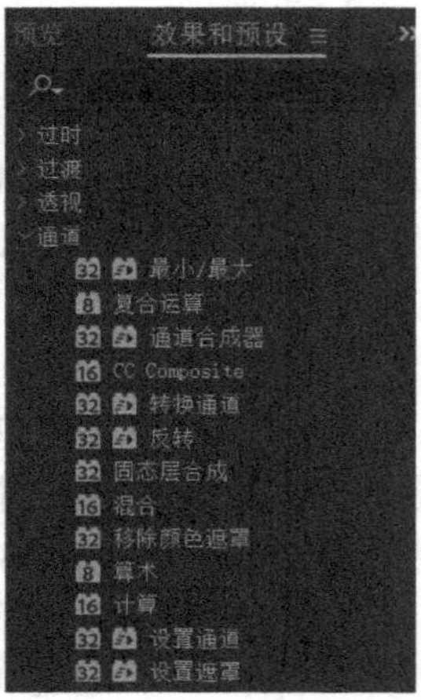

图 5.1.2　“效果和预设”面板

3）应用基础调色效果

最小/最大：可为像素的每个通道指定半径内该通道的最小或最大像素（见图 5.1.3）。

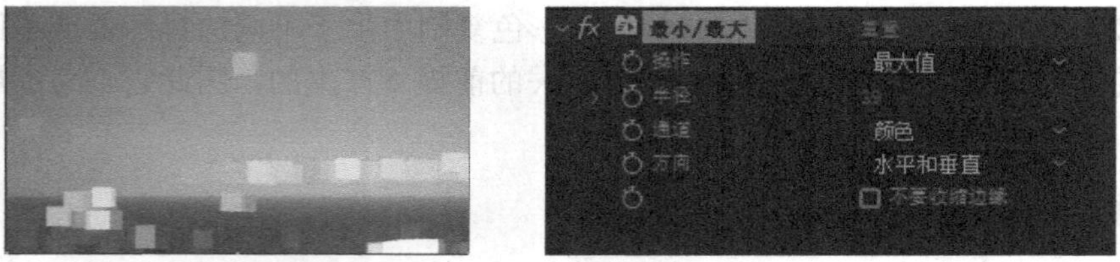

图 5.1.3　最小/最大调节

复合运算：可以在图层之间执行数学运算（见图 5.1.4）。

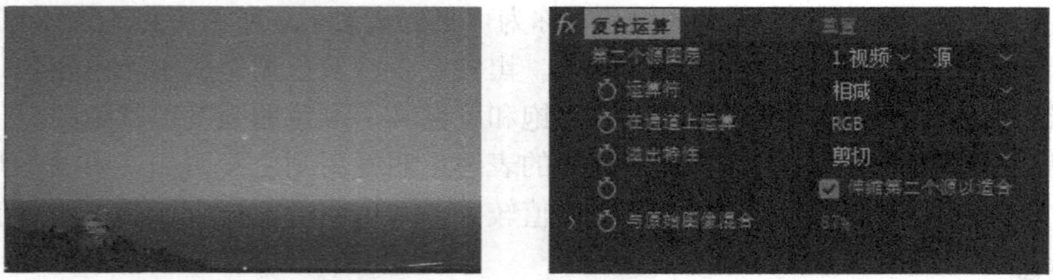

图 5.1.4　复合运算调节

CC Composite（合成）：当需要原始图层重叠时，可以自行更改叠加模式，通常被用来节省图层数量（见图 5.1.5）。

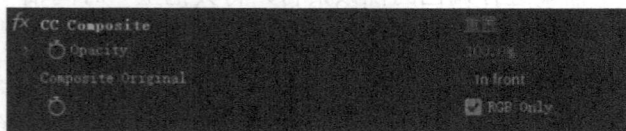

图 5.1.5　CC Composite

通道混合器：可提取、显示和调整图层的通道值（见图 5.1.6）。

图 5.1.6　通道混合器调节

转换通道：可将 Alpha、红色、绿色、蓝色通道进行替换，替换为其他通道的设置（见图 5.1.7）。

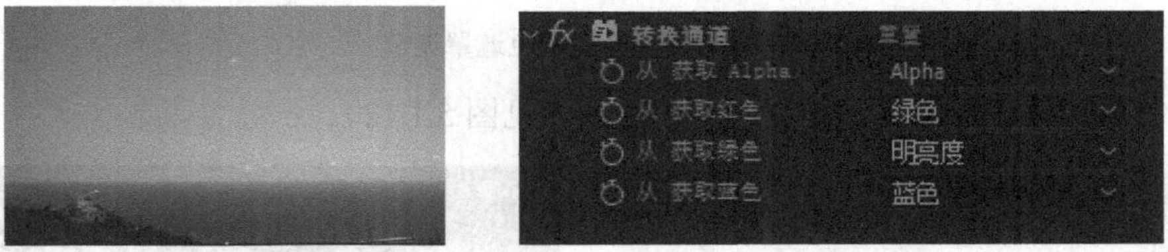

图 5.1.7　转换通道调节

反转效果：使颜色色调发生反转（见图 5.1.8）。

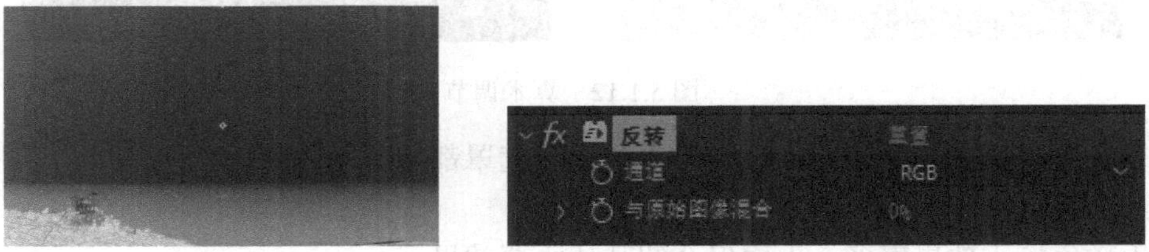

图 5.1.8　反转效果调节

固态层合成：使合成添加一层底色（见图 5.1.9）。

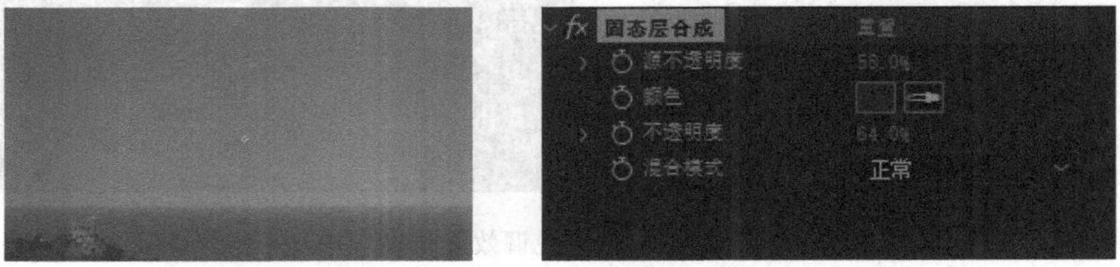

图 5.1.9　固态层合成调节

混合：使颜色或其他图层的色调混合入指定图层（见图 5.1.10）。

移除颜色遮罩：将合成内的颜色遮罩擦除（见图 5.1.11）。

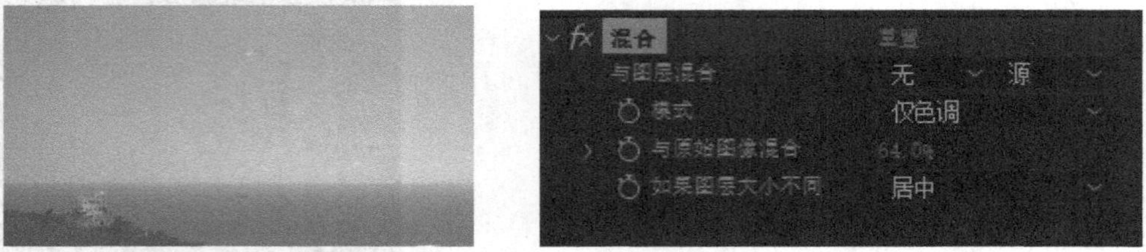

图 5.1.10　混合调节

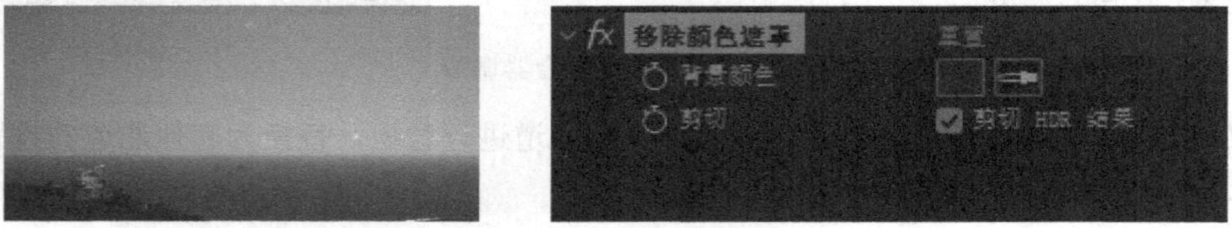

图 5.1.11　移除颜色遮罩调节

算术：通过数值计算调整图层的颜色色调（见图 5.1.12）。

图 5.1.12　算术调节

计算效果与算术效果类似，设置通道与设置遮罩都是蒙版的使用。

4）应用颜色校正效果

由于颜色校正效果繁多，下面仅介绍几项主要效果。

三色调：可以设置高光、中间调和阴影的颜色，使画面更改为三种颜色的效果（见 5.1.13）。

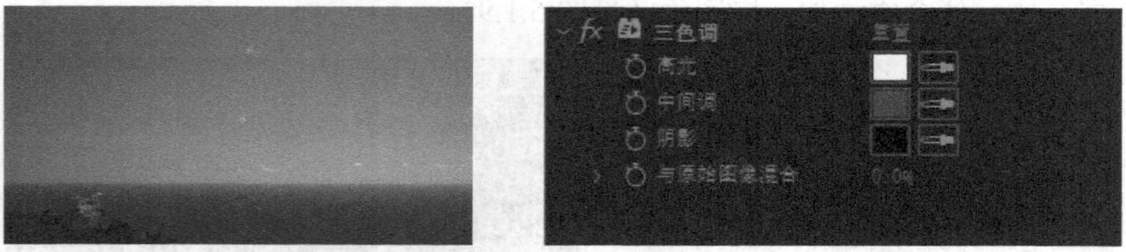

图 5.1.13　三色调效果调节

阴影/高光：可以使较暗区域变亮，或使高光区域变暗（见图 5.1.14）。

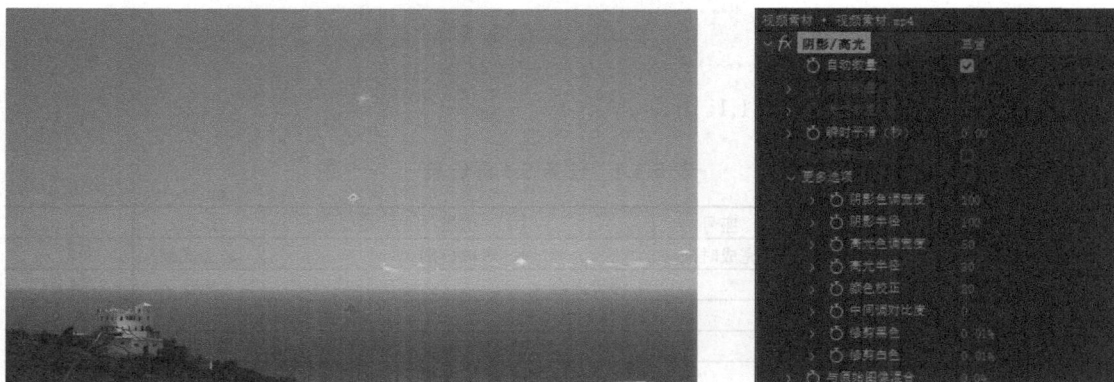

图 5.1.14　阴影/高光调节

CC Color Offset（CC 色彩偏移）：可以调节红、绿、蓝三个通道，从而改变画面中颜色的量（见图 5.1.15）。

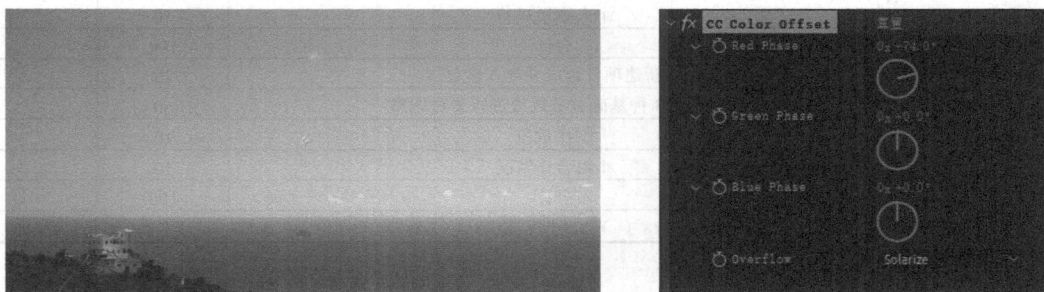

图 5.1.15　CC Color Offset（CC 色彩偏移）调节

照片滤镜：可以对 Photoshop 照片进行滤镜调整，使其产生某种颜色的偏色效果（见图 5.1.16）。

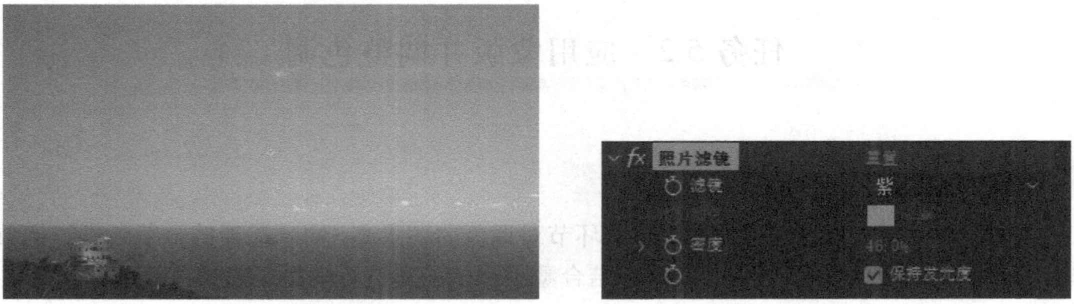

图 5.1.16　照片滤镜调节

至止，我们对几项常用的调色效果都已操作并了解。

任务评价

本次任务评价内容见表 5.1.1。

表 5.1.1 任务 5.1 评价表

基本信息	姓名		座号		班级		组别	
	规定时间		完成时间		考核日期		总评成绩	
评价方式		评价内容					配分	得分
自我评价		本任务完成情况					30	
		对知识和技能的掌握程度					40	
		遵守工作场所纪律					20	
		遵循工作操作规范					10	
		合计					100	
小组评价		个人本次任务完成质量					30	
		个人参与小组活动的态度					30	
		个人的合作精神和沟通能力					30	
		个人素质评价					10	
		合计					100	
教师评价		新建项目合成并导入素材					20	
		使用 13 种基础调节效果进行素材调整					60	
		制作规范					10	
		小组合作情况					10	
		合计					100	
总评成绩=自我评价×（ ）%+小组评价×（ ）%+教师评价×（ ）%=								

拓展练习

根据所学知识，导入素材，新建合成，并在合成中进行素材的基础调色操作。

任务 5.2 应用蒙版并调整色调

任务引入

在制作影片时，经常需要调色，有些环节对调色的要求高，同时需要结合蒙版进行调节。本次任务将根据所学的调色基础知识，结合蒙版特效技术进行素材局部调色处理。

任务要求

（1）打开软件，新建合成；
（2）在合成中导入图片素材并进行色彩调整；
（3）对素材添加蒙版并进行蒙版内容调色处理。

知识储备

色彩会带来感觉变换，一幅作品的色彩能够在很大程度上影响观者的心理感受。比如同样一张食物的照片，通常饱和度高一些看起来会更美味（见图 5.2.1）。

彩图 5.2.1

图 5.2.1 高饱和度色彩效果

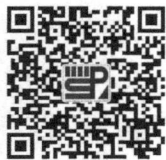

色彩能够美化照片，同时色彩也具有强大的“欺骗性”。同样一张“行囊”的照片，以不同的颜色进行展示带来的氛围完全不同（见图 5.2.2）。

彩图 5.2.2

图 5.2.2 色彩氛围效果

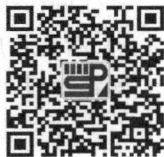

调色技术不仅在影视后期制作中占有重要地位，在设计中也是不可忽视的一个重要组成部分。设计作品中经常需要使用各种各样的图片元素，而图片元素的色调与画面是否匹配也会影响到设计作品的成败。例如，部分元素与画面整体“格格不入”，而经过了颜色的调整，则会不再显得突兀，画面整体气氛更统一。

AE 软件的调色功能非常强大，可以对错误的颜色进行校正，更能够通过调色功能的使用增强画面视觉效果，丰富画面情感，打造出风格化的色彩效果（见图 5.2.3）。

彩图 5.2.3

图 5.2.3 风格化效果

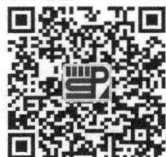

任务实施

本任务为在蒙版的基础上调整画面的色调，完成效果如图 5.2.4 所示。

图 5.2.4　最终效果

应用蒙版并调整色调

具体操作步骤如下。

1）新建合成，导入素材

新建合成，将导入的素材拖至“时间轴”面板（见图 5.2.5）。

图 5.2.5　导入素材

2）制作蒙版

按 Ctrl+D 快捷键复制素材视频，命名为“蒙版”，新建形状图层，使用矩形工具或者钢笔工具在形状图层绘制所需的蒙版（见图 5.2.6）。

为形状图层下方的蒙版图层修改轨道遮罩，选择“形状图层 1”，单击 Alpha/Luma Matte 图标对应的黑框（见图 5.2.7）。

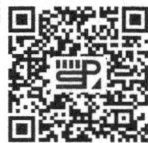

图 5.2.6　制作蒙版

图 5.2.7　设置遮罩

3）为蒙版区域调色

在“效果和预设”面板的搜索栏中搜索“色相/饱和度”，将色相/饱和度效果添加到蒙版图层（见图 5.2.8）。

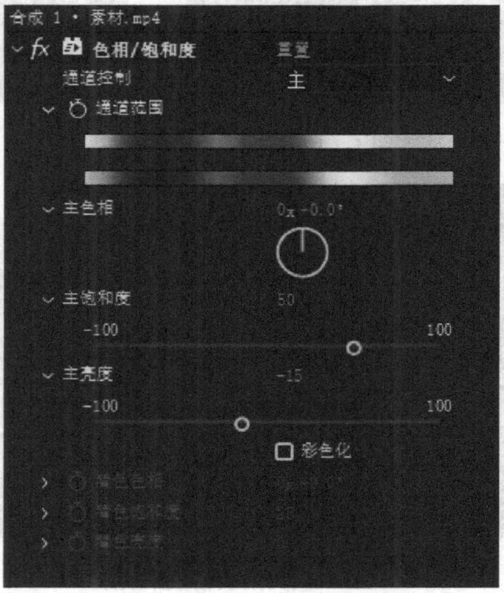

图 5.2.8　蒙版调色

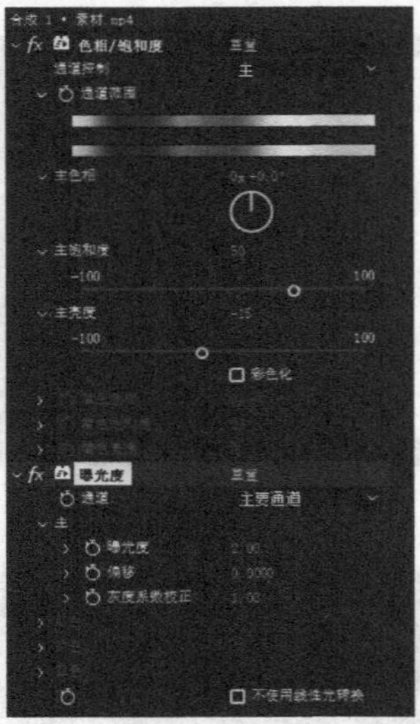

图 5.2.9　曝光度效果调节

根据视频素材的夜晚街道场景，将主体的天空调整为冷色，与下方街道形成对比感。设置“主饱和度”为 50。“主亮度”为 -15。

在“效果和预设”面板的搜索栏中搜索“曝光度”，将曝光度效果添加到蒙版图层，为蒙版图层提高曝光度，与其他部分产生亮度差别，将“曝光度”设置为 2（见图 5.2.9）。

4）对其余部分进行色彩调整

在“效果和预设”面板的搜索栏中搜索“三色调”，将三色调效果添加到素材图层（见图 5.2.10）。

在“效果与预设”面板的搜索栏中搜索“高斯模糊”，将高斯模糊效果添加到素材图层，为图层增加一个模糊效果，突出与蒙版内容的对比，将“模糊度”设置为 6.2（见图 5.2.11）。

图 5.2.10　三色调效果调节

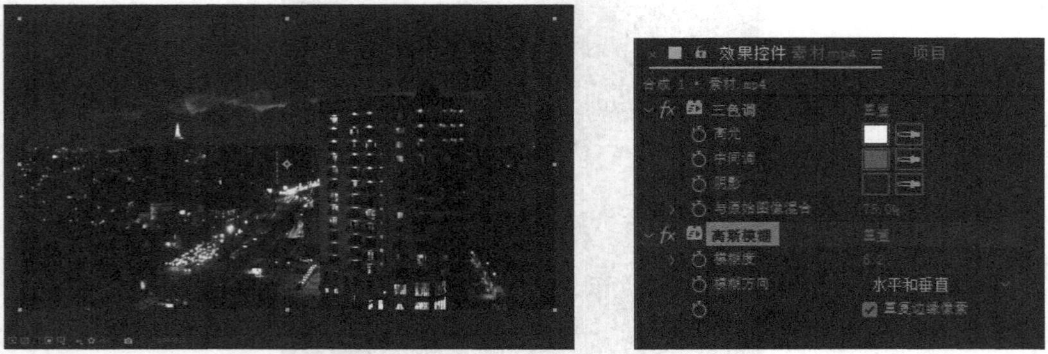

图 5.2.11　高斯模糊效果调节

至此，运用蒙版对画面进行色调的调整就完成了。

任务评价

本次任务评价内容见表 5.2.1。

表 5.2.1　任务 5.2 评价表

基本信息	姓名		座号		班级		组别	
	规定时间		完成时间		考核日期		总评成绩	
评价方式	评价内容						配分	得分
自我评价	本任务完成情况						30	
	对知识和技能的掌握程度						40	
	遵守工作场所纪律						20	
	遵循工作操作规范						10	
	合计						100	
小组评价	个人本次任务完成质量						30	
	个人参与小组活动的态度						30	
	个人的合作精神和沟通能力						30	
	个人素质评价						10	
	合计						100	
教师评价	素材调色修改						20	
	创建蒙版						30	
	修改蒙版内色彩效果						30	
	制作规范						10	
	小组合作情况						10	
	合计						100	
总评成绩=自我评价×（ ）%+小组评价×（ ）%+教师评价×（ ）%=								

拓展练习

根据所学知识，结合自身需求，使用调色技巧，结合蒙版功能完成作品调色训练。

任务 5.3　应用滤镜效果

任务引入

在制作影片时，有些环节对调色的要求较为特殊，正常拍摄有时难以实现，这种情况可以借助滤镜效果来完成。滤镜效果是 AE 的重要功能之一，本次任务将学习运用滤镜对图像进行各种调整和修饰，以达到理想的视频效果。

任务要求

（1）打开软件，新建合成；

（2）在合成中导入图片素材并进行色彩分析；

（3）对图片运用滤镜进行调色处理。

知识储备

AE 作为一款广泛应用于电影、广告以及动画制作领域的专业软件，其中的特效滤镜是重要功能之一，可以对图像进行各种调整和修饰，达到理想的效果。以下是一些常用的滤镜调节技巧。

（1）色彩平衡。色彩平衡可以调整图像的整体色调，包括亮度、对比度、色温等。选择图像层后，在菜单栏选择“效果”→“颜色校正”→“色彩平衡”命令，在“效果控件”面板中拖动滑块即可调整图像的色彩效果。

（2）曲线。曲线可以调整图像中的亮度和对比度曲线，进一步改变图像的色调和明暗。选择图像层后，在菜单中选择“效果”→“颜色校正”→“曲线”命令，在“效果控件”面板中自定义曲线的形状，以达到期望的效果。

（3）锐化。锐化能够增强图像的清晰度和细节。选择图像层后，在菜单栏中选择“效果”→“模糊和锐化”→“锐化”命令，在“效果控件”面板中调整滑块以增强或减弱锐化效果。注意过度锐化可能导致图像出现噪点或破碎的像素。

（4）模糊。模糊可以实现图像的模糊效果，用于创建景深、运动模糊或柔焦效果。选择图像层后，在菜单栏中选择“效果”→“模糊和锐化”命令，在弹出的菜单中选择模糊效果，在“效果控件”面板中通过调整滑块来控制模糊的强度和范围。

（5）色阶。色阶可以调整图像的明暗对比度，增强图像的层次感和动态范围。选择图像层后，在菜单栏中选择“效果”→“颜色校正”→“色阶”命令，在“效果控件”面板中通过调整输入和输出滑块来调整图像的亮度和对比度。

（6）去噪。去噪特效滤镜用于去除图像中的噪点和杂色，提高图像的清晰度和质量。选择图像层后，在“特效”菜单中找到“去噪”滤镜，通过调整滑块来控制去噪的强度和范围。

（7）调色板映射。调色板映射特效滤镜用于改变图像的色彩映射方式，通常用于创建独特的色彩效果。在 AE 中，选择图像层后，在“特效”菜单中选择“调色板映射”滤镜，在选项中选择合适的调色板映射方式，即可实现不同的色彩效果。

除了上述功能，AE 还提供了许多其他特效来满足不同的需求，如模拟电影效果、添加光线效果、调整图像锐利度等。用户可以根据具体的需求选择合适的特效进行调节。需要注意的是，在使用特效时，应根据图像的特点和效果要求适量调整，以避免过度处理导致不自然的效果。

总之，AE 的“效果和预设”面板提供了丰富的工具和选项，可以帮助用户轻松调节和改善图像效果。通过灵活运用各种特效，用户可以实现创意独特的视觉效果，提升视频制作的质量和观赏性。

任务实施

本任务为应用滤镜效果，具体操作步骤如下。

1）新建合成，导入素材

新建合成，将导入的素材拖至“时间轴”面板（见图 5.3.1）。

应用滤镜效果

图 5.3.1　素材导入

2）添加滤镜效果

在“效果和预设”面板的搜索栏中搜索“照片滤镜”，并将“照片滤镜”效果添加至素材（见图 5.3.2）。

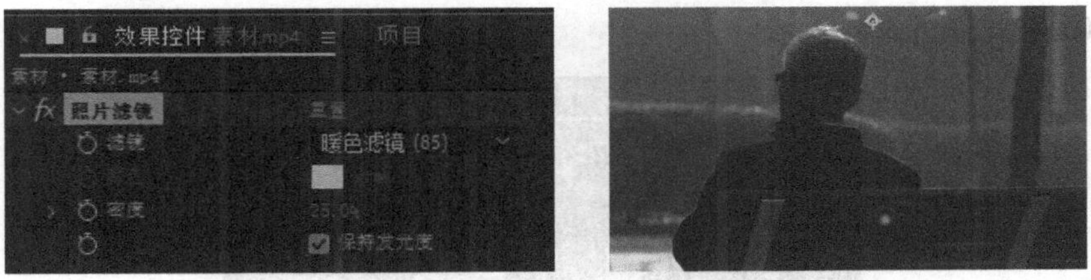

图 5.3.2　添加滤镜效果

根据视频素材，老人在公园晒太阳，画面温馨，因此为视频调整暖色效果，展现一个温暖柔和的画面。

3）调整滤镜效果数值

将“滤镜”调整为“暖色滤镜（85）”（见图 5.3.3）。

此处的颜色会根据滤镜的不同而不同，为不同视频添加滤镜可以选取不同的滤镜，也可以将滤镜进行自定义。

修改照片滤镜的密度，密度会改变滤镜颜色在画面之中所占的比例，将“密度”设置为19.0%，因为图中老人身处阳光之下，选中“保持发光度”复选框。

4）画面修饰调整

在“效果与预设”面板的搜索栏中搜索“锐化”（见图 5.3.4），将锐化效果添加到素材图层。

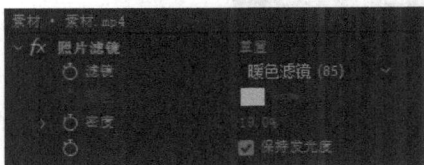

图 5.3.3　调整“照片滤镜”参数

图 5.3.4　查找“锐化”效果

“锐化”效果可以加强视频内人物与物体的轮廓对比度，可以突出视频中的主体，同时也可以增强物体与人物的质感。根据视频，将“锐化量”设置为 50（见图 5.3.5）。

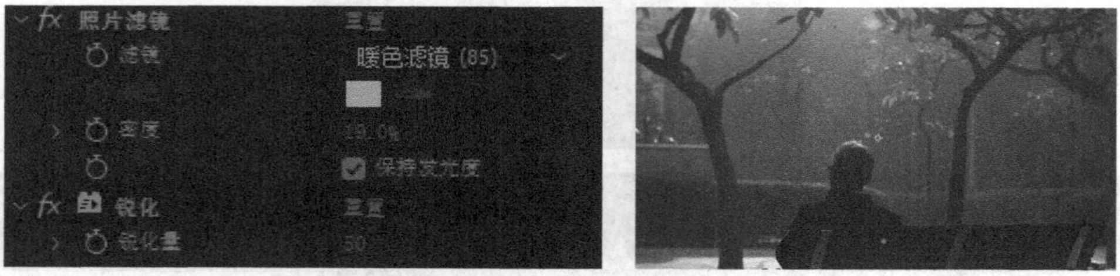

图 5.3.5　调整“锐化”参数

在“效果和预设”面板的搜索栏中搜索“自然饱和度”，将“自然饱和度”效果添加到素材图层。

“自然饱和度”效果对视频画面的色彩有着较强的控制，起到加强颜色对比的作用，同时自然饱和度也可以和色相/饱和度一同使用。设置此视频素材的“自然饱和度”为 10.0，“饱和度”为 10.0（见图 5.3.6）。

图 5.3.6　添加“自然饱和度”效果

调整完成后按空格键对视频素材进行播放预览，可以看到通过滤镜的调整，画面的色温与整体的色彩基调偏向于柔和温暖的方向，这就是照片滤镜工具的效果。

任务评价

本次任务评价内容见表 5.3.1。

表 5.3.1　任务 5.3 评价表

基本信息	姓名		座号		班级		组别	
	规定时间		完成时间		考核日期		总评成绩	
评价方式		评价内容					配分	得分
自我评价		本任务完成情况					30	
		对知识和技能的掌握程度					40	
		遵守工作场所纪律					20	
		遵循工作操作规范					10	
		合计					100	
小组评价		个人本次任务完成质量					30	
		个人参与小组活动的态度					30	
		个人的合作精神和沟通能力					30	
		个人素质评价					10	
		合计					100	
教师评价		熟悉滤镜特效的使用					30	
		对素材进行滤镜特效处理					30	
		最终效果调整					20	
		制作规范					10	
		小组合作情况					10	
		合计					100	
总评成绩=自我评价×（ ）%+小组评价×（ ）%+教师评价×（ ）%=								

拓展练习

根据所学知识，结合自身需求，新建合成，并在合成中对素材进行滤镜特效的应用。

任务 5.4　解析画面调色综合案例

任务引入

在制作影片时，有些环节对调色的要求非常高、非常细，特别在对人物的调色方面，如只对肤色做调整，而不影响其他方面，或者只调整服装的颜色。这就需要用到局部调色的技巧。

任务要求

（1）打开软件，新建合成；

（2）在合成中导入图片素材并进行色彩分析；

（3）运用特效对图片进行调色处理。

知识储备

在视觉的世界里，“色彩”被分为两类：无彩色和有彩色。如图 5.4.1 所示，无彩色为黑、白、灰。有彩色则是除黑、白、灰以外的其他颜色。每种有彩色都有三大属性：色相、明度、纯度（饱和度）。无彩色只具有明度这一个属性。

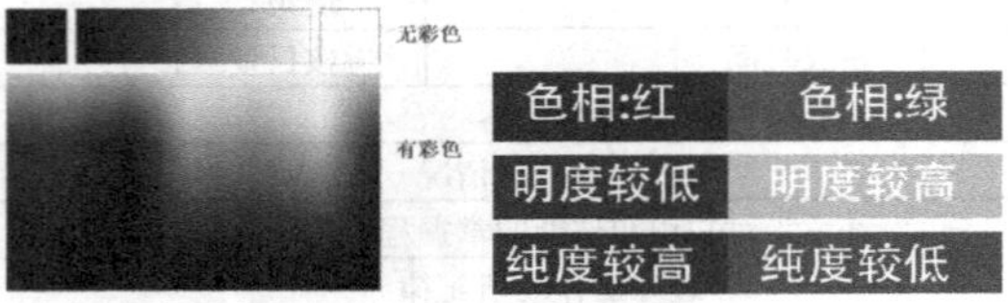

图 5.4.1　色彩关系

色温：颜色除了色相、明度、纯度这三大属性外，还具有“温度”。色彩的“温度”也被称为色温、色性，指色彩的冷暖倾向。越倾向于蓝色的颜色或画面为冷色调，越倾向于橘色的为暖色调（见图 5.4.2）。

图 5.4.2　色温效果

色调：这是我们经常提到的一个词语，指的是画面整体的颜色倾向。如青绿色调图像、紫色调图像（见图 5.4.3）。

图 5.4.3　色调效果

影调：对作品而言，“影调”又称为照片的基调或调子。指画面的明暗层次、虚实对比和色彩的色相明暗等之间的关系。由于影调的亮暗和反差的不同，通常以“亮暗”将图像分为“亮调”“暗调”“中间调”三类，例如亮调图像、暗调图像（见图 5.4.4）。也可以“反差”将图像分为“硬调”“软调”“中间调”等多种形式。

从上述调色命令的名称上，大致能猜到其作用。所谓的“调色”，是通过对图像的明暗（亮度）、对比度、曝光度、饱和度、色相、色调等几大方面进行调整，从而实现图像整体颜色的改变。

图 5.4.4 影调效果

任务实施

本任务为综合运用颜色校正工具和效果来对画面进行调色，具体操作步骤如下。

制作画面调色案例

1）新建合成

新建合成，将导入的素材拖至“时间轴”面板，调整素材大小（见图 5.4.5）。

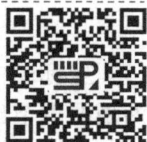

图 5.4.5 导入素材

2）进行画面调色

在“效果和预设”面板的搜索栏中搜索“曲线”，将“曲线”效果添加至素材层（见图 5.4.6）。

图 5.4.6 搜索“曲线”效果

“曲线”效果通过改变曲线来改变图像的色调，从而调整图像的暗部与亮部的平衡，能在小范围内调整 RGB 的数值，曲线的控制能力较强，利用“亮区”“阴影”“中间色调”3 个变量，可以对画面的不同色调进行调整（见图 5.4.7）。

图 5.4.7　应用“曲线”效果

坐标图中的 X 轴表示输入亮度的 0～255，Y 轴表示输出亮度的 0～255；根据画面内容，为画面调节出令观看者有舒适观感的亮度（见图 5.4.8）。

在“效果和预设”面板的搜索栏中搜索“曝光度”（见图 5.4.9）。

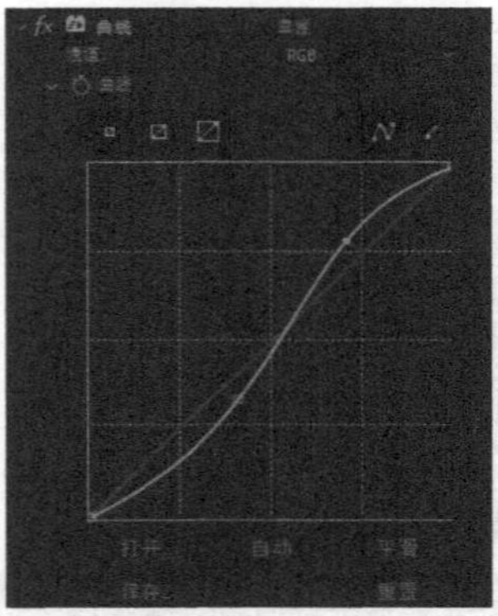

图 5.4.8　调整“曲线”效果参数

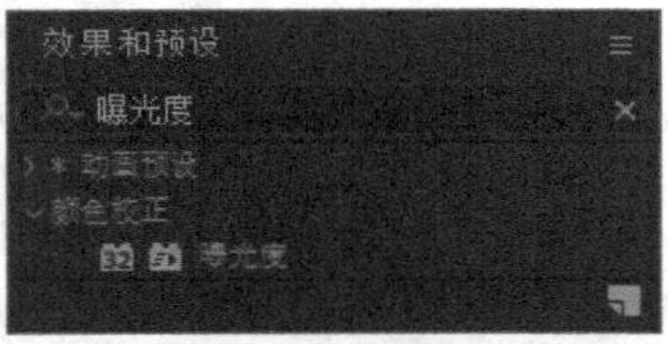

图 5.4.9　搜索“曝光度”

为画面添加“曝光度”效果，“曝光度”效果可以对画面的曝光进行一个校正，补偿效果（见图 5.4.10）。设置此素材“曝光度”为 1.00。

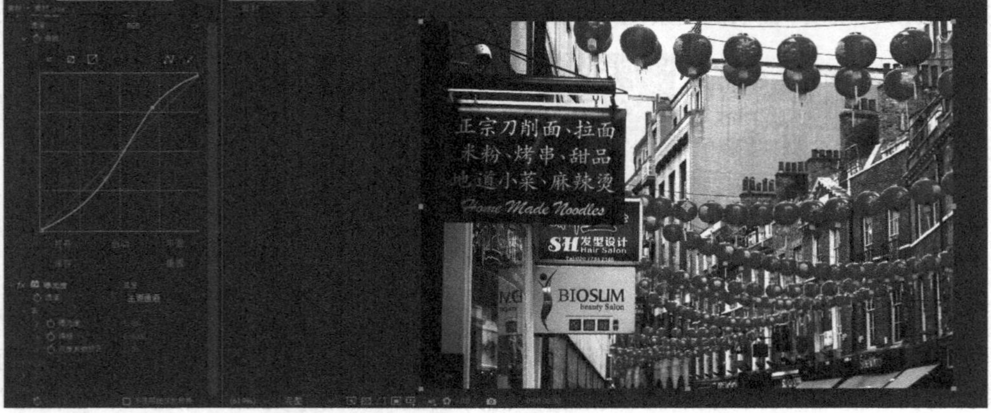

图 5.4.10　调整“曝光度”效果参数

在“效果和预设”面板的搜索栏中搜索“色阶”，将“色阶”效果添加至素材层（见图 5.4.11）。

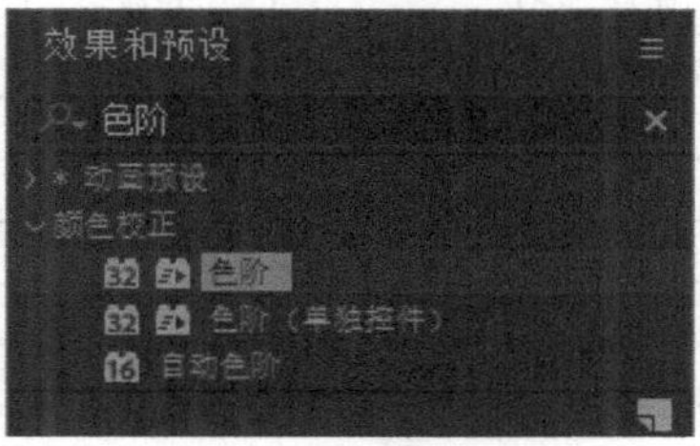

图 5.4.11　“色阶”效果

色阶效果通过色彩通道对画面进行亮度与色调的调整，是一个颜色修正的重要控件。

输入/输出黑色：用来控制图像中黑色阈值的输入/输出。

输入/输出白色：用来控制图像中白色阈值的输入/输出。

灰度系数：控制图像影调在被阴影和高光的相对值，主要为了在一定程度上影响中间色，改变整个图像的对比度。

此处将“输入黑色”设置为 0.0000，将“输入白色”设置为 1.0000（见图 5.4.12）。

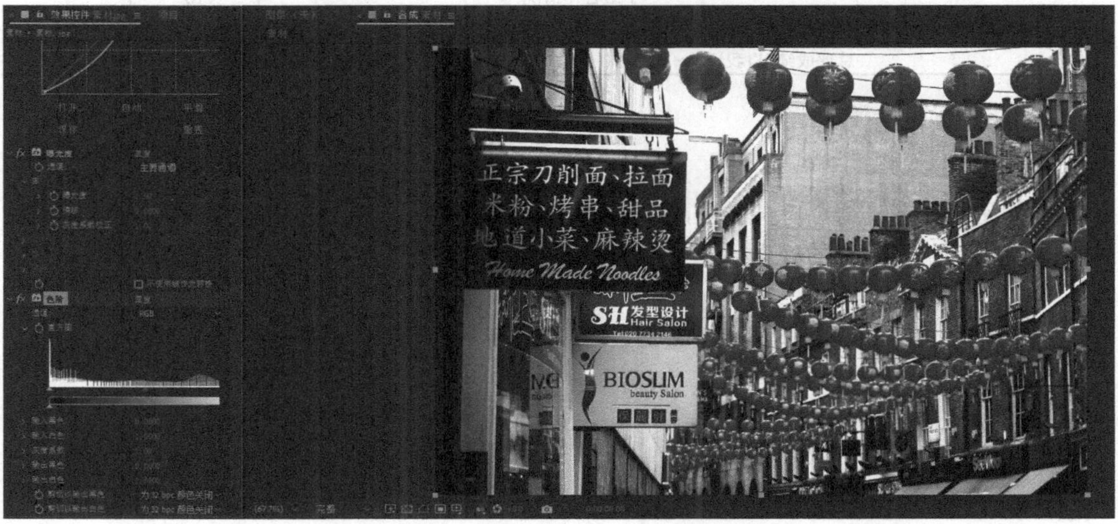

图 5.4.12　调整“色阶”效果参数

至止，我们对画面的亮度与色调的调整就完成了。对于这几个特殊的色彩控件的使用，同学们要多加练习，清楚各个控件对于各个效果的控制。

任务评价

本次任务评价内容见表 5.4.1。

表 5.4.1　任务 5.4 评价表

基本信息	姓名		座号		班级		组别	
	规定时间		完成时间		考核日期		总评成绩	
评价方式	评价内容						配分	得分
自我评价	本任务完成情况						30	
	对知识和技能的掌握程度						40	
	遵守工作场所纪律						20	
	遵循工作操作规范						10	
	合计						100	
小组评价	个人本次任务完成质量						30	
	个人参与小组活动的态度						30	
	个人的合作精神和沟通能力						30	
	个人素质评价						10	
	合计						100	
教师评价	熟悉各类调色方法						20	
	进行素材调色效果设置						30	
	调整综合效果						30	
	制作规范						10	
	小组合作情况						10	
	合计						100	
总评成绩=自我评价×（ ）%+小组评价×（ ）%+教师评价×（ ）%=								

拓展练习

根据所学知识，结合自身需求，新建合成，导入自己收集的素材，使用学习过的调色技术对素材进行色彩效果的处理。

项目 6

制作视频特效

项目导读

本项目进入到视频特效的讲解及制作阶段。AE 的特效主要有自带和插件两种类型，自带特效包括音频、模糊与锐化、颜色校正、扭曲、键控制、遮罩、模拟、风格化和文字、过渡等；插件特效主要有粒子、调色、光效、文字、绑定、水彩水墨、表达式、关键帧、三维等不同分类。

通过前面项目中知识的学习，大家已经有了较好的 AE 基础，在接下来的内容中，我们会接触学习 AE 常用特效及插件，如 Form、Saber、Particle 等，结合前面学习到的 AE 基础知识，设计制作影视特效。

学习目标

知识目标

◆ 了解常用 AE 特效的种类及使用场景、条件；
◆ 了解相关插件特效设计方法及常用表现手段；
◆ 掌握综合使用方法及技术特点。

能力目标

◆ 掌握 AE 自带及插件特效的相关操作技巧；
◆ 使用 AE 基础功能，结合插件进行视频特效的综合表现。

素养目标

◆ 树立正确的学习观、价值观，自觉践行行业道德规范；
◆ 牢固树立质量第一、信誉第一的强烈意识；
◆ 培养学生审美情趣、自主探究的能力；
◆ 培养学生自我激励、自我展示、勇于尝试的精神。

任务 6.1　使用生成特效

任务引入

为了能更好地表现视频作品的主题，实现视觉效果，在进入 AE 视频特效的学习阶段后，将首先对 AE 自带特效中的生成特效进行掌握及运用，结合 AE 基础知识来设计制作常用的影视特效动画。

任务要求

（1）打开软件，新建合成；

（2）在合成中新建素材层并进行特效制作；

（3）进行相关生成特效动画效果的设置及处理。

知识储备

选择“效果”→“生成”命令，可以打开生成特效的菜单，也可以在“效果和预设”面板中找到（见图 6.1.1），生成特效主要功能是为图像添加各种各样的填充或纹理，如圆形、渐变等，同时也可对音频添加一定的特效及渲染效果。

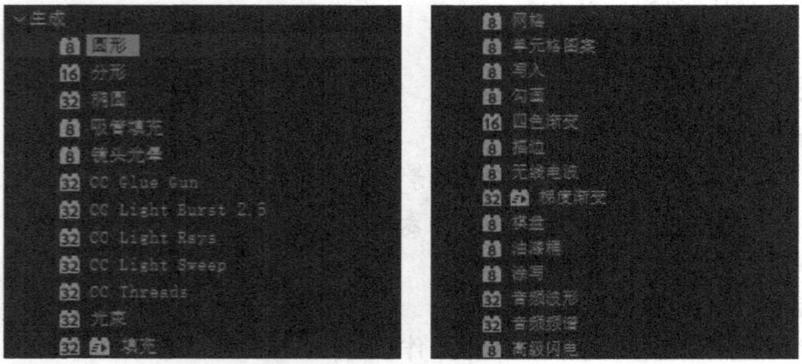

图 6.1.1　“生成”特效内容面板

1. CC Light Rays（CC 光线）

CC 光线特效主要是模拟在强光前面加一个阻挡的效果（见图 6.1.2）。

Intensity（强度）：定义光线的强度数值越大，效果越明显。

Shape（形状）：在该选项的下拉列表中可选择 Round（圆）选项或 Square（方）选项，定义光线的形状。

Direction（方向）：定义效果的角度。只有选中“方”选项可用。

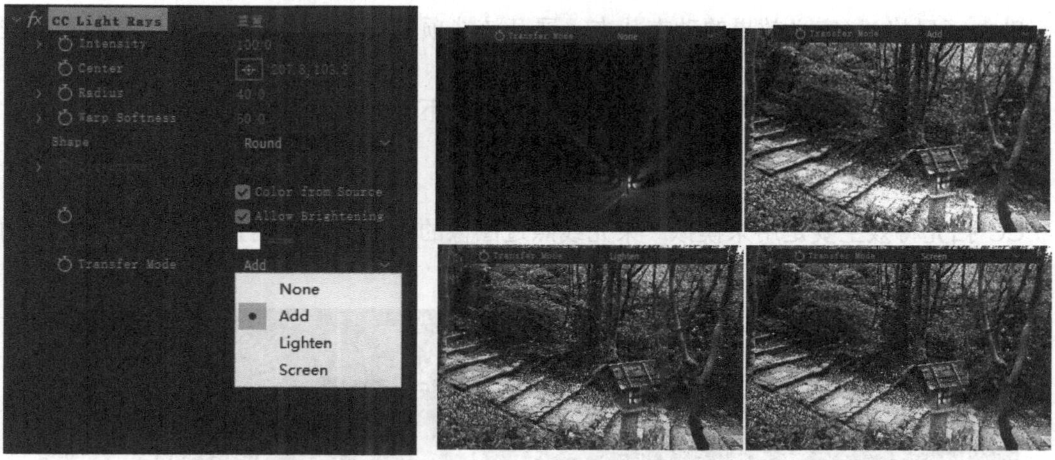

图 6.1.2　CC 光线特效面板及效果

Color（颜色）：当为图像添加的效果来自图像源时启用该选项，将从源点位置开始就有颜色。

Allow Brightening（允许增亮）：启用该选项，将使效果跟随相应的效果中心。

Transfer Mode（传送模式）：定义效果和背景图像之间的透明关系。

2. CC Glue Gun（CC 喷胶枪）

CC 喷胶枪特效主要功能是用来模拟将胶水挤到图像中出现的效果，周围的图像将被隐藏（见图 6.1.3）。

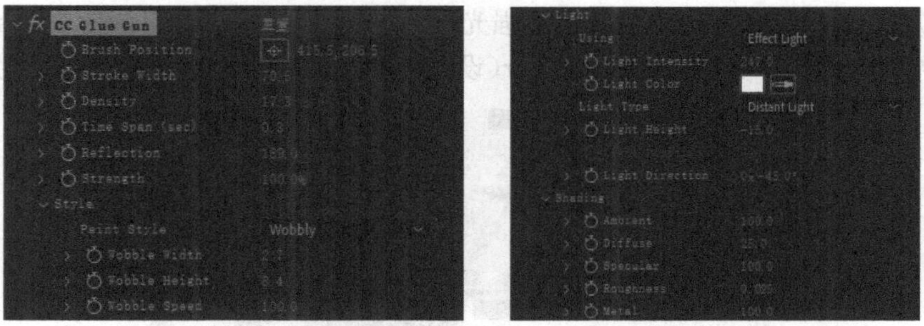

图 6.1.3　CC 喷胶枪特效面板

Stroke Width（变宽）：定义喷胶效果宽度，数值越大，效果面积越大。默认数值为 0.0～25.0，最大数值不超过 1 024.0。

Density（密度）：定义胶水的密度。默认数值为 2.0～100.0，最大数值不超过 200.0。

Reflection（反射）：定义胶水对图像的反射程度，数值越大，反射效果越明显。默认数值为 0.0～150.0，最大数值不超过 200.0。

Strength（力度）：定义胶水的浓度值，数值越大，浓度越低，相应的胶水面积越大，反之效果相反。

Style（风格）：定义效果的动态状态，展开该选项的下拉列表，可设置该特效是否进行运动。

Light（光照）：通过调节下拉选项属性，可定义不同的光照效果。

3. CC Light Sweep（CC 扫光）

CC 扫光特效主要是用来模拟一束光线照过图像的效果。可以调整该特效不同选项的参数，并可设置不同选项模式的效果（见图 6.1.4）。

图 6.1.4　CC 扫光特效面板及效果

4. CC Light Burst 2.5（CC 突发光 2.5）

CC 突发光 2.5 特效主要是用来模拟强光放射的效果。通过调整该特效 Burst（突发）选项中的不同选项模式，以及启用 Set Colour（设置颜色）可得到不同光线爆裂效果（见图 6.1.5）。

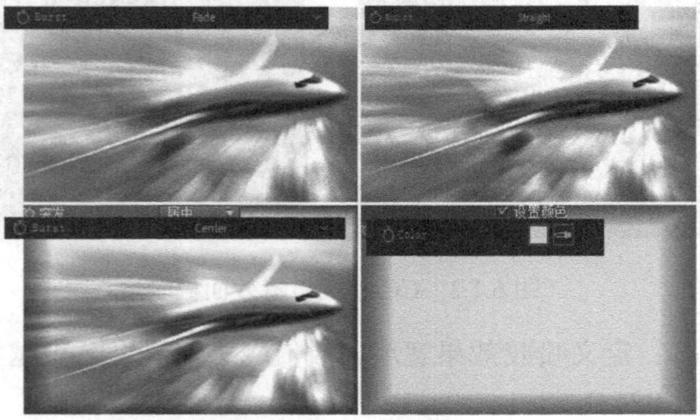

图 6.1.5　CC 突发光 2.5 特效效果

5. 分形

分形特效是一种著名的程序纹理，该特效通过对规则纹理的不断细分和衍生来产生不规则的随机效果（见图 6.1.6）。

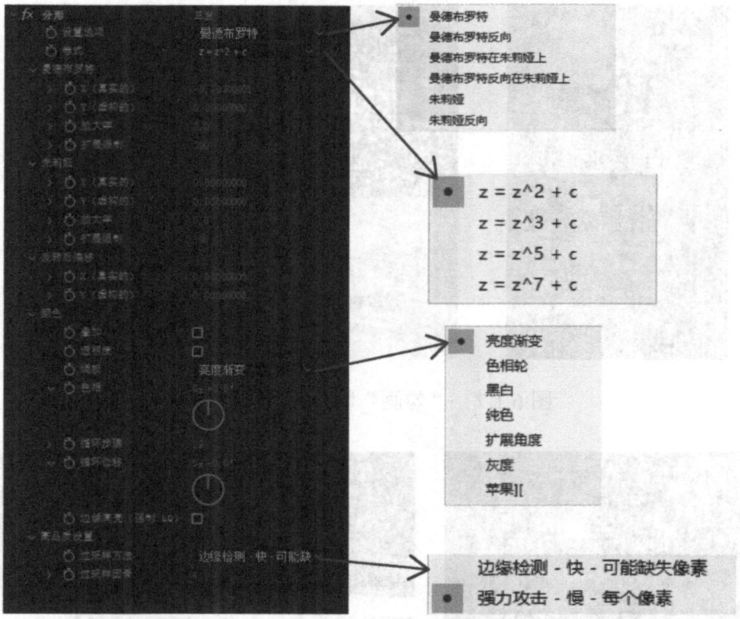

图 6.1.6　“分形”特效面板

设置选项：在该选项的下拉列表中选择不同选项，可设置分形的方法。这 6 种方法都属于记忆棒的分形算法——曼德布罗特和朱莉娅分形法。

等式：在该选项的下拉列表中选择不同选项，可定义不同算法表达式。

X（真实的）：定义在 X 轴方向分形的位置。

Y（虚构的）：定义在 Y 轴方向分形的位置。

放大率：定义分形的比例。

扩展限制：定义分形的极限。

调板：设置分形调色板的类型。共提供了 7 种类型。

6. 勾画

勾画特效主要功能是在物体周围产生类似于自发光的效果，同时还可以对物体产生的光圈进行动画，使其围绕物体运动（见图 6.1.7）。

图像等高线：通过图像中的不同属性进行效果的添加。

蒙版/路径：通过图像中的蒙版或路径进行效果的添加。

混合模式：定义要渲染的发光轮廓。

调整该特效的不同选项可设置不同发光效果。

7. 四色渐变

四色渐变特效是为图像创建一种四色的渐变效果，通过类似 Photoshop 中的图层合成方式和原图像进行混合（见图 6.1.8）。

图 6.1.7 “勾画”特效面板及效果

图 6.1.8 “四色渐变”特效面板及效果

位置和颜色：设置四种颜色的分布范围以及相应的颜色。
混合：设置四种颜色之间的混合程度。值越大混合的程度越紧密，最大数值为 10 000。
抖动：设置颜色的稳定程度。值越小，颜色互相渗透的程度就越小，相反则越大。
混合模式：定义渐变色层与图像之间的混合类型。

8. 棋盘

棋盘特效是在原图像上建立一个棋盘格样式的图案（见图 6.1.9）。

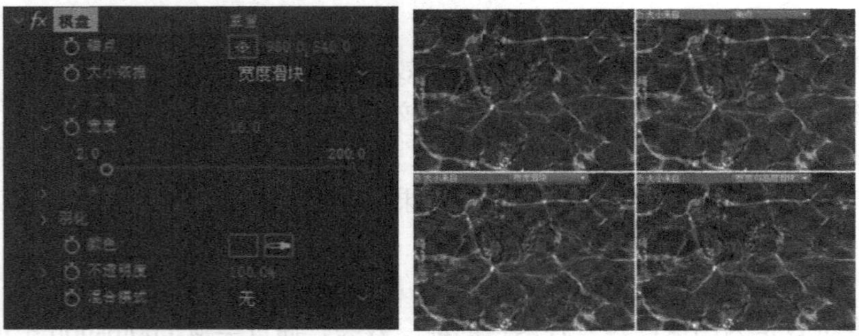

图 6.1.9 “棋盘”特效面板及效果

大小依据：定义棋盘格的模式。有三种模式：“边角点”选项是由拐点和棋盘中心的距离来确定棋盘方格的形状；“宽度滑块”选项不改变每个方格的形状，只是整体地扩大或缩小所有的方格；“宽度与高度滑块”选项是通过两个参数设置水平和垂直方向，来调整方格的整体形状。

羽化：定义网格宽度、高度的羽化程度。

混合模式：定义效果图与原图像的混合模式。

9. 油漆桶

油漆桶特效主要是对图像当中的某一区域填充颜色，用来描绘卡通轮廓画。该特效功能类似于 Photoshop 中油漆桶工具的功能（见图 6.1.10）。

填充选择器：定义颜色填充通道类型。默认情况下是“颜色和 Alpha”选项。

查看阈值：启用该选项，将黑白显示特效作用的范围，用于检查相应容差的设置。

描边：定义特效处理填充区域边缘的方式。共提供 5 种填充方式。

反转填充：启用该选项，对填充的颜色区域进行反转。

混合模式：定义效果与原图的混合模式。

10. 单元格图案

单元格图案特效是用生成一种程序纹理来模拟细胞、泡沫、原子结构等单元状物体（见图 6.1.11）。

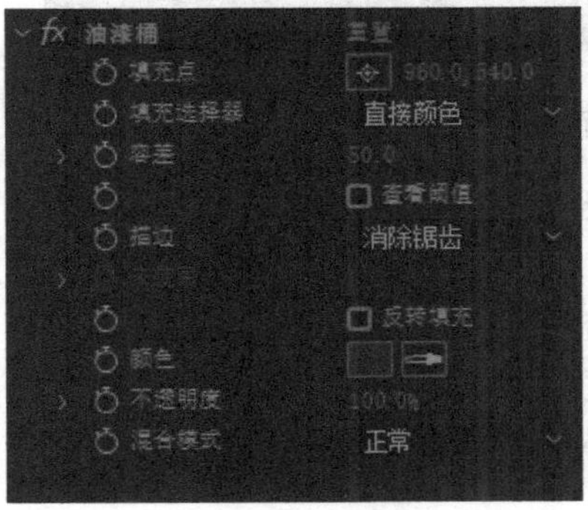

图 6.1.10　“油漆桶”特效面板

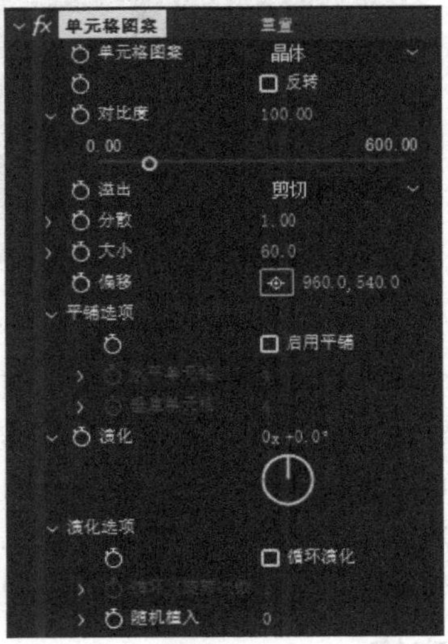

图 6.1.11　“单元格图案”特效面板

单元格图案：定义不同的单元格图案类型。在该下拉列表中提供了 12 个选项。

反转：启用该选项，将对应的图案效果进行颜色的反转。

溢出：定义单元格图案之间空白处的调整方式，在该选项的下拉列表中提供 3 种方式。

分散：定义单元格图案之间的分散程度，数值越小，分散的效果越整齐，反之越混乱。

启用平铺：启用该选项，将自由排列的单元格图案按照一定的规则进行排列。

循环演化：启用该选项，可将相应的单元格图案进行循环发展变化。

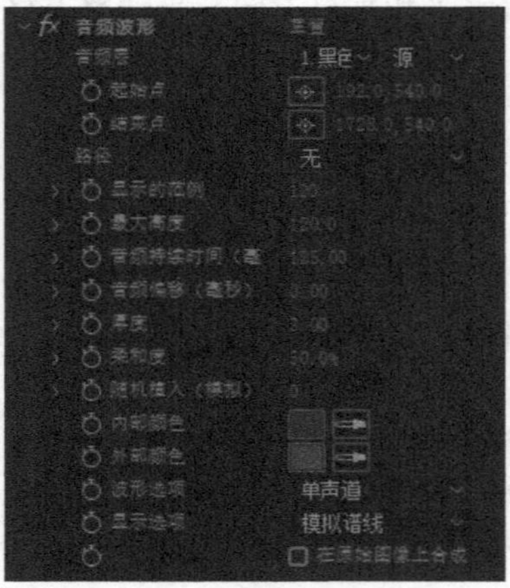

图 6.1.12　音频波形特效面板

11. 音频波形

音频波形特效是以多种方式显示音频的波形图效果（见图 6.1.12）。

显示的范例：定义取样值。默认数值范围为 1～640，最大数值不超过 44 100。

最大高度：定义频谱显示的振幅，单位为像素。默认数值范围为 1.0～480.0，最大数值不超过 4 000.0。

显示选项：定义波形显示方式。

12. 高级闪电

高级闪电特效主要功能是可快速模拟闪电的视觉效果（见图 6.1.13）。

图 6.1.13　高级闪电特效面板及效果

闪电类型：设置闪电的类型，该选项的下拉列表提供了 8 个选项。

传导率状态：调整闪电的路径状态。为随机设置，每次调整该参数，都会出现不同的效果。

核心设置：设置闪电中心部分的颜色、半径及透明度。

发光设置：设置闪电外部的颜色、半径及透明度。

专家设置：对闪电属性进一步的细节调整，将得到更加逼真的闪电效果。

任务实施

本任务为掌握“效果和预设”面板之中常用的生成类效果的基本使用方式。具体操作步骤如下。

1）新建合成

新建合成，创建纯色图层（见图 6.1.14）。

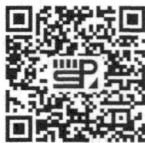

使用生成特效

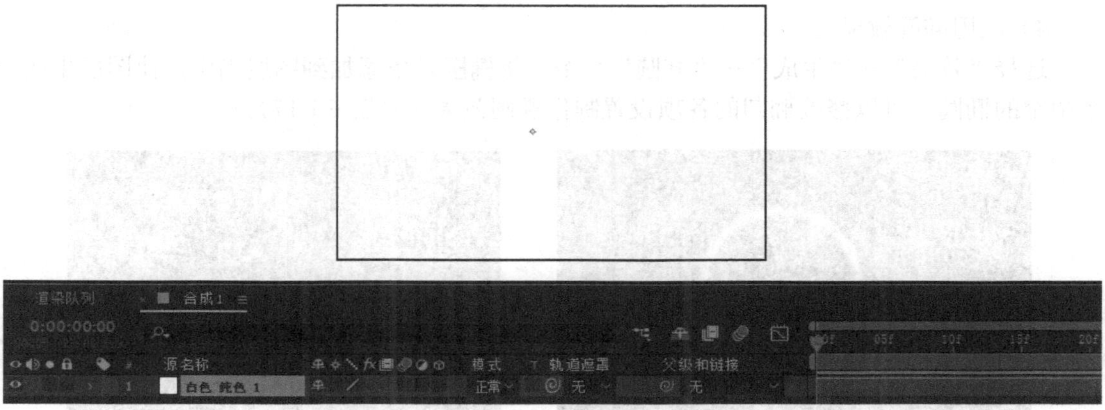

图 6.1.14　创建纯色图层

2）应用圆形效果

选择“效果”→“生成”→“圆形”命令，将圆形效果添加到图层当中，使图层生成一个圆形，可修改“半径”“羽化”等设置（见图 6.1.15）。

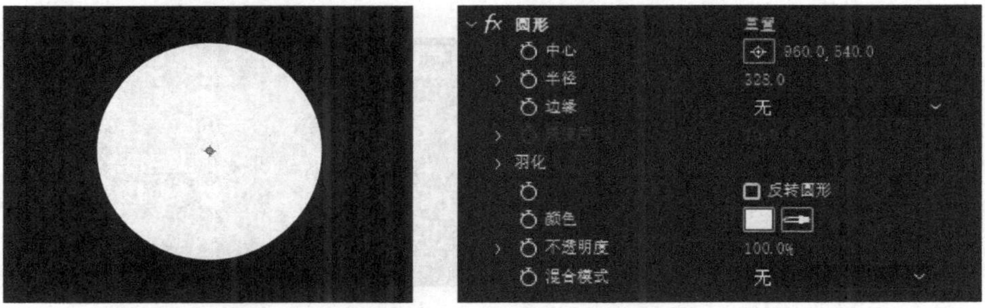

图 6.1.15　“圆形”效果

3）应用分形效果

选择“效果”→“生成”→“分形”命令，将分形效果添加到图层当中。为图层添加分形效果后，效果控件处会出现不同效果。可以在效果控件处设置分形效果的分形方式、偏移数量参数，或者是设置这些参数的关键帧变化，形成关键帧的变化动画。这样就实现了分形效果的制作（见图 6.1.16）。

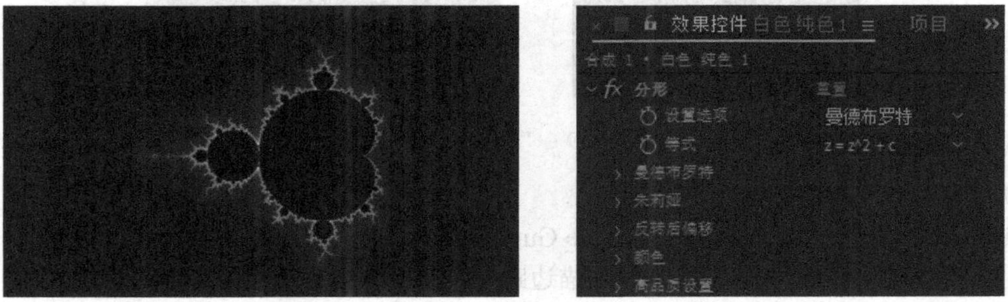

图 6.1.16　“分形”效果

4）应用椭圆效果

选择“效果”→“生成”→“椭圆”命令，将椭圆效果添加到图层当中，使图层生成一个中空的椭圆。可以修改椭圆的各项设置制作椭圆效果（见图 6.1.17）。

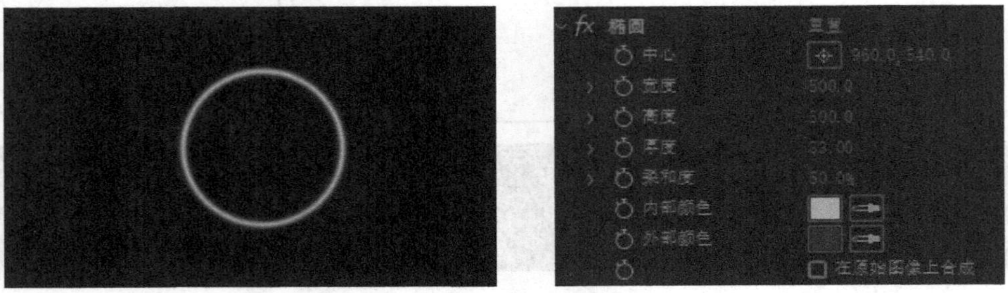

图 6.1.17 “椭圆”效果

5）应用吸管填充效果

选择“效果”→“生成”→“吸管填充”命令，将吸管填充效果添加到图层中。吸管填充效果会将采样点处的色彩添加到所有图层。可通过与原始图像混合进行调整（见图 6.1.18）。

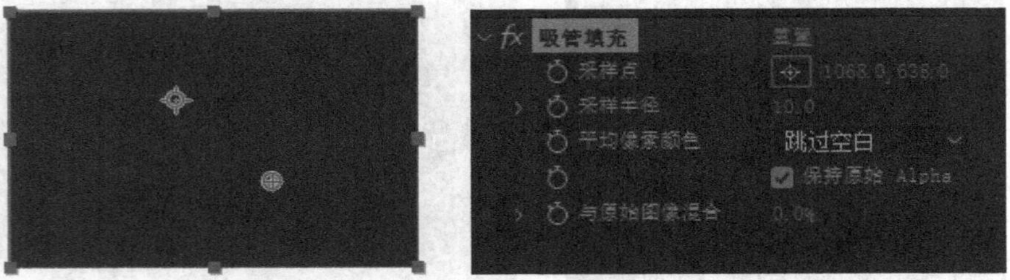

图 6.1.18 “吸管填充”效果

6）应用镜头光晕效果

选择“效果”→“生成”→“镜头光晕”命令，将镜头光晕效果添加到图层中，制作一个镜头虚光效果（见图 6.1.19）。

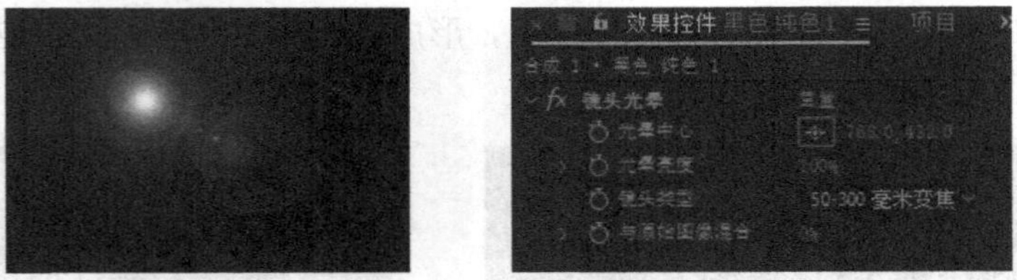

图 6.1.19 “镜头光晕”效果

7）应用 CC 喷胶枪效果

选择“效果”→“生成”→CC Glue Gun 命令，将 CC 喷胶枪效果添加到图层上。效果实质上通过设置画笔笔触，构成画笔的描边路径，使得路径上的原图像产生扭曲变形，形成类似于胶水的效果（见图 6.1.20）。

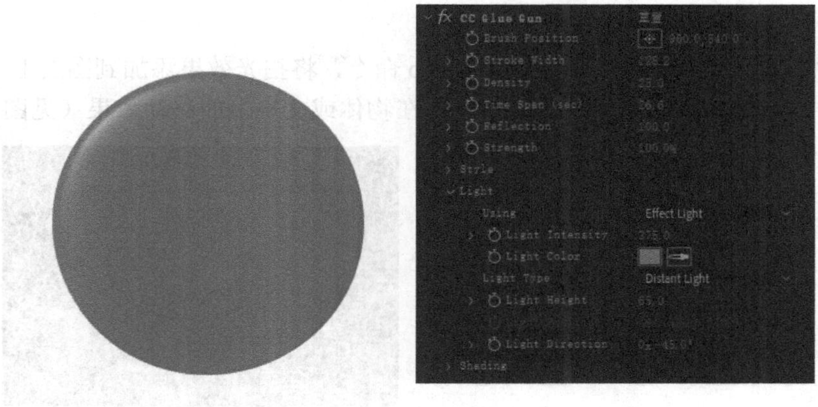

图 6.1.20　CC 喷胶枪效果

8）应用 CC 突发光效果

选择“效果”→“生成”→CC Light Burst 2.5 命令，将 CC 突发光 2.5 效果添加到图层上。在之前的学习中，我们也使用并学习了突发光效果的制作，是基于原图像内容产生光束放射（爆发）的效果，常用于模拟光效（见图 6.1.21）。

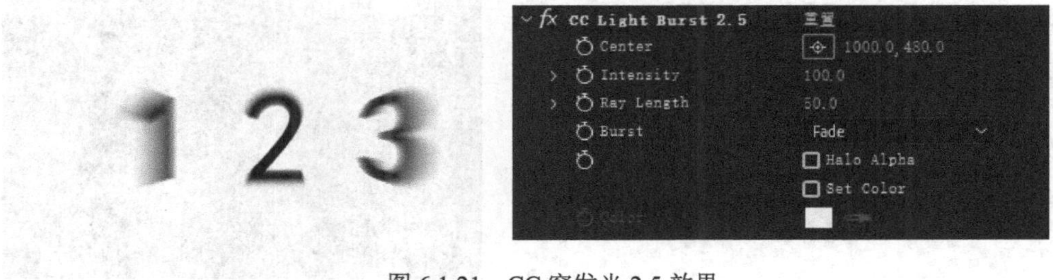

图 6.1.21　CC 突发光 2.5 效果

9）应用 CC 光线效果

选择“效果”→“生成”→CC Light Rays 命令，将光线效果添加到图层上。光线效果是可以创建从光源发出并能穿过图层内容的光线效果，可通过修改设置调整光源位置、光源形状等（见图 6.1.22）。

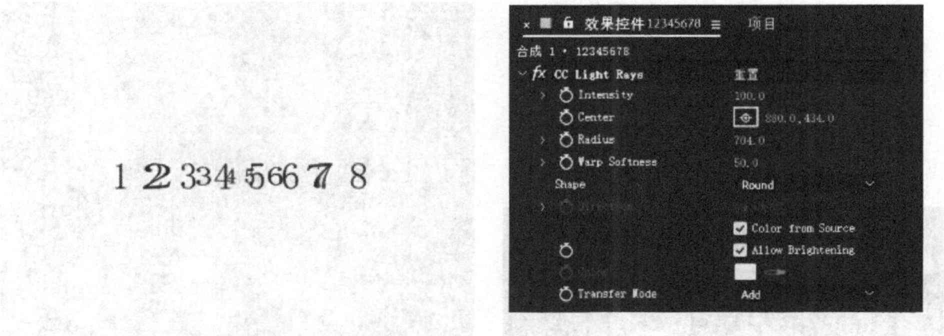

图 6.1.22　CC 光线效果

10）应用 CC 扫光效果

选择“效果”→“生成”→CC Light Sweep 命令，将扫光效果添加到图层上。扫光效果可以创建一个动态的光线扫描，用于制作光线在物体或文字上的移动效果（见图 6.1.23）。

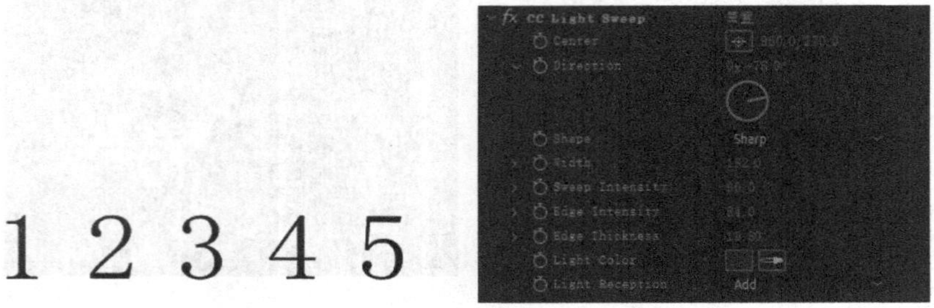

图 6.1.23　CC 扫光效果

11）应用 CC Threads（编织条）效果

选择“效果”→“生成”→CC Threads 命令，将编织条效果添加到图层上。编织条效果基于图层像素，生成编织条样式图案与纹理（见图 6.1.24）。

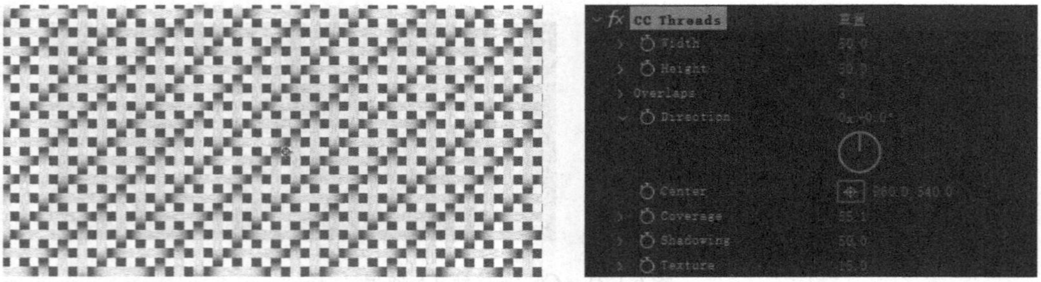

图 6.1.24　CC 编织条效果

12）应用光束效果

选择“效果”→“生成”→“光束”命令，将光束效果添加到图层上。制作一条激光光束，可通过数值控制改变激光的大小、形状等（见图 6.1.25）。

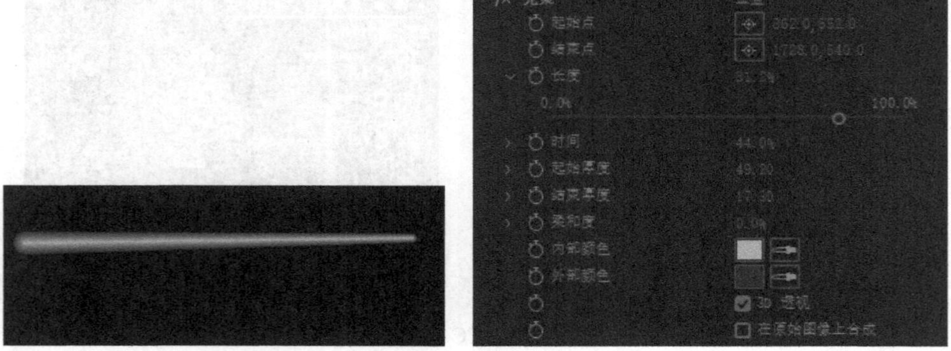

图 6.1.25　光束效果

13）应用填充效果

选择“效果”→“生成”→“填充”命令，将填充效果添加到图层上，可选取不同颜色进行填充（见图 6.1.26）。

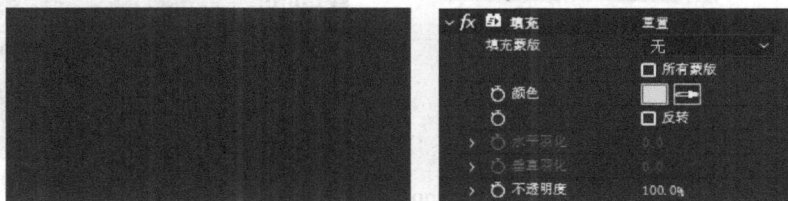

图 6.1.26　填充效果

14）应用网格效果

选择“效果”→“生成”→“网格”命令，将网格效果添加到图层上，为图层增添网格（见图 6.1.27）。

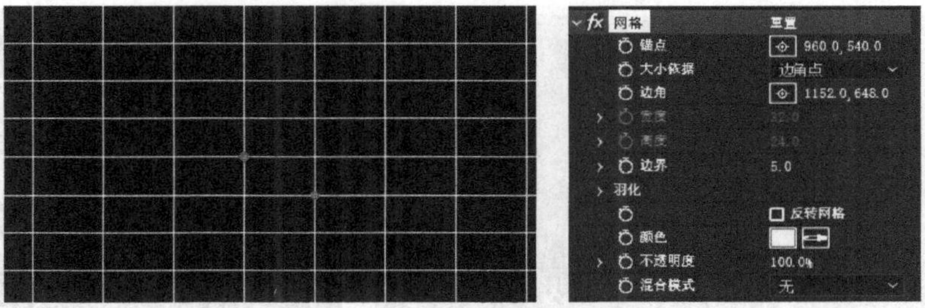

图 6.1.27　网格效果

15）应用单元格图案效果

选择“效果”→“生成”→“单元格图案”命令，将单元格图案效果添加到图层上。可以制作出简易的效果图案。可修改图案类型与大小数值等（见图 6.1.28）。

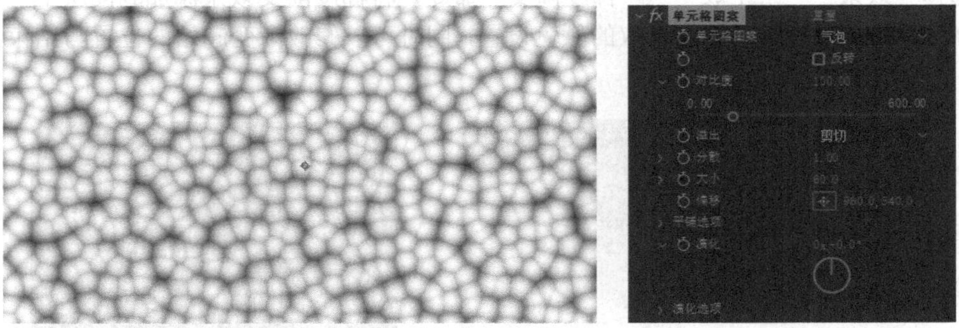

图 6.1.28　单元格图案效果

16）应用写入效果

选择“效果”→“生成”→“写入”命令，将写入效果添加到图层上。通过设置关键帧可制作书写的动画效果，画笔的大小与颜色可通过修改设置进行调整（见图 6.1.29）。

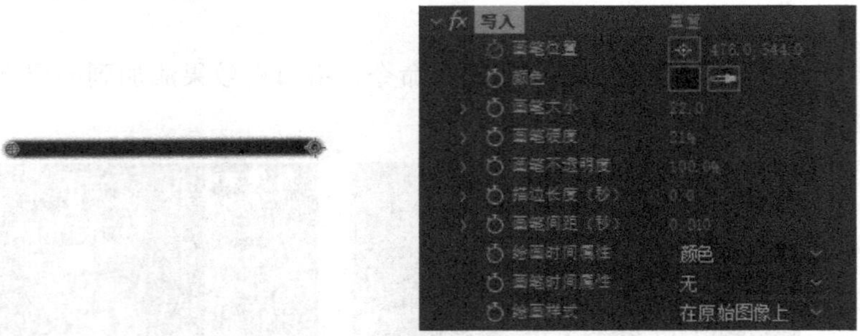

图 6.1.29　写入效果

17）应用四色渐变效果

选择“效果”→“生成”→“四色渐变”命令，将四色渐变效果应用到图层上。四色渐变效果是使用较为频繁的渐变效果，将四角的色彩进行渐变融合，同时可以修改数值调整渐变的位置或者修改混合度调整四种颜色的混合程度（见图 6.1.30）。

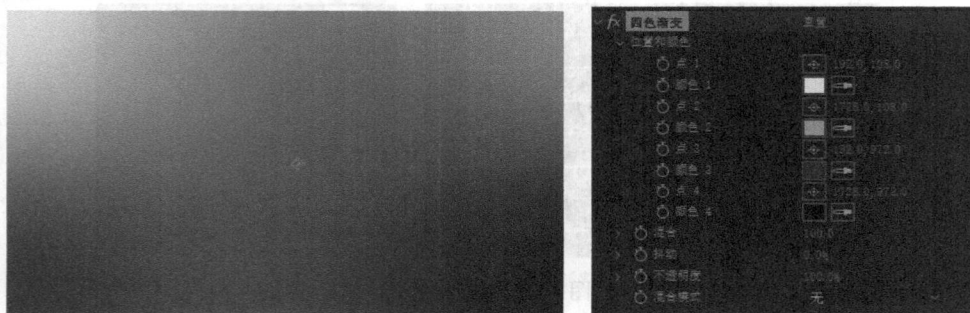

图 6.1.30　四色渐变效果

18）应用梯度渐变效果

选择“效果”→“生成”→“梯度渐变”命令，将梯度渐变效果添加到图层上。设置双色的渐变，渐变色彩可以根据选取的颜色设置，同时可以修改渐变起始的位置与结束的位置（见图 6.1.31）。

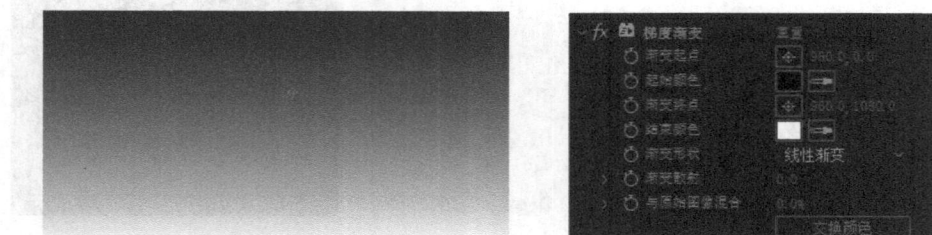

图 6.1.31　梯度渐变效果

至此，在平常的制作之中会使用的生成效果就介绍完了，希望同学们多加记忆，明白控件的效果，并在以后的制作中合理利用。

任务评价

本次任务评价内容见表 6.1.1。

表 6.1.1　任务 6.1 评价表

基本信息	姓名		座号		班级		组别	
	规定时间		完成时间		考核日期		总评成绩	
评价方式	评价内容						配分	得分
自我评价	本任务完成情况						30	
	对知识和技能的掌握程度						40	
	遵守工作场所纪律						20	
	遵循工作操作规范						10	
	合计						100	
小组评价	个人本次任务完成质量						30	
	个人参与小组活动的态度						30	
	个人的合作精神和沟通能力						30	
	个人素质评价						10	
	合计						100	
教师评价	设置新建合成						10	
	掌握生成特效的使用及设置						40	
	制作生成特效效果						40	
	渲染输出						10	
	合计						100	
总评成绩=自我评价×（ ）%+小组评价×（ ）%+教师评价×（ ）%=								

拓展练习

根据所学知识，结合自身需求，新建项目，制作一个包含生成特效效果的 10 秒短片，渲染导出成片。

任务 6.2　制作模糊特效

任务引入

我们已学习使用生成特效，在后期的实践制作内容中需要锻炼提升的除了技术水平还有设计与创作能力，接下来将对 AE 自带特效中的模糊特效进行学习，了解如何使用它们设计制作常用的影视特效或对视频进行修饰。

任务要求

（1）打开软件，新建合成；

（2）在合成中新建素材层并进行特效制作；

（3）进行模糊特效动画效果的设置及处理。

知识储备

在 AE 中，模糊特效是非常常用的一种效果，可以给画面增加一种柔和、梦幻的视觉效果。

图 6.2.1 “模糊和锐化”特效内容面板

在 AE 中打开想要应用模糊效果的素材，选择“效果”→“模糊和锐化”命令，可以在弹出的菜单中选择模糊效果，也可以从“效果和预设”面板中选择“模糊与锐化”文件夹下的模糊效果（见图 6.2.1）。以下为几种常见的 AE 模糊特效的使用方法。

（1）高斯模糊。高斯模糊是最常用的一种模糊效果，它可以让画面更加柔和。选择素材图层后，双击“效果和预设”面板中的“高斯模糊”效果。在“效果控件”面板调节“模糊度”参数可以控制模糊的强度，还可以使用“原始图像亮度阈值”和“遮罩”选项进一步控制模糊的影响范围。

（2）定向模糊。定向模糊是一种给画面增加运动感的效果，常用于表现快速运动的影像。选择素材图层后，双击“效果和预设”面板中的“定向模糊”效果。在“效果控件”面板调节“方向”和“模糊长度”参数来控制模糊的运动方向和强度。

（3）环形模糊。环形模糊是一种将画面中心凸显的特效，常用于突出某个要素。选择素材图层后，在效果控制面板中找到“径向模糊”效果。调节“模糊中心”和“模糊程度”参数来控制环形模糊的位置和强度。

（4）CC Radial Fast Blur（快速径向模糊）。快速径向模糊是一种模拟快速移动或摄像时的模糊效果，常用于增加真实感。选择素材图层后，双击“效果和预设”面板中的“快速模糊”效果。在“效果控件”面板中调节 Amount（数量）和 Center（中心）参数来控制快速模糊的强度和效果的质量。

（5）径向模糊。径向模糊是一种将画面中心向外辐射模糊的效果，常用于制造独特的视觉效果。选择素材图层后，双击“效果和预设”面板中的“径向模糊”效果。在“效果控件”面板中调节“中心”和“数量”参数来控制径向模糊的位置和强度。

除了以上几种常见的模糊特效外，AE 还提供了更多其他特效供我们选择使用，如光圈模糊、像素模糊等。通过尝试不同的参数设置和组合使用，可以创造出各种独特的模糊效果，使作品更加生动有趣。

开始动手吧，创造属于自己的独特模糊世界！

任务实施

我们已经学习过高斯模糊、快速方框模糊。本任务为学习使用更多的模糊特效，具体操作步骤如下。

制作模糊特效

1）新建合成，导入素材

新建合成，将导入的素材拖至“时间轴”面板（见图 6.2.2）。

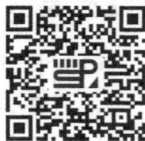

图 6.2.2　创建合成并导入素材

2）应用 CC Cross Blur（交叉模糊）效果

在“效果和预设”面板中选中 CC Cross Blur（见图 6.2.3），拖动鼠标将交叉模糊效果添加至素材（见图 6.2.4）。

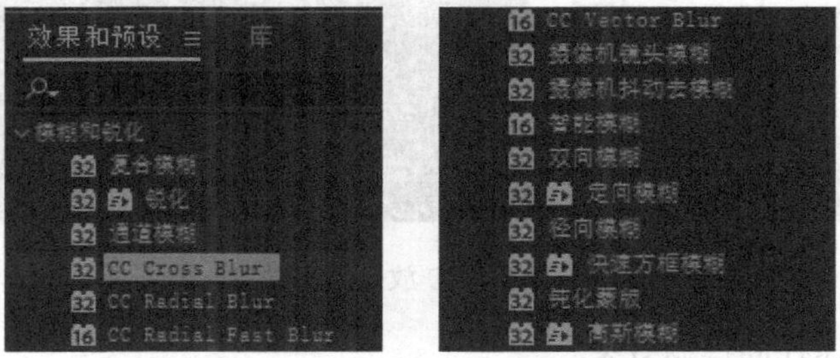

图 6.2.3　查找 CC 交叉模糊效果

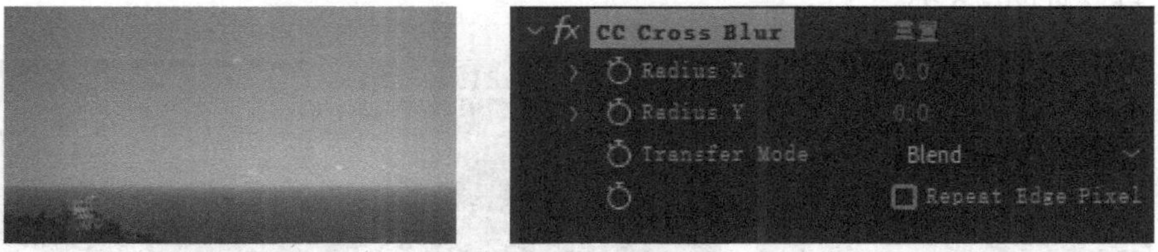

图 6.2.4　将交叉模糊效果添加至素材

左侧属性分别为 X 轴半径、Y 轴半径、传输方式、重复边缘像素。使用交叉模糊，可以制作画面 X 轴、Y 轴的交叉模糊。为 X 轴半径设置关键帧，在起始帧处设置为 800.0，在 1 秒处改为 0.0；为 Y 轴半径设置关键帧，在起始帧处设置为 800.0，在 1 秒处改为 0.0。

3）应用 CC Radial Blur（放射模糊）效果

在“效果和预设”面板中选中 CC Radial Blur，拖动鼠标将 CC 放射模糊效果添加至素材（见图 6.2.5）。

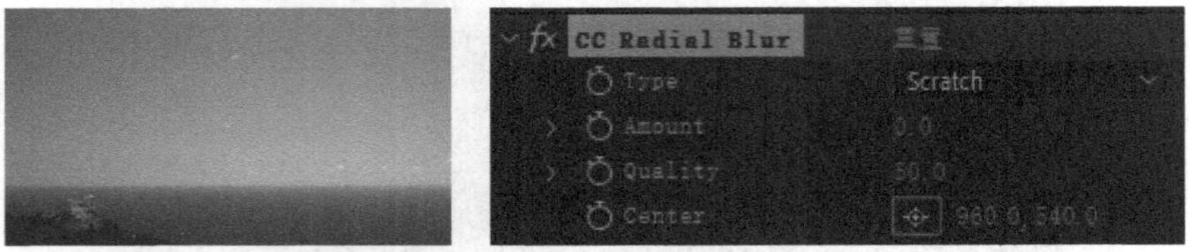

图 6.2.5　将 CC 放射模糊效果添加至素材

左侧属性分别为模糊类型、模糊度、模糊质量、中心点。为模糊度设置关键帧，制作 CC 放射模糊开场动画。将起始帧处“模糊度”设置为 15.0，在 1 秒处改为 0.0，这样就完成了 CC 放射模糊效果的制作（见图 6.2.6）。

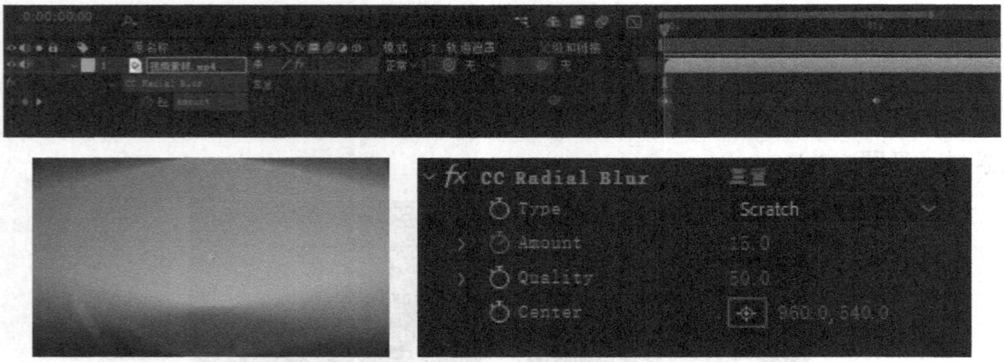

图 6.2.6　CC 放射模糊效果

4）应用 CC 快速径向模糊效果

在“效果和预设”面板中选中 CC Radial Fast Blur，拖动鼠标将 CC 快速径向模糊效果添加至素材（见图 6.2.7）。

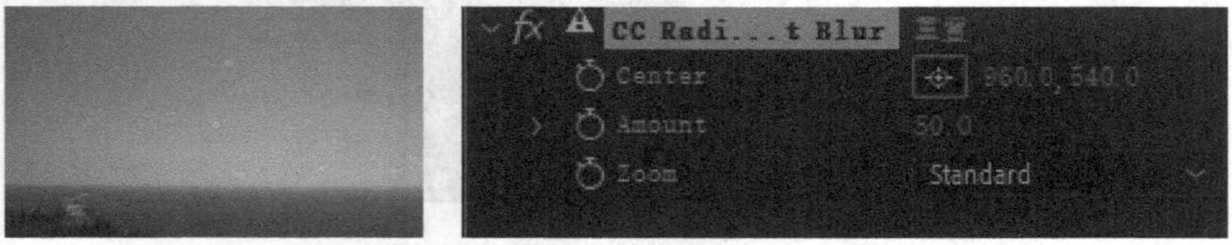

图 6.2.7　将 CC 快速径向模糊效果添加至素材

左侧属性，分别为中心点、模糊度、缩放方式。使用快速径向模糊效果，可以简易地制作视频镜头径向的模糊效果，也可用于制作镜头的深浅模糊效果。为素材制作由远及近的模糊动画。为模糊度设置关键帧，在起始帧处设置为 100.0，在 1 秒处改为 0.0（见图 6.2.8）。

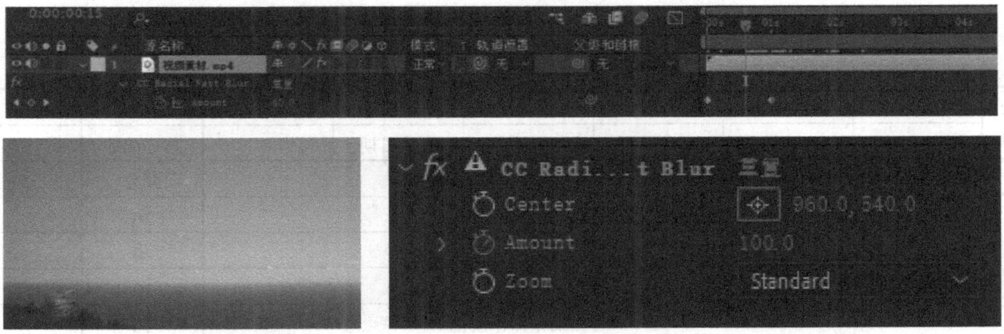

图 6.2.8　“模糊度”设置关键帧

5）应用 CC Vector Blur（矢量模糊）效果

在“效果和预设”面板中选中 CC Vector Blur，拖动鼠标将矢量模糊效果添加至素材。

左侧属性分别为类型、模糊度、角度偏移、脊烟熏、矢量图、属性、柔和度。使用矢量模糊可以制作关于柔和度与隆起的模糊效果。为素材制作由非柔和状态变为柔和状态的矢量模糊效果。为“模糊度”设置关键帧，在起始帧处设置为 200.0，在 1 秒处改为 0.0；为“脊烟熏”修改数值，修改“脊烟熏”可以改变画面柔和度，将“脊烟熏”改为 30.00（见图 6.2.9）。

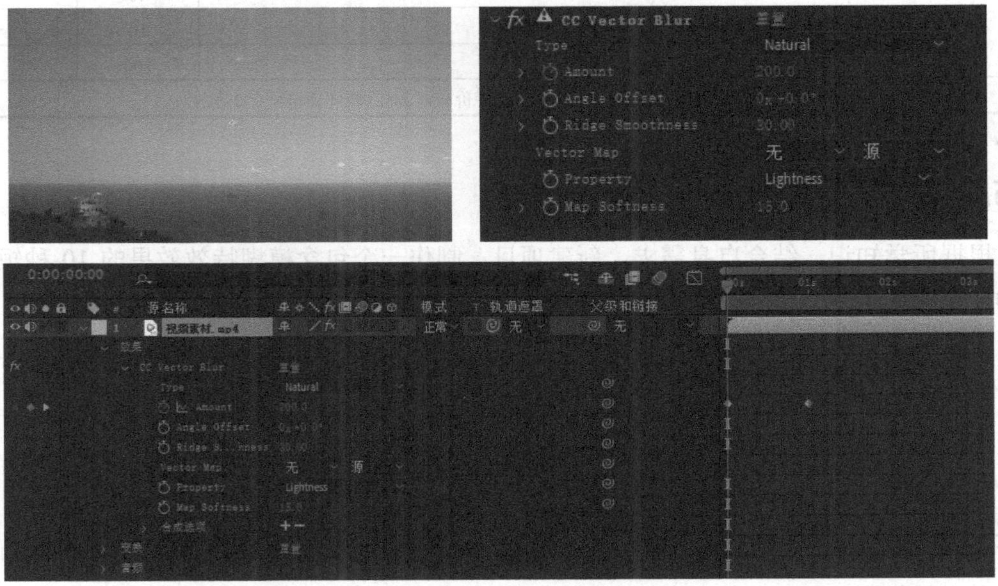

图 6.2.9　将矢量模糊效果添加至素材

完成制作后，分别预览观看 4 种不同的模糊特效，4 种模糊特效的制作就到此完成了，同学们多加练习，根据不同的素材和情况灵活地选择模糊特效。

任务评价

本次任务评价内容见表 6.2.1。

表 6.2.1 任务 6.2 评价表

基本信息	姓名		座号		班级		组别	
	规定时间		完成时间		考核日期		总评成绩	
评价方式		评价内容					配分	得分
自我评价		本任务完成情况					30	
		对知识和技能的掌握程度					40	
		遵守工作场所纪律					20	
		遵循工作操作规范					10	
		合计					100	
小组评价		个人本次任务完成质量					30	
		个人参与小组活动的态度					30	
		个人的合作精神和沟通能力					30	
		个人素质评价					10	
		合计					100	
教师评价		设置新建合成					10	
		掌握模糊特效的使用及设置					40	
		制作模糊特效效果					40	
		渲染输出					10	
		合计					100	
总评成绩=自我评价×（ ）%+小组评价×（ ）%+教师评价×（ ）%=								

拓展练习

根据所学知识，结合自身需求，新建项目，制作一个包含模糊特效效果的 10 秒短片，渲染导出成片。

任务 6.3 制作风格化特效

任务引入

本次任务将对 AE 自带特效中的风格化特效进行学习，了解如何使用它们设计制作常用的影视特效或对视频进行修饰。同时将结合 Saber 插件，将文化与科技效果相结合，制作出不一样的特色科幻特效片头。

任务要求

（1）打开软件，新建合成，制作背景及文字；

（2）使用相关插件、关键帧 K 帧等技术制作文字风格化效果。

知识储备

AE中的风格化（Stylize）效果是非常常用的一组特效。这组特效常用来模拟一些实际的绘画效果或为画面提供某种风格化视觉体验。风格化效果菜单包含如画笔描边、彩色浮雕、发光等效果，具体内容如下。

（1）画笔描边。对图像产生类似水彩画效果。可调节的参数有“描边角度”“画笔大小”“描边长度”“描边浓度”“描边随机性”“绘画表面”“与原始图像混合”。

（2）彩色浮雕。效果和浮雕效果类似，不同的是本效果包含颜色，可调节的参数有“方向”“起伏”“对比度”“与原始图像混合”。

（3）查找边缘。通过强化过渡像素产生彩色线条。“反转”用于反向勾边结果。可调节的参数有“与原始图像混合”。

（4）发光。经常用于图像中的文字和带有Alpha通道的图像，产生发光效果。“发光基于”选择发光作用通道，可以选择“Alpha通道”和“颜色通道”；可调节的参数有“发光阈值度”、“发光半径”、“发光强度”、“合成原始项目”、“发光操作”（类似层模式的选择）、“发光颜色”；“发光维度”可选择“水平”“垂直”“水平和垂直”。

（5）Leave Color。Leave Color用于消除给定颜色，或者删除层中的其他颜色；Amount to Decolor设置脱色程度。Color TO Leave选择脱色。Tolerance相似程度。Edge Softness边缘柔化。Match colors颜色对应。可以使用RGB和Hue。

（6）马赛克。使画面产生马赛克。可调节的参数有“水平块”“垂直块”的大小。

（7）动态拼贴。同屏画面中显示多个相同的画面。可调节的参数有“拼贴中心”“拼贴宽度”“拼贴高度”“输出宽度”“输出高度”“相位”。可以选择是否应用“水平位移”。

（8）Noise。Noise用于产生画面噪波，主要是通过在画面中加入细小的杂点。Amountof Noise设置噪波数量，调整噪波密度。Noise Type噪波类型。选择Color Noise使噪波应用彩色像素。Clipping使原像素和彩色像素交互出现。

（9）毛边。边缘粗糙化，可以模拟腐蚀的纹理效果。

（10）散布。像素被随机分散，产生一种透过毛玻璃观察物体的效果，“散布数量”设置像素分散数量。“颗粒”设置分散方向。“散布随机性”设置随机性。选中“随机分布每个帧”复选框使每帧画面重新运算。

（11）闪光灯。它是一个随时间变化的效果，在一些画面中间不断地加入一帧闪白、其他颜色或应用一帧层模式，然后立刻恢复，使连续画面产生闪烁的效果，可以用来模拟计算机屏幕的闪烁或配合音乐增强感染力，“闪烁颜色”可以选择闪烁色。

（12）纹理化。应用其他层对本层产生浮雕形式的纹理效果。可调节的参数有“纹理图层”“灯光方向”“纹理对比度”“纹理位置”，“纹理位置”可以拼贴、居中或拉伸。

（13）浮雕。与彩色浮雕的不同之处在于本效果不对中间的彩色像素应用，只对边缘应用。可调节的参数有“方向”“起伏”“对比度”“与原始图像混合”。

（14）Write-on。Write-on效果是用画笔在一层中绘画，模拟笔迹和绘制过程。

除了了解上述自带特效以外，本次任务中还会使用到Saber插件，该插件是专为AE用户打造的一款AE光电描边插件。该插件为用户提供了各种风格的能量激光特效，如能量光束、闪电和电流等，让用户能够轻松制作出各式各样炫酷的光学视觉特效。本次任务以 Saber 插件为主体叠加使用了“钝化蒙版”，层效果叠加及关键帧 K 帧等技术手段，来实现非常具有科技感同时带有赛博朋克风格的文字动画特效。

任务实施

本任务为制作风格化特效，会使用到 Saber 插件，设计将中国文化与科技效果相结合，旨在表现出不一样的中国特色科幻特效。具体操作步骤如下。

制作风格化特效

1）新建合成，导入素材

选择“合成”→“新建”命令，新建合成：1 920×1 080 像素，方形像素，25 帧/秒，6 秒。将导入的素材拖至“时间轴”面板。

2）设置使用 Saber 插件

按 Ctrl+T 快捷键输入文字，字体为 Adobe 黑体，大小为 196，字间距为 13，加粗，斜体。按 Ctrl+Home 快捷键使文字居中，锚点居中。按 Ctrl+Shift+C 快捷键预合成文字层，命名为“文字”。

选择“文字”层，在菜单栏中选择“图层”→“自动追踪”命令（取消选中“应用在新图层”复选框）自动形成蒙版（见图 6.3.1 和图 6.3.2）。

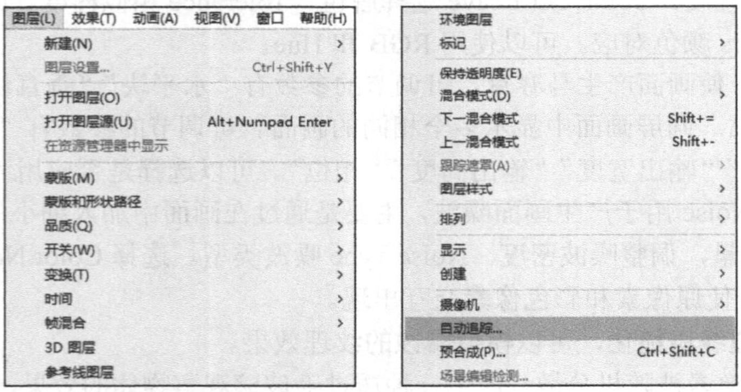

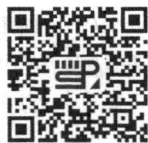

图 6.3.1 “自动追踪”命令

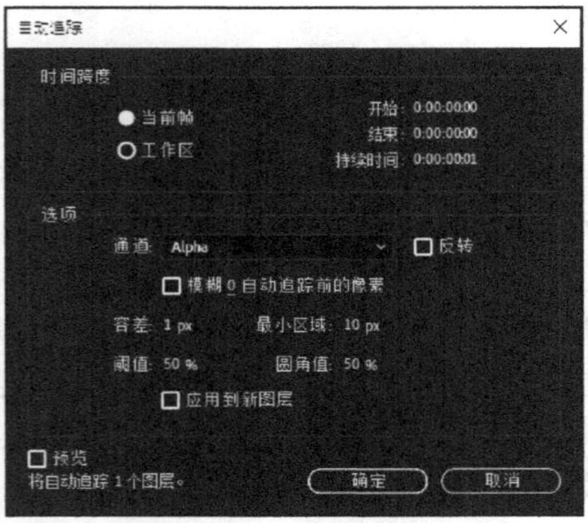

图 6.3.2 “自动追踪”对话框

选择 Saber 插件，进行参数设置。“预设”选择“电流”；“自定义主体”下的“主体类型”选择“遮罩图层”；修改“辉光颜色”为深蓝色（见图 6.3.3）。

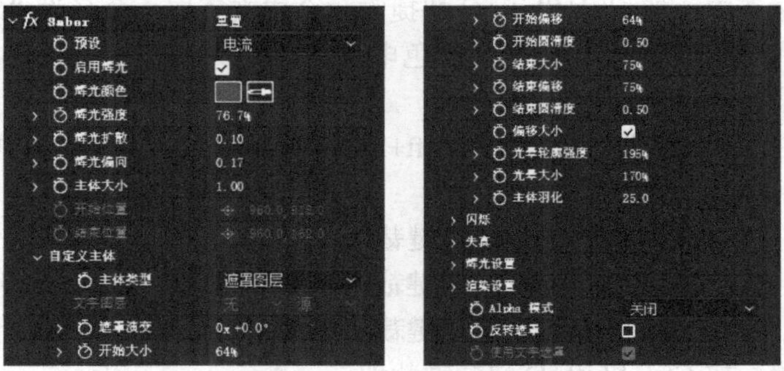

图 6.3.3　Saber 参数设置 1

在第 1 秒第 10 帧位置，设置“开始大小”为 0%，“开始偏移”为 0%，“结束大小”为 50%，“结束偏移”为 50%。

在第 2 秒位置，设置“结束大小”为 100%，“结束偏移”为 100%，“开始大小”为 100%，“开始偏移”为 100%。

在第 2 秒第 3 帧位置，设置“结束大小”为 0%，“结束偏移”为 0%。

在第 2 秒第 4 帧位置，设置“结束大小”为 50%，“结束偏移”为 50%。

在第 2 秒第 5 帧位置，设置“开始大小”为 0%，“开始偏移”为 0%。

在第 2 秒第 10 帧位置，设置“结束大小”为 100%，“结束偏移”为 100%，“开始大小”为 100%，“开始偏移”为 100%。

在第 2 秒第 17 帧位置，设置“结束大小”为 0%，“结束偏移”为 0%。

在第 2 秒第 18 帧位置，设置“结束大小”为 50%，“结束偏移”为 50%。

在第 2 秒第 19 帧位置，设置“开始大小”为 0%，“开始偏移”为 0%。

在第 2 秒第 20 帧位置，设置“结束偏移”为 0%，“结束大小”为 0%（见图 6.3.4）。

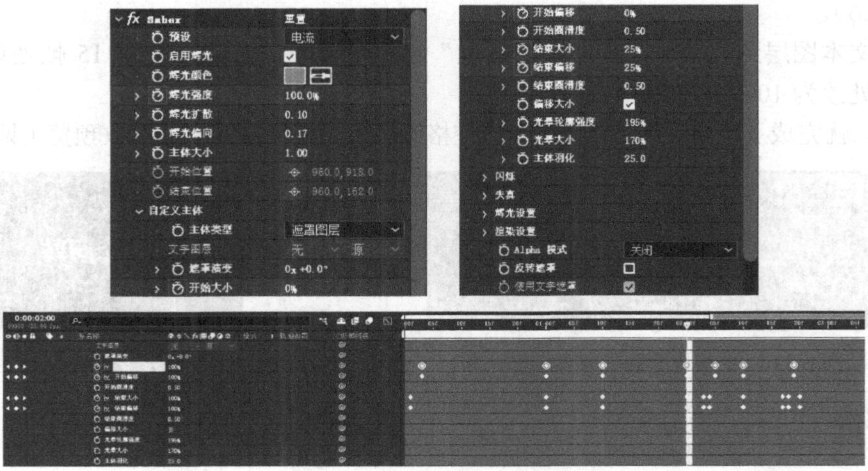

图 6.3.4　Saber 参数设置 2

调整蓝色电流层 Saber 效果：在“闪烁”扩展内容中选中“遮罩随机”复选框，设置“闪烁速度”为 30，“强度”为 500。

将两个文字层选中，按 Ctrl+Shift+C 快捷键预合成文字层，命名为“Saber”。修改合成中两文字层模式为“相加”，呈现出两种颜色电流。

3）叠加电流波等多种特效效果的设置

回主合成，在第 1 帧位置，按 Ctrl+Shift+D 快捷键将 Saber 层裁剪 1 帧，模式改为“相加”，以显示出背景层。

在第 10 帧位置，按 Ctrl+Shift+D 快捷键裁切。

在第 15 帧位置，按 Ctrl+Shift+D 快捷键裁切（这时出现 3 个 Saber 层）。

在第 20 帧位置，按 Ctrl+Shift+D 快捷键裁切。

在第 1 秒位置，按 Ctrl+Shift+D 快捷键裁切。

在第 1 秒第 15 帧位置，按 Ctrl+Shift+D 快捷键裁切，此时 Saber 层为 6 层，前 5 层为裁剪层，最上方一层第 1 秒第 15 帧开始向后至结束（见图 6.3.5）。

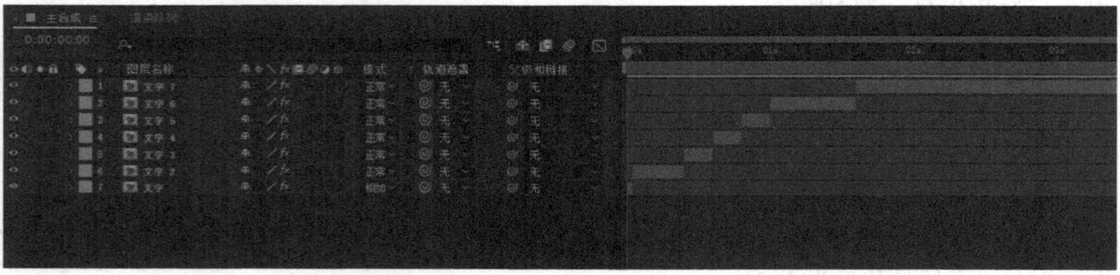

图 6.3.5　层裁切叠加层次

为第一层 Saber 层（从下往上数）添加“钝化蒙版”效果，设置“半径”为 5。复制该效果到除了最上方 Saber 层以外的其他 Saber 层。

为最后一层 Saber 添加“钝化蒙版”效果，设置“数量”为 200.0，“半径”为 5.0（见图 6.3.6）。

复制文本图层到主合成，为“不透明度”设置关键帧，在第 1 秒第 15 帧处设置为 0，在第 3 秒处改为 100。

至此，就完成了风格化特效的制作，按空格键可以对合成进行一个播放预览（见图 6.3.7）。

图 6.3.6　“钝化蒙版”参数设置

图 6.3.7　最终完成效果

任务评价

本次任务评价内容见表 6.3.1。

表 6.3.1　任务 6.3 评价表

基本信息	姓名		座号		班级		组别	
	规定时间		完成时间		考核日期		总评成绩	
评价方式		评价内容					配分	得分
自我评价		本任务完成情况					30	
		对知识和技能的掌握程度					40	
		遵守工作场所纪律					20	
		遵循工作操作规范					10	
		合计					100	
小组评价		个人本次任务完成质量					30	
		个人参与小组活动的态度					30	
		个人的合作精神和沟通能力					30	
		个人素质评价					10	
		合计					100	
教师评价		新建合成设置					10	
		制作背景效果					20	
		Saber 插件的使用及设置					20	
		应用叠加电流波等多种特效效果					30	
		为“文字”合成制作及描边等效果					20	
		合计					100	
总评成绩=自我评价×（ ）%+小组评价×（ ）%+教师评价×（ ）%=								

拓展练习

根据所学知识，以传统文化为主题，自行设计收集相关素材，制作类似风格化效果动画，渲染导出成片。

任务 6.4　制作文字粒子效果

任务引入

本次任务将对 AE 特效中的重点特效粒子特效进行一系列的学习实践，了解如何使用自带效果及 Particular 插件设计制作常用的粒子动画效果。

任务要求

（1）打开软件，新建合成，制作背景及文字；

（2）设置 Particular 插件相关效果参数；

（3）制作背景及相关效果；

（4）渲染输出成片。

知识储备

Red Giant Trapcode Particular 是 AE 软件的一个 3D 粒子系统，它可以生成各种各样的自然效果，像烟、火、闪光，也可以生成有机的和高科技风格的图形效果，它对于运动的图形设计是非常有用的。该插件支持将其他层作为贴图，使用不同参数，可以进行无止境的独特设计。

任务实施

本任务为应用 AE 自带特效及 Particular 插件，设计制作文字粒子特效动画，完成效果如图 6.4.1 所示。

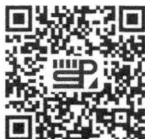

制作文字粒子效果

图 6.4.1　最终完成效果

具体操作步骤如下。

1）新建合成

新建合成：1 920×1 080 像素，方形像素，25 帧/秒，20 秒。

2）创建文本

创建文本图层，输入文本，将文本设置预合成（见图 6.4.2）。

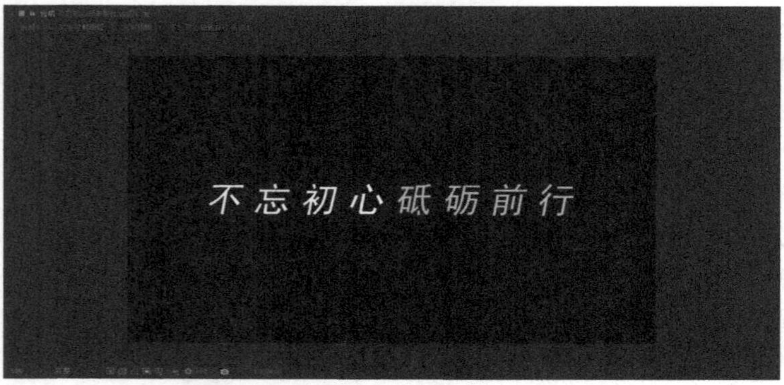

图 6.4.2　新建文本层

3）制作蒙版遮罩

绘制圆形蒙版，放置合成中央；为“缩放”属性设置关键帧，在起始帧处设定关键帧，缩放大小设置为 0；在 2 秒处将图像缩放至盖住全部文字的大小。为两个关键帧设置缓入缓出效果（见图 6.4.3）。

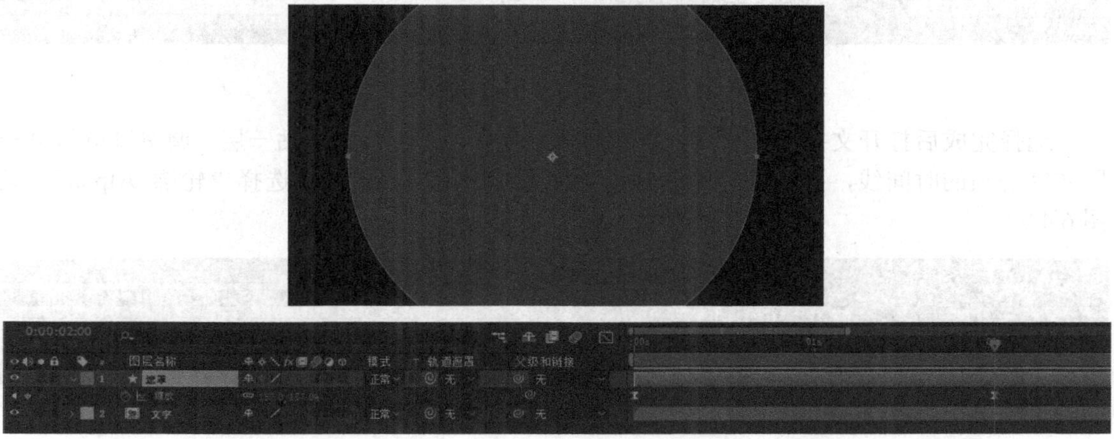

图 6.4.3　制作蒙版遮罩及设置关键帧

将文字合成轨道遮罩选择为“遮罩”，打开 Alpha/Luma Matte 开关（见图 6.4.4）。

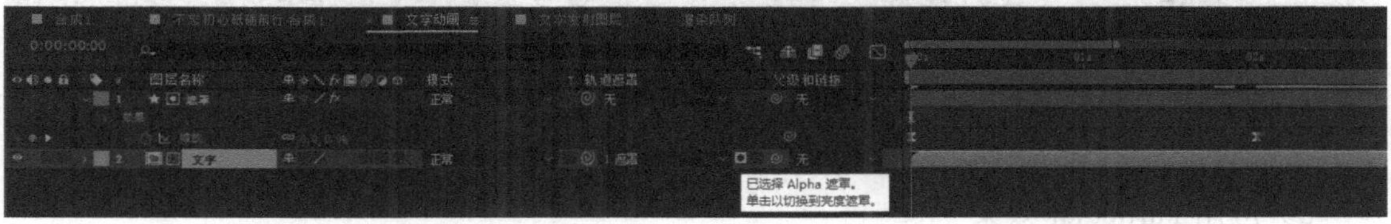

图 6.4.4　设置轨道遮罩

4）添加动画效果

将“湍流置换”添加到遮罩形状图层，设置“大小”为 80.0，“复杂度”为 10.0（见图 6.4.5）。

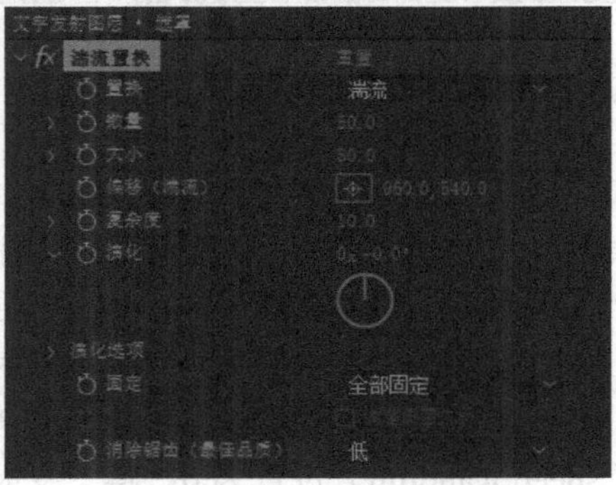

图 6.4.5　设置“湍流置换”效果

制作完成后，将文字与遮罩进行预合成，命名为“文字动画”。命名完成后复制一层文字动画合成，为下方的合成选择轨道遮罩为“Alpha 反转遮罩‘文字动画’”（见图 6.4.6）。

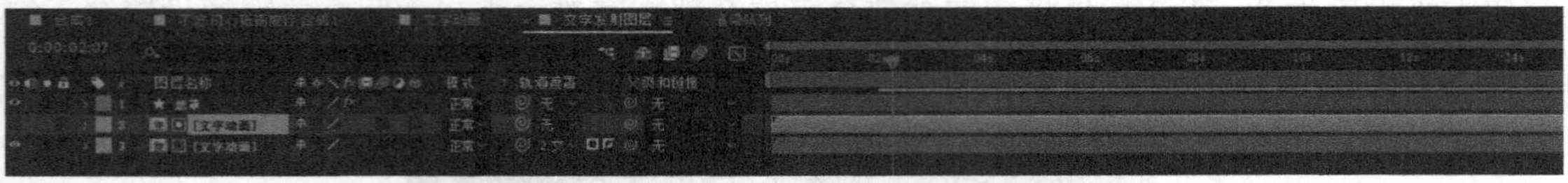

图 6.4.6　设置“反转遮罩”

选择完成后打开文字动画合成，将遮罩图层复制，在主合成粘贴一层。调整遮罩与第一层文字动画的时间线，同时打开遮罩的可见度，遮罩图层“模式”选择“轮廓 Alpha”（见图 6.4.7）。

图 6.4.7　相关参数调节

完成之后为整体进行预合成，命名为“文字发射图层”（见图 6.4.8）。

图 6.4.8　设置“文字发射图层”

5）应用 Particular 效果

完成预合成后，打开三维开关，同时隐藏图层（见图 6.4.9）。

图 6.4.9　调整“文字发射图层”

在“时间轴”面板新建黑色纯色图层，命名为“粒子”。在“效果与预设”面板的搜索栏中搜索“Particular”，将粒子效果添加到纯色图层（见图 6.4.10）。

打开 Particular 的“效果控件”面板，单击“发射器”左侧扩展按钮。将“发射器类型”（Transmitter Type）设置为“图层”；将“粒子/秒”（Particles / sec）设置为 100 000；在图层发射器扩展内容中找到图层，将“图层”（Layer）设置为“文字发射图层”（Text Launch Layer）；将“图层 RGB 使用”（Layer RGB is used）设置为 RGB-XYZ（速度+颜色）；将“速度”（Speed）设置为 0；将“速度随机”（Speed Random）设置为 0；将“发射器大小 Z”（The Transmitter Size Z）设置为 50。

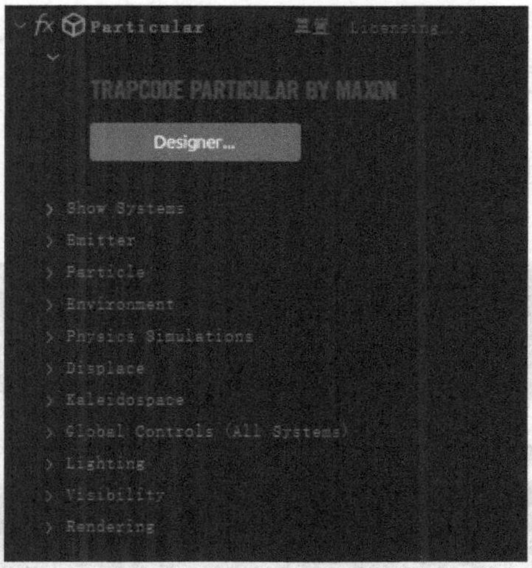

图 6.4.10　设置 Particular 粒子效果

单击“粒子”左侧扩展按钮，将“生命（秒）”（Life seconds）设置为 2；将“生命随机”（Life Random）设置为 5%；将“球体羽化”（Spherical Plume）设置为 0；将“大小”（Size）设置为 9；将“大小随机”（Size Random）设置为 100%。

单击“物理模拟”“流体”（Fluid）左侧扩展按钮，选中“启动流体运动”（Fluid Movement）复选框，将“力区域大小”（Force Area Size）设置为 250；将“浮力”（Buoyancy）设置为 0；将“随机漩涡 XYZ”（Random Vortex, XYZ）设置为 2。

单击“灯光”左侧扩展按钮，在“阴影”（Shadow）中选中“启用阴影”复选框，将“柔和度”设置为 200。

6）优化图层样式

在“时间轴”面板右击文字动画合成，在弹出的菜单中选择“图层样式”→“描边”命令，将颜色选为白色，将位置设置为居中，大小设置为 2%（见图 6.4.11）。

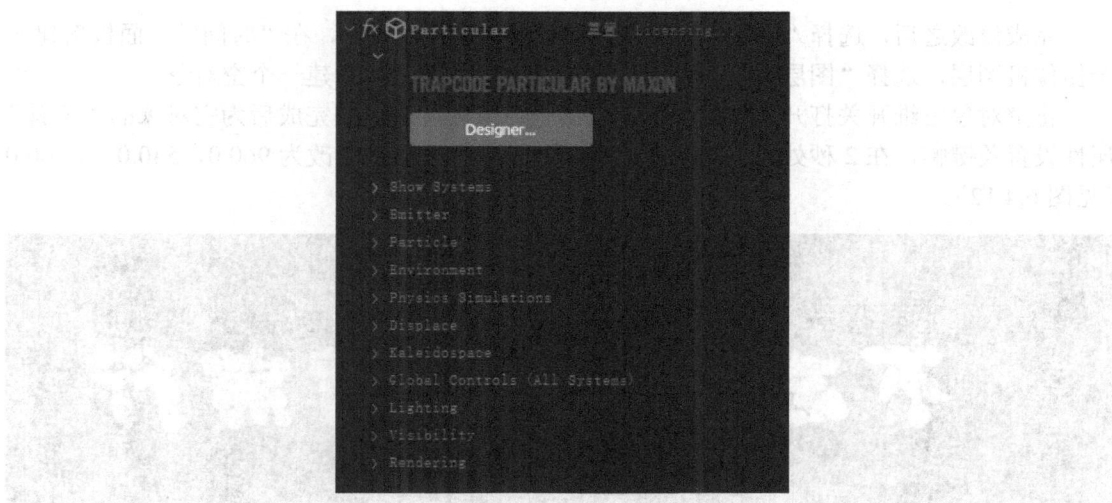

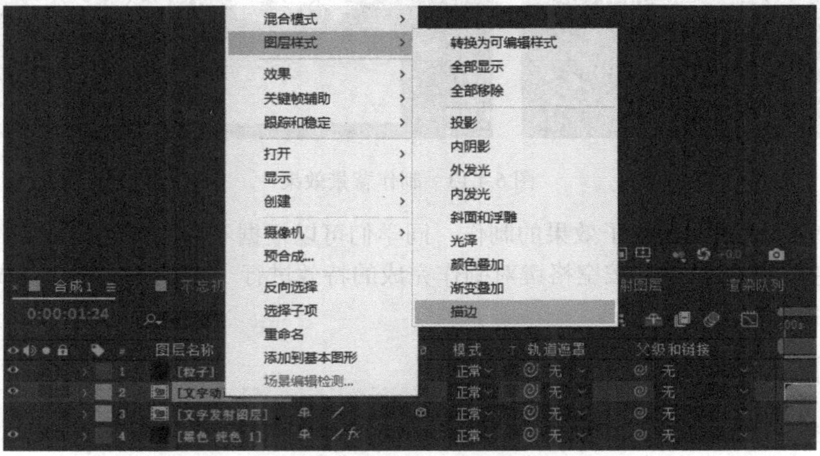

图 6.4.11　“图层样式”→“描边”命令

完成修改之后，选择“图层”→“新建”→“摄像机”命令，在“时间轴”面板新建一个摄像机图层，选择“图层”→“新建”→“空对象”命令，新建一个空对象。

将空对象三维开关打开，将摄像机链接到空对象图层。链接完成后为空对象的“位置”属性设置关键帧，在 2 秒处设置为 960.0，540.0，0.0；在 4 秒处改为 960.0，540.0，1 000.0（见图 6.4.12）。

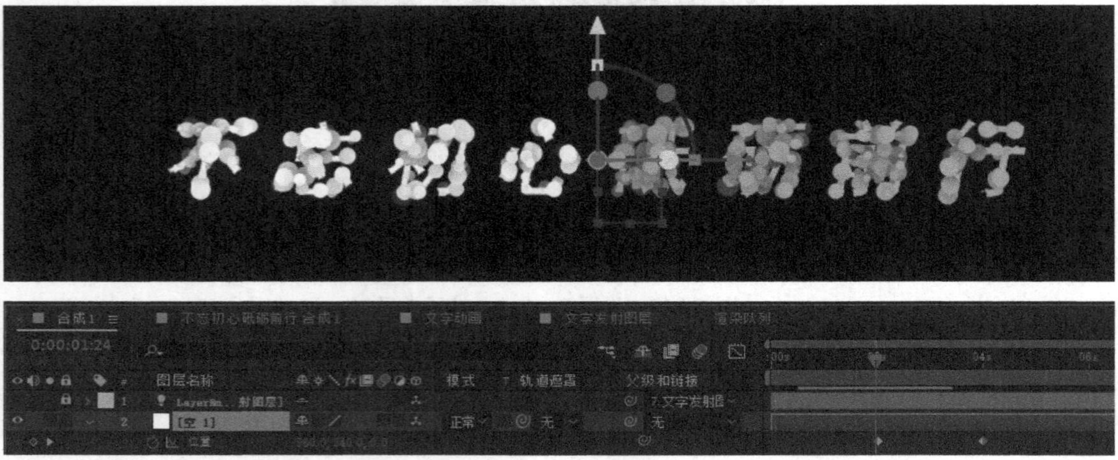

图 6.4.12　设置关键帧参数

7）制作背景图层

在“时间轴”面板新建纯色图层，将图层拖动到最下方，为图层增加梯度渐变效果（见图 6.4.13）。

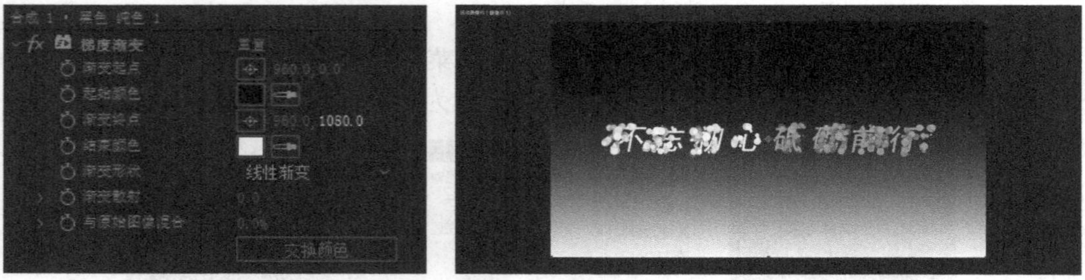

图 6.4.13　制作背景效果

至此，就完成了文字粒子效果的制作，同学们可以根据不同的需要使用 Particular 插件制作出所需要的粒子特效，按空格键对制作完成的特效进行一个预览，制作完成之后，渲染输出视频文件效果。

任务评价

本次任务评价内容见表 6.4.1。

表 6.4.1　任务 6.4 评价表

基本信息	姓名		座号		班级		组别	
	规定时间		完成时间		考核日期		总评成绩	
评价方式		评价内容					配分	得分
自我评价		本任务完成情况					30	
		对知识和技能的掌握程度					40	
		遵守工作场所纪律					20	
		遵循工作操作规范					10	
		合计					100	
小组评价		个人本次任务完成质量					30	
		个人参与小组活动的态度					30	
		个人的合作精神和沟通能力					30	
		个人素质评价					10	
		合计					100	
教师评价		新建合成，制作背景及文字					20	
		设置 Particle 粒子插件相关效果参数					30	
		制作背景及相关效果					30	
		渲染输出成片					20	
		合计					100	
总评成绩=自我评价×（ ）%+小组评价×（ ）%+教师评价×（ ）%=								

拓展练习

根据所学知识，以传统文化为主题，自行设计并收集相关素材，制作带有粒子特效效果的片头动画，渲染导出成片。

任务 6.5　制作烟花、落叶效果

任务引入

本次任务将进一步学习粒子特效并进行实践，了解如何使用 AE 自带效果及外部插件进行粒子效果的设置，设计制作常用的粒子动画效果。

任务要求

（1）打开软件，新建合成；

（2）使用 Particular 插件进行烟花、落叶效果的设置；

（3）进行细节调整；

（4）渲染输出成片。

知识储备

Red Giant Trapcode Particular 插件之所以使用者众多，是源于它的强大功能。Particular 插件可以用来制作自然效果，像烟、爆炸、火、闪光、特殊元素、线条等绚丽精美的粒子效果，拥有独立操控界面、几百个预设、多粒子系统、OBJ 发射器等，是设计师创作奇幻粒子效果的必备工具。其生成效果更具创造性和直观性，非常受后期制作者的欢迎。

任务实施

本任务为使用 Particular 插件制作烟花与落叶效果，完成效果如图 6.5.1 和图 6.5.2 所示。

图 6.5.1　烟花完成效果

图 6.5.2　落叶完成效果

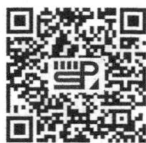

1. 制作烟花效果

制作烟花、落叶效果

制作烟花效果的具体操作步骤如下。

1）新建合成

新建合成：1 920×1 080 像素，方形像素，25 帧/秒，20 秒。

2）添加粒子效果

在“时间轴”面板新建纯色图层，命名为“烟花”。为纯色图层添加 Particular 效果（见图 6.5.3）。

3）修改 Particular 效果的数值

单击“发射器”左侧扩展按钮，设置“发射行为”为“爆炸”，“发射器类型”为“球体”，“粒子”设置为 1 000，“发射器大小 XYZ”为 10，“方向”设置为“向外”，“方向传播”设置为 100%，“速度”设置为 350，“速度随机”设置为 75%。

单击“粒子”左侧扩展按钮设置“生命（秒）”为 1.5，“生命随机”为 75%，“混合模式”为“相加”，“大小”为 2.3，“生命期间大小”为“颜色随机”为 88%（见图 6.5.4）。

单击“环境”左侧扩展按钮，设置“重力”为 200，“影响位置”为-7，“缩放”为 48。完成数值修改之后，将图层复制，修改图层位置属性；修改时间线所处位置（见图 6.5.5）。

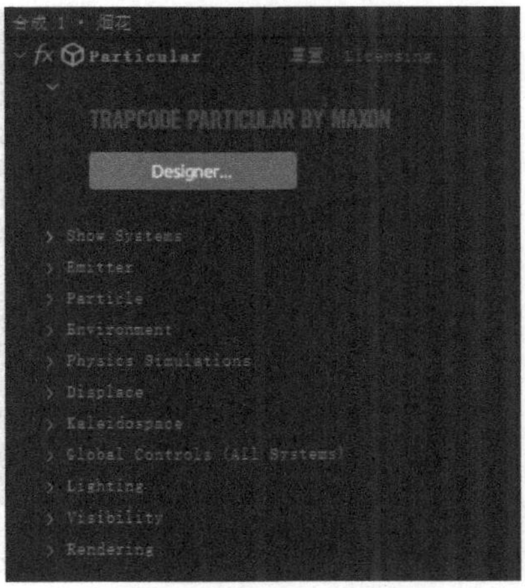

图 6.5.3　添加 Particular 粒子效果

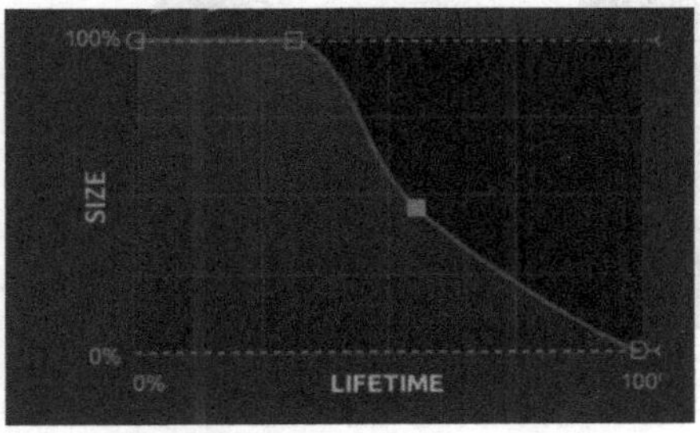

图 6.5.4　调节参数效果

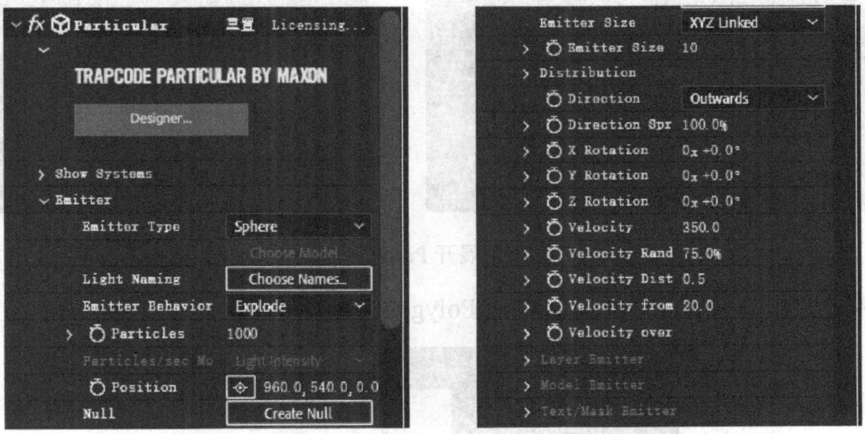

图 6.5.5　调节参数并修改时间线位置

至此，就完成了烟花效果的制作，同学们可以修改 Particular 效果的各项参数来对烟花进行一个形态与外观的修改。

2. 制作落叶效果

制作落叶效果的具体操作步骤如下。

1）打开新项目，新建合成

在素材库中导入树叶图片素材；将素材拖入“时间轴”面板；并使用钢笔工具将树叶主体框选（见图 6.5.6）。

2）制作落叶效果

创建纯色图层，为纯色图层命名为“落叶”；选择“效果”→“模拟”→CC Particle World 命令，为落叶图层添加 CC Particle World 效果，同时隐藏树叶素材（见图 6.5.7）。

图 6.5.6　落叶效果

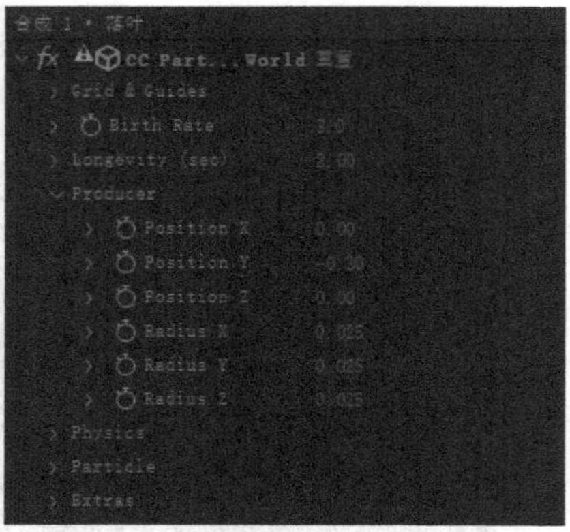

图 6.5.7　添加 CC Particle world

调整效果数值，单击 Particle 左侧扩展按钮，展开 Particle 选项组（见图 6.5.8）。

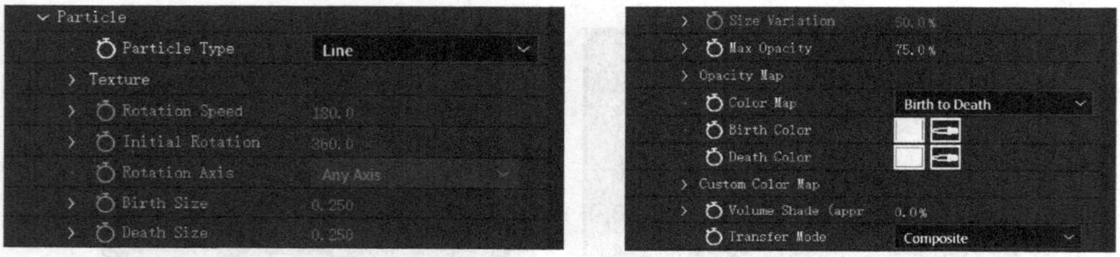

图 6.5.8　展开 Particle 选项组

将“粒子类型”设置为 Textured QuadPolygon（见图 6.5.9）。

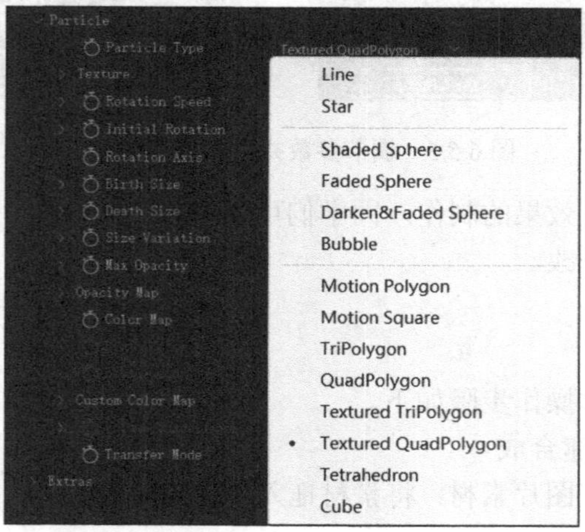

图 6.5.9　修改“粒子类型”

设置“粒子纹理”为树叶素材图片，“后方源”为蒙版；“出生大小”（Birth Size）为 1.000，“死亡大小”（Death Size）为 1.000，“最大透明度”（Max Opacity）为 100.0%（见图 6.5.10）。

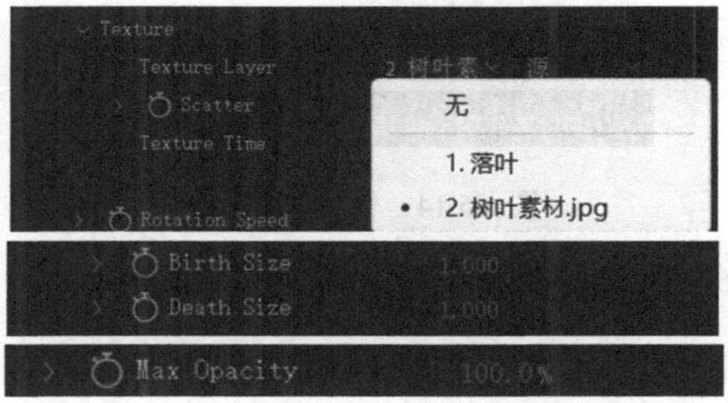

图 6.5.10　调节粒子纹理参数

展开 Physics 选项组，设置“动画”为 Viscouse，“重力”(Gravity) 为 0.010（见图 6.5.11）。

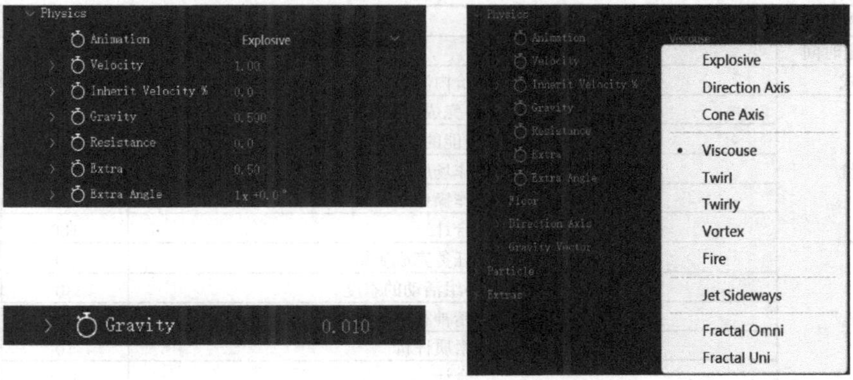

图 6.5.11　修改物理参数

展开 Producer 选项组（见图 6.5.12）。

将 Y 轴属性移动到合成最上方（见图 6.5.13）。

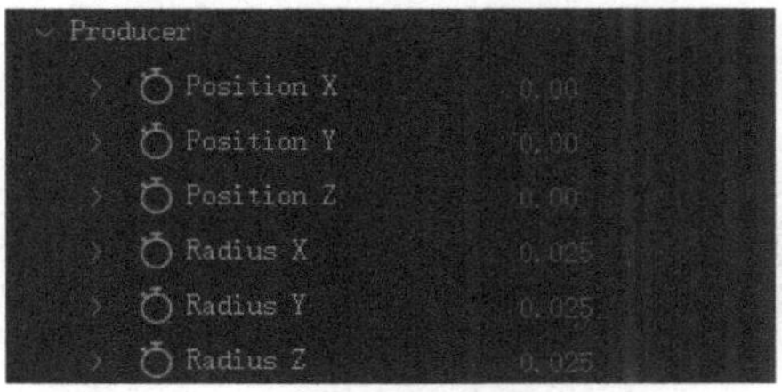

图 6.5.12　Producer 选项组

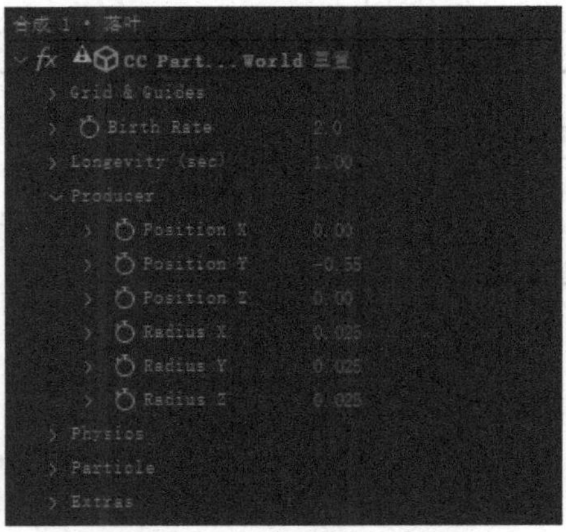

图 6.5.13　调节 Y 轴位置

最后，将“诞生速率”（Birth Rate）设置为 3.0；将“寿命/秒”（Longevity（sec））改为 2.00（见图 6.5.14）。

图 6.5.14　修改相关参数

至此，烟花与落叶效果的制作就完成了，预览一下最终效果，渲染输出成片。

任务评价

本次任务评价内容见表 6.5.1。

表 6.5.1　任务 6.5 评价表

基本信息	姓名		座号		班级		组别	
	规定时间		完成时间		考核日期		总评成绩	
评价方式		评价内容					配分	得分
自我评价		本任务完成情况					30	
		对知识和技能的掌握程度					40	
		遵守工作场所纪律					20	
		遵循工作操作规范					10	
		合计					100	
小组评价		个人本次任务完成质量					30	
		个人参与小组活动的态度					30	
		个人的合作精神和沟通能力					30	
		个人素质评价					10	
		合计					100	
教师评价		新建合成并导入素材					10	
		使用 Particular 插件进行烟花效果的设置					30	
		使用 Particular 插件进行落叶效果的设置					30	
		效果细节微调					20	
		渲染输出成片					10	
		合计					100	
总评成绩=自我评价×（ ）%+小组评价×（ ）%+教师评价×（ ）%=								

拓展练习

根据所学知识举一反三，自行设计并收集相关素材，制作完成不同烟花效果的片头动画，渲染导出成片。

任务 6.6　应用常用粒子效果插件

任务引入

本次任务将要综合运用粒子特效，进行“粒子星球”的设计与制作，通过 Particular 插件的使用，旨在表现出具有科幻特色的粒子特效动画。

任务要求

（1）打开软件，新建合成，制作背景及文字；

（2）制作颜色合成与动画，使用 Particular 插件并进行设置；

（3）进行细节效果的调整设置；

（4）渲染输出成片。

知识储备

Particular 插件当中常用的参数选项及其控制内容具体如下。

（1）Emitter 用于产生粒子。

Particles/sec：控制每秒钟产生的粒子数量。

Emitter Type：设定粒子的类型。有 point、box、sphere、grid、light、layer、layer grid 等七种类型。

Position XY 和 Position Z：设定粒子的位置。

Direction：控制粒子的运动方向。

Direction Spread：控制粒子束的发散程度。

X,Y and Z Rotation：控制粒子发生器的方向。

Velocity：设定新产生粒子的初始速度。

Velocity Random：为粒子设定随机的初始速度。

Velocity from Motion：设定粒子继承粒子发生器的速度。

Emitter Size X,Y and Z：设定粒子发生器的大小。

（2）Particle 设定粒子的所有外在属性。

Life：以秒为单位控制粒子的生命周期。

Life Random：粒子的生命周期随机值。

Particle Type：粒子类型。有球形、发光球形、星形、云团（cloudlet）、烟雾、自定义形。对于 custom 类型的粒子，如选择一个动态的层作为粒子时，另一个重要的概念是时间采样方式（TIme Sampling Mode），选择自定义类型时能用。

Sphere/Cloudlet/Smokelet Feather：控制球形、云团和烟雾状粒子的柔和程度。

Custom：该参数组在粒子类型为 custom 时才起作用。

Rotation：控制粒子的旋转属性。

Rotation Speed：控制粒子的旋转速度。

Size：控制粒子的大小。

Size Random：控制粒子大小的随机值。

Size over Life：控制粒子在整个生命周期内的大小。

Opacity：控制粒子的透明属性。

Opacity Random：控制粒子透明的随机值。

Opacity over Life：控制粒子在整个生命周期内透明属性的变化方式。

Set Color：选择不同的方式来设置粒子的颜色。

Color：当 Set Color 参数值设定为 At Birth 时，该参数用来设定粒子的颜色。

Color Random：设定粒子颜色的随机变化范围。

Color over Life：决定粒子在整个生命周期内颜色的变化方式。

Transfer Mode：控制粒子的合成方式。

Transfer Mode over Life：控制粒子在整个生命周期内的转变方式。

（3）Physics 控制粒子产生以后的物理运动属性。

Physics Model:air 和 bounce 两种类型。

Gravity：粒子重力系数。

Physics Time Factor：控制粒子在整个生命周期中的运动情况，可以使粒子加速或减速，也可以冻结或返回等。

Air：模拟粒子通过空气的运动属性。

Bounce：模拟粒子的碰撞属性。

（4）Visibility 控制粒子在何处可见。

Far Vanish：最远可见距离，当粒子与摄像机的距离超过最远可见距离时，粒子在场景中变得不可见。

Far Start Fade：最远衰减距离，当粒子与摄像机的距离超过最远衰减距离时，粒子开始衰减。

Near Start Fade：最近衰减距离，当粒子与摄像机的距离低于最近衰减距离时，粒子开始衰减。

Near Vanish：最近可见距离，当粒子与摄像机的距离低于最近可见距离时，粒子在场景中变得不可见。

Near & Far Curves：设定粒子衰减的方式，系统提供直线型（Linear）和圆滑型（Smooth）两种类型。

Z Buffer：选择一个基于亮度的 Z 通道，Z 通道带有深度信息，Z 通道信息由 3D 软件产生，并导入到 AE 中来，这对于在由 3D 软件生成的场景中插入粒子时非常有用。

Z at Black：以 Z 通道信息中的黑色像素来描述深度（与摄像机之间的距离）。

Z at White：以 Z 通道信息中的白色像素来描述深度（与摄像机之间的距离）。

Obscuration Layer：任何 3D 层（除了文字层）都可以用来使粒子变得朦胧（半透明），如果要使用文字层，可以将文字层放到一个合成中，并且关闭 Continuously Rasterize 属性。

任务实施

本任务结合 AE 自带特效及 Particular 粒子插件自身特点，制作充满科幻感的发光星球效果。作品更注重整体效果的设计表现及艺术观感，对 Particular 粒子插件进行综合性运用。完成效果如图 6.6.1 所示。

具体操作步骤如下。

1）新建合成

新建合成：1 920×1 080 像素，方形像素，25 帧/秒，20 秒。

应用常用粒子效果插件

2）创建效果图层

新建纯色图层，命名为“背景”（见图 6.6.2）。

图 6.6.1　完成效果

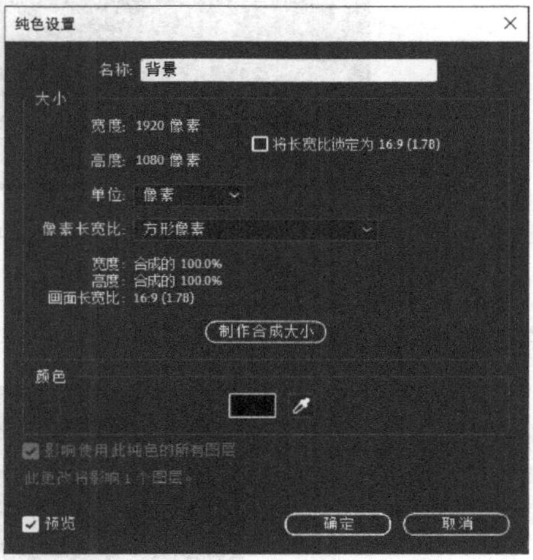

图 6.6.2　创建背景

新建纯色图层，命名为“粒子”（见图 6.6.3），为粒子层添加 Particular 粒子效果。

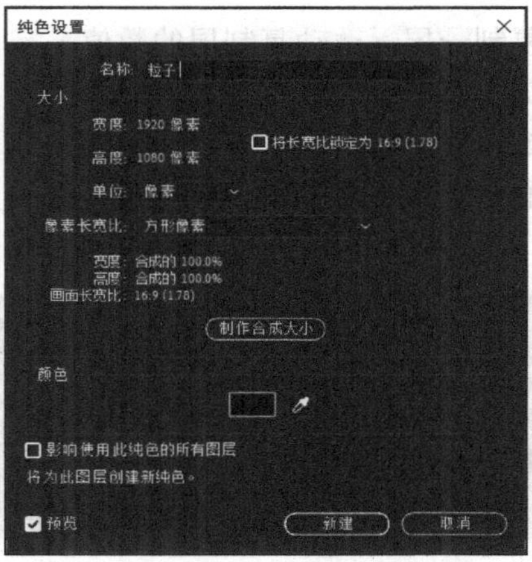

图 6.6.3　创建粒子层

3）制作粒子效果

单击“发射器”左侧扩展按钮，设置“粒子/秒”为 800，“发射器类型”为“球体”，“速度”为 5，“速度随机”为 0，“发射器运动速度”为 0，发射器大小 XYZ 为 20。

单击“环境”左侧扩展按钮，设置“重力”为 30，“演变速度”为 0，“演变偏移”为 0，“风力 X”为 65。

单击“置换”左侧扩展按钮，设置“球形场”，“强度”为 100，“半径”为 400。

单击“粒子”左侧扩展按钮，设置“生命（秒）”为 5；调节生命周期大小及生命期透明度（见图 6.6.4）。

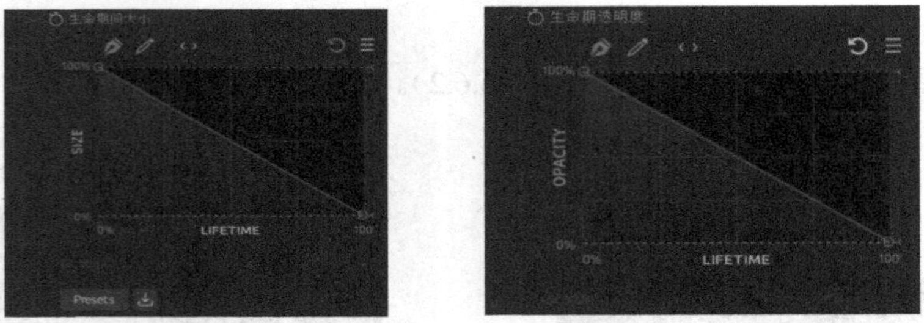

图 6.6.4　调节生命周期及生命期透明度

单击“粒子物理学”左侧扩展按钮，设置“大小”为 4；设置“颜色”为“生命结束”；调整颜色渐变（见图 6.6.5）。

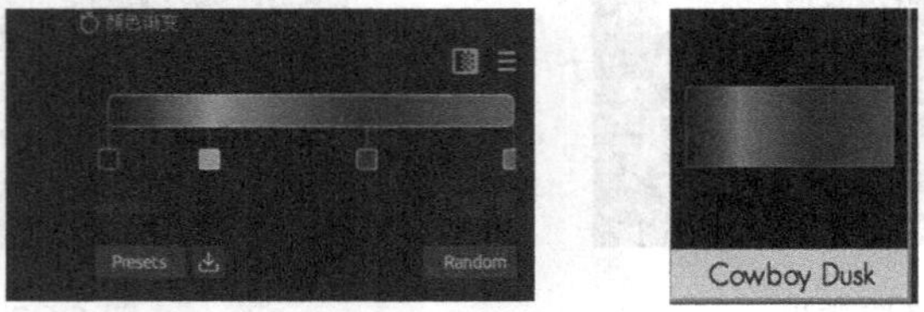

图 6.6.5　调整颜色渐变

4）增加粒子效果

将制作完成的粒子图层复制一层，改动复制层的数值。

单击“环境”左侧扩展按钮，设置“重力”为 5.0，“风力 X”为 40.0，“风力 Y”为 60.0。“风力 Z”为 50.0（见图 6.6.6）。

修改完成后，在“效果和预设”面板的搜索栏中搜索“发光”，将发光效果添加到第一个粒子图层（见图 6.6.7）。

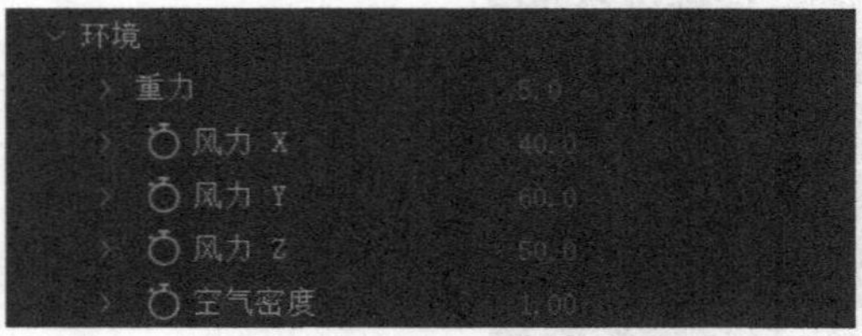

图 6.6.6　调整环境参数

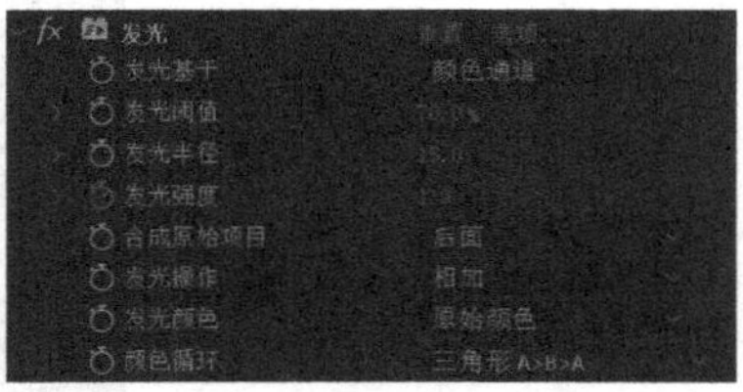

图 6.6.7　添加“发光”效果

设置“发光阈值”为 70.0%，“发光半径”为 15.0；为“发光强度”设置关键帧，在起始帧处设置为 1.0，在 5 秒处改为 5.0，在 10 秒处改为 1.0。

在“效果和预设”面板的搜索栏中搜索“高斯模糊”，将“高斯模糊”效果添加给第一个粒子图层（见图 6.6.8）。

图 6.6.8　设置“高斯模糊”效果

为“模糊度”设置关键帧，在起始帧处设置为 1.0，在 5 秒处改为 10.0，在 10 秒处改为 3.0。完成后对全部效果进行预览播放（见图 6.6.9）。

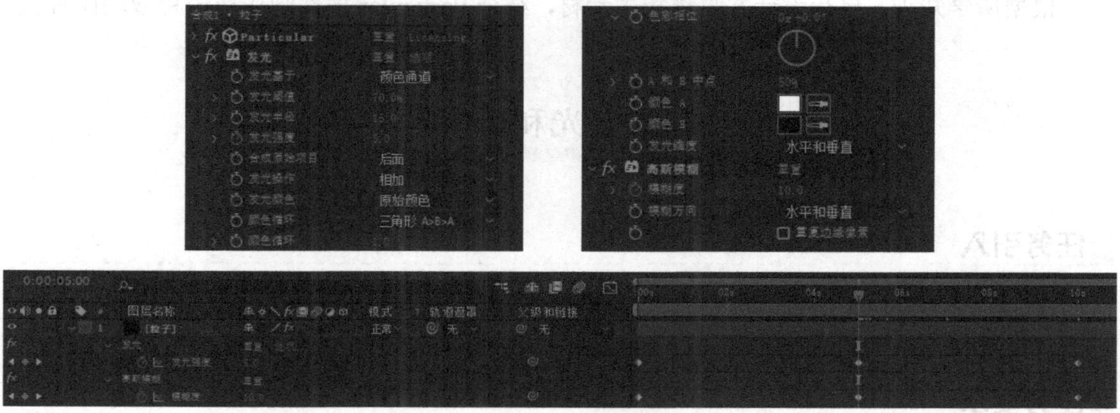

图 6.6.9　设置“模糊度”关键帧

至此，发光星球的特效就制作完成了，同学们可以根据需求，为特效添加更多的效果，制作完成之后，渲染输出视频文件即可。

任务评价

本次任务评价内容见表 6.6.1。

表 6.6.1　任务 6.6 评价表

<table>
<tr><td rowspan="2">基本信息</td><td>姓名</td><td></td><td>座号</td><td></td><td>班级</td><td></td><td>组别</td><td></td></tr>
<tr><td>规定时间</td><td></td><td>完成时间</td><td></td><td>考核日期</td><td></td><td>总评成绩</td><td></td></tr>
<tr><td colspan="2">评价方式</td><td colspan="5">评价内容</td><td>配分</td><td>得分</td></tr>
<tr><td colspan="2" rowspan="5">自我评价</td><td colspan="5">本任务完成情况</td><td>30</td><td></td></tr>
<tr><td colspan="5">对知识和技能的掌握程度</td><td>40</td><td></td></tr>
<tr><td colspan="5">遵守工作场所纪律</td><td>20</td><td></td></tr>
<tr><td colspan="5">遵循工作操作规范</td><td>10</td><td></td></tr>
<tr><td colspan="5">合计</td><td>100</td><td></td></tr>
<tr><td colspan="2" rowspan="5">小组评价</td><td colspan="5">个人本次任务完成质量</td><td>30</td><td></td></tr>
<tr><td colspan="5">个人参与小组活动的态度</td><td>30</td><td></td></tr>
<tr><td colspan="5">个人的合作精神和沟通能力</td><td>30</td><td></td></tr>
<tr><td colspan="5">个人素质评价</td><td>10</td><td></td></tr>
<tr><td colspan="5">合计</td><td>100</td><td></td></tr>
<tr><td colspan="2" rowspan="5">教师评价</td><td colspan="5">新建合成，制作背景及文字</td><td>20</td><td></td></tr>
<tr><td colspan="5">Particular 插件的使用及设置</td><td>30</td><td></td></tr>
<tr><td colspan="5">星球效果的细节调整</td><td>30</td><td></td></tr>
<tr><td colspan="5">渲染输出成片</td><td>20</td><td></td></tr>
<tr><td colspan="5">合计</td><td>100</td><td></td></tr>
<tr><td colspan="9">总评成绩=自我评价×（　）%+小组评价×（　）%+教师评价×（　）%=</td></tr>
</table>

拓展练习

根据所学知识，自行设计并收集相关素材，结合 Particular 插件制作粒子特效动画片头。

任务 6.7　制作灯光和摄像机三维效果

任务引入

AE 软件与其他视频编辑软件相比，具备更强大的制作 3D 效果的能力。本次任务通过学习灯光和摄像机的运用来实现 AE 三维效果。

任务要求

（1）打开软件，新建合成；

（2）导入素材并进行灯光和摄像机三维效果综合制作；

（3）对灯光和摄像机效果细节进行相关处理；

（4）渲染输出成片。

知识储备

1. 摄像机

摄像机可以创建一个视角，模拟真实世界的拍摄效果。在菜单栏中选择“图层”→“新建”→“摄像机”命令，即可创建一个摄像机。创建后，可以通过调整摄像机的属性（如位置、旋转、焦距等）改变摄像机的视角。摄像机的运动可以通过关键帧动画来控制，从而实现平移、旋转、缩放等动态效果。

2. 灯光

灯光的作用是为场景提供逼真的光照效果。在菜单栏中选择“图层”→“新建”→“灯光”命令，即可创建一个灯光。创建后，可以通过调整灯光的属性，如灯光选项（点光源、平行光等）、颜色、强度等来改变灯光效果。与摄像机类似，灯光的运动也可以通过关键帧动画来控制，从而实现光照角度和强度的变化。

3. 使用摄像机和灯光的技巧

（1）创建逼真的相机动画。通过在摄像机上设置关键帧，可以实现摄像机在 3D 空间中的运动。例如，可以在摄像机的关键帧上设置不同的位置、旋转和焦距，从而模拟真实摄像机在拍摄过程中的运动和透视效果。此外，还可以使用摄像机视角的变换，为场景的特定元素增加动态的焦点和观察角度。

（2）模拟真实的光照效果。通过调整灯光的属性，可以模拟各种不同的光照效果，如日光、夜景、灯光、蜡烛等。同时，可以通过设置灯光的关键帧来实现光照的动态效果，如灯光的闪烁、移动等。合理运用摄像机和灯光，可以为场景增加真实感和视觉效果。

（3）对摄像机和灯光特效插件的使用进一步增强创作的可能性。常用插件包括 Trapcode Particular、Optical Flares、Element 3D 等。Trapcode Particular 可以用来创建逼真的粒子效果；Optical Flares 可以模拟真实的光晕效果；Element 3D 可以将 3D 模型导入到 AE 中，并使用摄像机和灯光进行渲染。

综上所述，AE 中使用摄像机和灯光是实现逼真的 3D 效果的关键。通过合理运用摄像机和灯光的属性和动画，可以为场景增加真实感，提升视觉效果。此外，借助一些特效插件，还可以进一步增强创作的可能性，获得更加出色的效果。

任务实施

本任务为灯光与摄像机的三维效果制作，完成效果如图 6.7.1 所示。

灯光和摄像机三维效果综合案例

具体操作步骤如下。

1）新建合成

新建合成：1 920×1 080 像素，方形像素，25 帧/秒，8 秒。新建纯色图层。

2）导入素材

在“项目”面板导入素材图片（见图 6.7.2）。

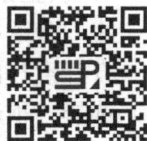

图 6.7.1　完成效果

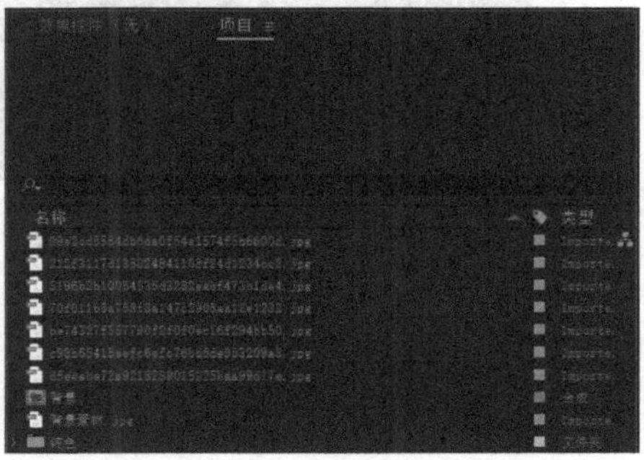

图 6.7.2　导入素材

3）调整背景图层

将背景素材拖入“时间轴”面板，修改背景图层的缩放数值，尽量调大，方便后续摄像机移动视角时查找背景（见图 6.7.3）。

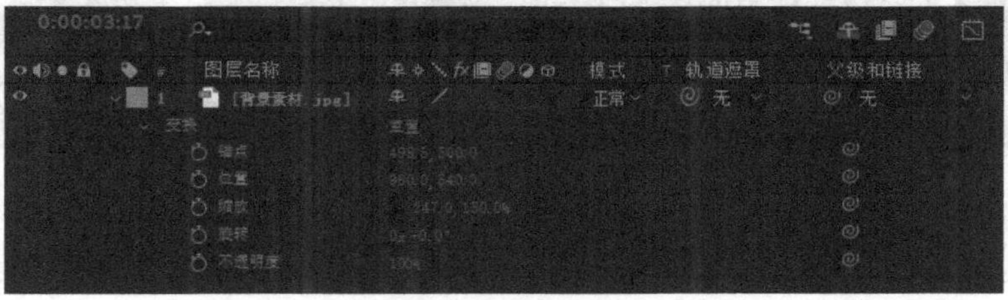

图 6.7.3　调整背景图层

单击背景图层右侧对应三维图标的黑色方框，打开背景图层的三维开关（见图 6.7.4）。

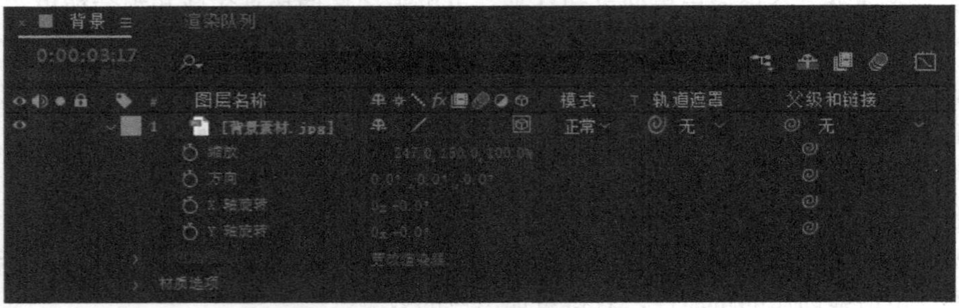

图 6.7.4　打开背景图层三维开关

4）调整素材图片

将一张素材图片拖入“时间轴”面板，调整缩放大小（见图 6.7.5）。

打开素材图片的三维开关，单击“合成”面板下方的扩展按钮，打开 3D 视图弹出式菜单，选择“顶部”视角（见图 6.7.6）。

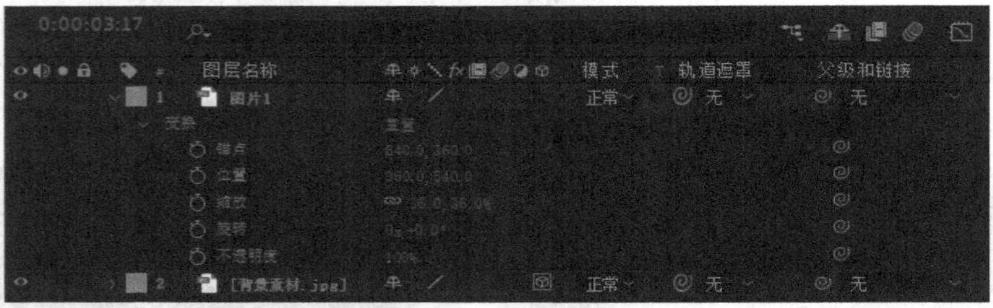

图 6.7.5　调整素材图片

图 6.7.6　调整三维开关及打开 3D 视图

调整背景与图片的三维距离，将背景图层向后移动，将图片向后移动，但与背景图层保持一定距离（见图 6.7.7）。

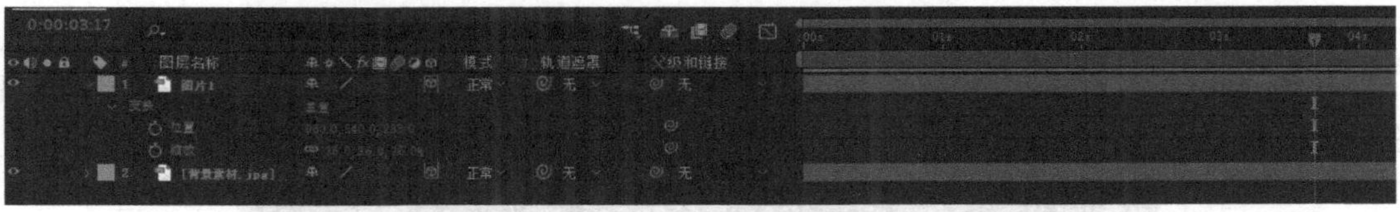

图 6.7.7　调整背景与图片的三维距离

5）使用灯光制作投影效果

回到正面视角，在“时间轴”面板新建“聚光灯”图层（见图 6.7.8）。

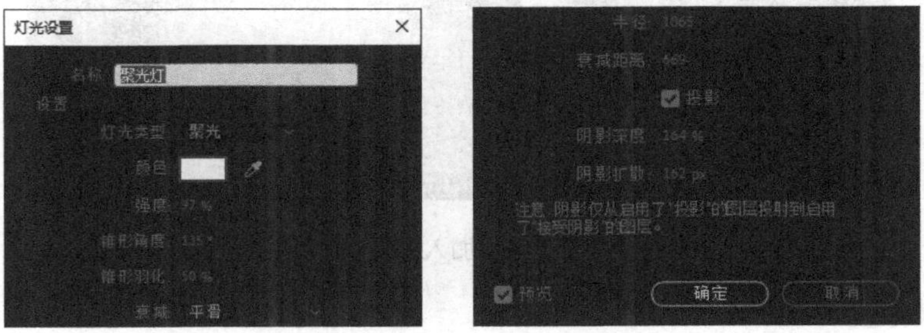

图 6.7.8　新建“聚光灯”图层

新建完成后，修改灯光设置，单击“灯光选项”左侧扩展按钮（见图 6.7.9）。

图 6.7.9　修改灯光设置

将“锥形角度”增大，“衰减”设置为“平滑”，“半径”与“衰减距离”根据屏幕大小设置（见图 6.7.10）。

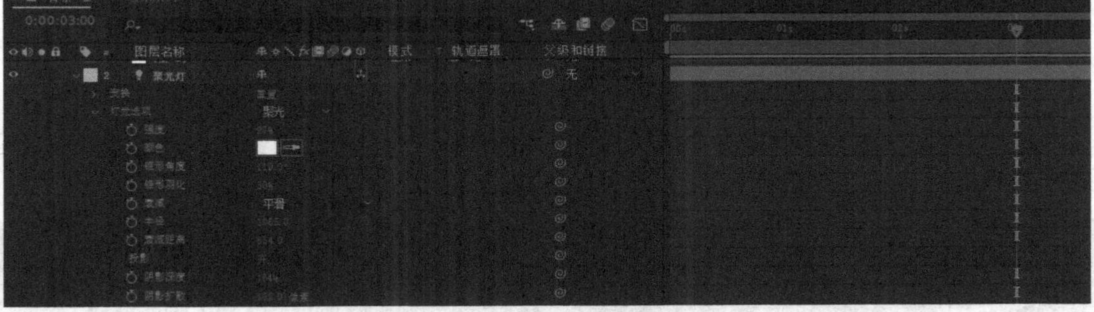

图 6.7.10　调整灯光参数

调整完成后，将图片图层复制多次，分别将图片移动到所需位置。

按住 Alt 键将素材库的其他图片素材拖动到“时间轴”面板的其他图片图层上（见图 6.7.11）。

图 6.7.11　加入图片素材

6）设置摄像机

完成了照片墙的设置之后新建摄像机（见图 6.7.12），将“视角”改为 39°，其他不做调整。打开摄像机选项，将景深打开，将焦距调整至贴合背景。

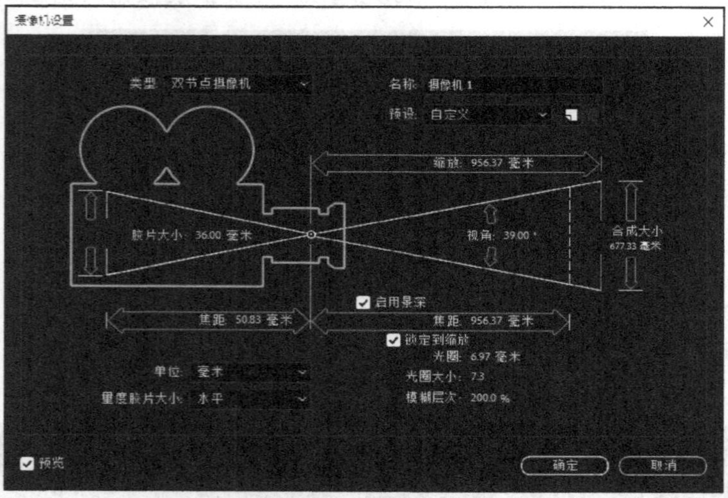

图 6.7.12　新建摄像机

在“时间轴”面板新建空对象图层，用于控制摄像机，打开空对象图层的三维开关（见图 6.7.13）。

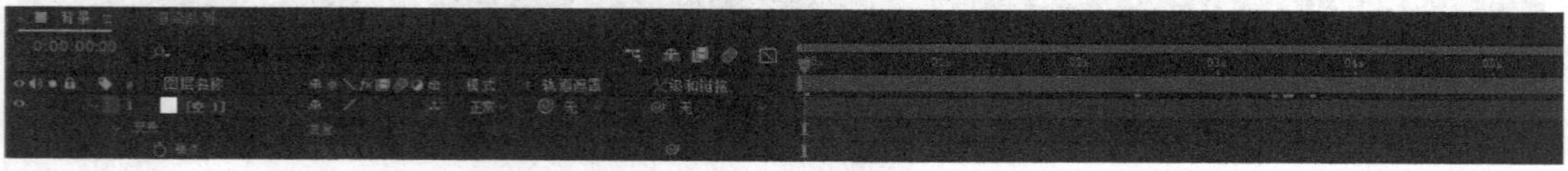

图 6.7.13　调节摄像机

将摄像机父子链接至空对象图层，链接完成后，制作空对象的运动，展开空对象的“变换”（见图 6.7.14）。

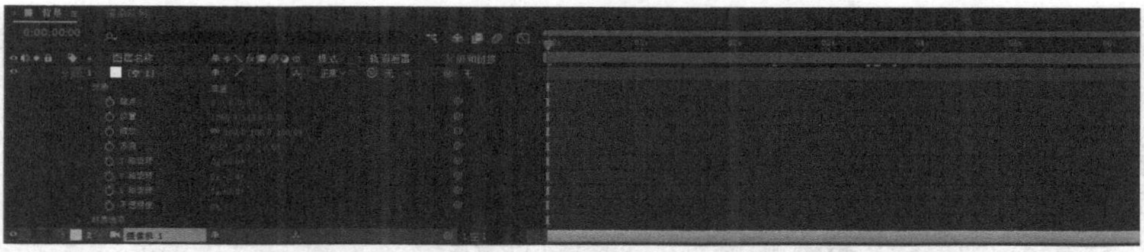

图 6.7.14　调节空对象

在起始帧处为“位置”“方向”“X 轴旋转”“Y 轴旋转”“Z 轴旋转”设置关键帧（见图 6.7.15）。

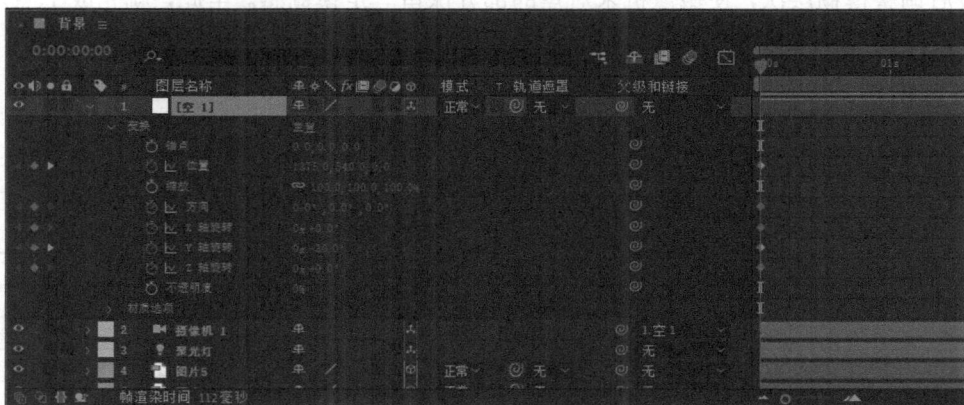

图 6.7.15　设置关键帧

将起始帧处设置“位置”为 1 375.0，540.0，0.0；“Y 轴旋转”为 0x−30.0°。在第 4 秒处，将“Y 轴旋转”设置为 0x+0.0°。在第 8 秒处，将“位置”恢复为 700.0，540.0，0.0；Y 轴旋转改为 0x+15.0°。

修改摄像机动画，完成修改之后，在“合成”面板右下角选择“2 个视图”，其中一个改为顶视图（见图 6.7.16）。

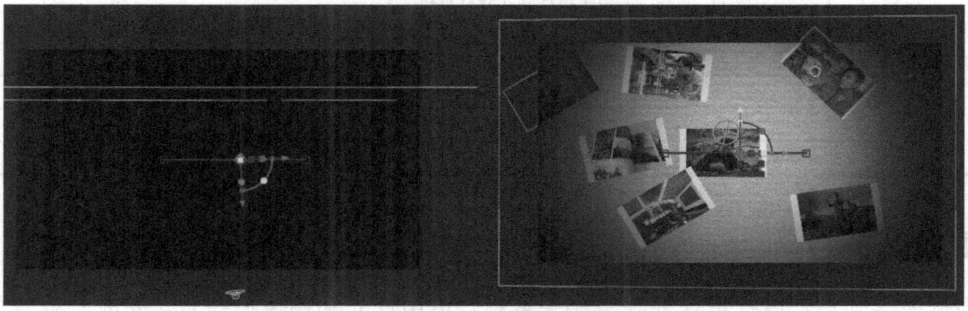

图 6.7.16　修改窗口视图

设置完成后，展开“摄像机选项”，为“焦距”设置关键帧，将起始帧、8 秒处两个位置的焦距距离都调整为1500.0；第4秒则调整至贴合背景图层（见图6.7.17）。

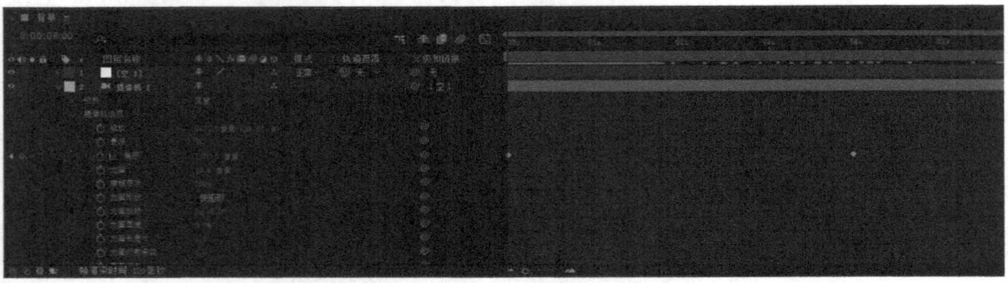

图 6.7.17　设置焦距关键帧

最后调整模糊层次，使摄像机未对焦的部分保留一定模糊感。至此，就完成了照片墙的摄像机的灯光与摄像机效果制作，预览后渲染输出成片。

任务评价

本次任务评价内容见表6.7.1。

表 6.7.1　任务 6.7 评价表

基本信息	姓名		座号		班级		组别	
	规定时间		完成时间		考核日期		总评成绩	
评价方式		评价内容					配分	得分
自我评价		本任务工单完成情况					30	
		对知识和技能的掌握程度					40	
		遵守工作场所纪律					20	
		遵循工作操作规范					10	
		合计					100	
小组评价		个人本次任务完成质量					30	
		个人参与小组活动的态度					30	
		个人的合作精神和沟通能力					30	
		个人素质评价					10	
		合计					100	
教师评价		新建合成并导入素材					20	
		进行灯光和摄像机三维效果综合制作					30	
		对灯光和摄像机效果细节进行相关处理					30	
		渲染输出成片					20	
		合计					100	
总评成绩=自我评价×（ ）%+小组评价×（ ）%+教师评价×（ ）%=								

拓展练习

根据所学知识，自行设计并收集相关素材，运用灯光和摄像机技术，完成三维效果特效影片的制作并渲染导出成片。

项目 7

运用 AE 抠像

项目导读

AE 的抠像技术被广泛运用到影视处理相关的很多领域，抠像成为当今后期影视处理过程中不可缺少的一个环节。本项目从定义、素材准备、基本技术等几个方面详细地介绍了 AE 抠像技术，最后通过实际案例进一步分析 AE 抠像技术的应用。

学习目标

知识目标

- ◆ 了解抠像定义；
- ◆ 了解抠像处理对视频素材的要求；
- ◆ 掌握主要抠像方法及技术特点。

能力目标

- ◆ 掌握对视频素材进行抠像处理的技巧；
- ◆ 使用色度键（蓝屏或绿屏键控）、亮度键、差异键及 Roto 笔刷进行抠像处理。

素养目标

- ◆ 树立正确的学习观、价值观，自觉践行行业道德规范；
- ◆ 牢固树立质量第一、信誉第一的强烈意识；
- ◆ 培养学生审美情趣、自主探究的能力；
- ◆ 培养学生自我激励、自我展示、勇于尝试的精神。

任务 7.1　了解 AE 抠像功能

任务引入

本次任务将进行抠像的应用学习，“抠像”指在后期处理中提取图片或视频画面中的指定图像，并将提取出的图像合成到一个新的场景中去，从而增加画面的鲜活性，专业术语称为键控（Keying）。本项目将对抠像的应用内容进行认知和操作。

任务要求

（1）打开软件，新建合成；

（2）导入图片素材并进行抠像技法分析；

（3）进行简单抠像处理。

知识储备

1. 抠像定义

抠像，指在后期处理中提取图片或视频画面中的指定图像，并将提取出的图像合成到一个新的场景中去，从而增加画面的鲜活性，专业术语称为键控（keying）。通常意义上的抠像，指采取图像中的某种颜色值或亮度值来定义透明区域，使得图片上所有具有类似颜色或亮度值的像素都转变为透明的，从而提取主体。当今，抠像技术成了大多数后期影视处理过程中不可缺少的一个环节。

2. 素材的准备

对于要进行抠像处理的视频素材，前期的拍摄与准备工作非常重要，它们几乎决定了抠像的最终效果。键控技术的原理为将视频画面中的某种颜色转变为透明，提取 Alpha 通道，因此抠像技术通常要求镜头画面所处的背景颜色尽可能单一。在实际拍摄过程中，通常要求拍摄对象在一个相对单一的、纯度较高的颜色背景前完成影片的动作表演。理论上说，背景色可以是不存在于前景色中的任何颜色。现实拍摄中我们使用最多的是蓝色或绿色背景，因为人的身体里不包含这两种颜色。中国人肤色大多数偏黄，通常需要使用黄色的补色——蓝色背景，这样抠像后肤色相对会偏白一点，从而能达到更好的效果，而绿色背景前的黄皮肤抠像后的色彩效果相对于蓝色背景来说稍差。而在西方国家，因为很多人的眼睛接近蓝色，所以在拍摄人物时常用绿色背景。通常情况下，要抠像的镜头都会在专业的纯色摄影棚中完成拍摄。现在使用最多的是“蓝箱”拍摄。这样，在后期制作中就可以将蓝色背景去除，再将前景与其他素材进行合成。蓝箱技术目前应用极其广泛，如电影《阿凡达》，将拍摄好的素材采集到计算机中，通过后期制作软件进行抠像处理。

3. 后期抠像的基本技术

在后期制作中，主要通过影视后期制作软件、抠像特效或插件对采集到的素材进行抠像处理，保留前景，去除不需要的背景。通过抠像处理便可以将素材与新的背景素材进行人工合成。常用的抠像技术有色度键（蓝屏或绿屏键控）、亮度键、差异键等。

任务实施

本任务为对素材进行蓝绿幕抠像与 Roto 笔刷绘制抠像。

了解 AE 抠像功能

1）蓝绿幕抠像的具体操作步骤

（1）导入一张蓝绿幕素材，将素材拖入到“合成”面板，选择“效果”→Keying→Keylight（1.2）命令，为素材添加“Keylight 溢出抑制器”效果（见图 7.1.1）。

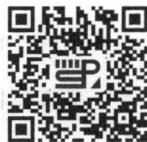

图 7.1.1　添加“Keylight 溢出抑制器”效果

（2）调整数值，选取所需要抠除的颜色（见图 7.1.2），若是蓝色幕布则将颜色设置为蓝色，若是绿色幕布则将颜色设置为绿色。

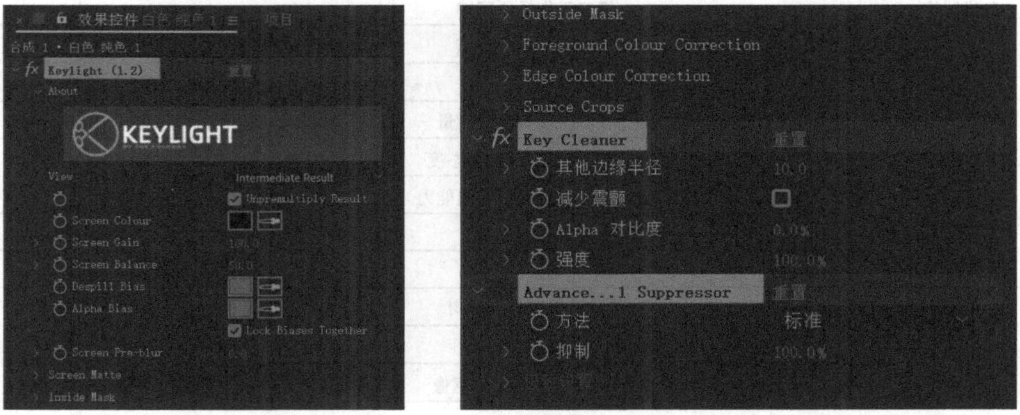

图 7.1.2　Keylight 参数面板

（3）去除颜色之后，根据抠像状况，修改 Screen Gain 等数值使抠出的图像更为自然。

2）Roto 笔刷抠像的具体操作步骤

（1）导入需要抠图的素材，拖入“时间轴”面板，在工具栏单击 Roto 笔刷工具，双击需要进行抠像的图层，即素材图层。

（2）按住 Ctrl 键拖动鼠标，往左拖动笔刷变小，往右拖动笔刷变大。

（3）拖动鼠标在需要抠图的部位涂抹即可。抠图时，会显示绿色的带正号的圆圈，表示增加抠图区域（见图 7.1.3）。

（4）按下 Alt 键，图标立即变成红色带负号的圆圈，主要用于缩小抠图区域（见图 7.1.4）。

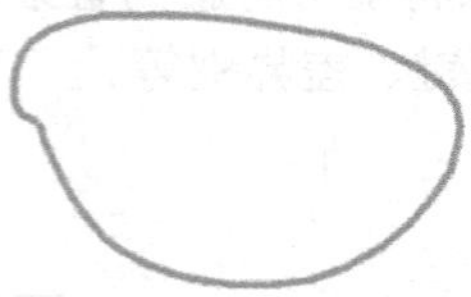

图 7.1.3　增加抠图区域

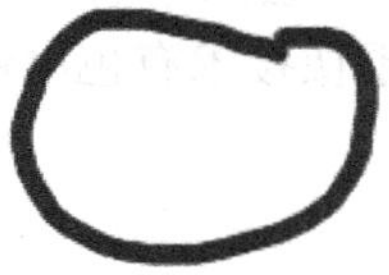

图 7.1.4　缩小抠图区域

（5）完成抠图之后，将抠像完成的图层放置到所需背景层的上方。

任务评价

本次任务评价内容见表 7.1.1。

表 7.1.1　任务 7.1 评价表

<table>
<tr><td rowspan="2">基本信息</td><td>姓名</td><td></td><td>座号</td><td></td><td>班级</td><td></td><td>组别</td><td></td></tr>
<tr><td>规定时间</td><td></td><td>完成时间</td><td></td><td>考核日期</td><td></td><td>总评成绩</td><td></td></tr>
<tr><td colspan="2">评价方式</td><td colspan="5">评价内容</td><td>配分</td><td>得分</td></tr>
<tr><td colspan="2" rowspan="5">自我评价</td><td colspan="5">本任务完成情况</td><td>30</td><td></td></tr>
<tr><td colspan="5">对知识和技能的掌握程度</td><td>40</td><td></td></tr>
<tr><td colspan="5">遵守工作场所纪律</td><td>20</td><td></td></tr>
<tr><td colspan="5">遵循工作操作规范</td><td>10</td><td></td></tr>
<tr><td colspan="5">合计</td><td>100</td><td></td></tr>
<tr><td colspan="2" rowspan="5">小组评价</td><td colspan="5">个人本次任务完成质量</td><td>30</td><td></td></tr>
<tr><td colspan="5">个人参与小组活动的态度</td><td>30</td><td></td></tr>
<tr><td colspan="5">个人的合作精神和沟通能力</td><td>30</td><td></td></tr>
<tr><td colspan="5">个人素质评价</td><td>10</td><td></td></tr>
<tr><td colspan="5">合计</td><td>100</td><td></td></tr>
<tr><td colspan="2" rowspan="5">教师评价</td><td colspan="5">新建合成并导入素材</td><td>10</td><td></td></tr>
<tr><td colspan="5">进行蓝绿幕抠像操作</td><td>40</td><td></td></tr>
<tr><td colspan="5">使用 Roto 笔刷绘制抠像</td><td>40</td><td></td></tr>
<tr><td colspan="5">制作规范</td><td>10</td><td></td></tr>
<tr><td colspan="5">合计</td><td>100</td><td></td></tr>
<tr><td colspan="9">总评成绩=自我评价×（ ）%+小组评价×（ ）%+教师评价×（ ）%=</td></tr>
</table>

拓展练习

根据所学知识，结合自身需求，新建合成，并在合成中使用提取效果及色彩范围效果进行抠像制作。

任务 7.2　基础蓝绿幕抠像

任务引入

在了解抠像基础知识后，将进入抠像合成的学习。本任务使用蓝绿幕抠像技术，从视频中去除背景，使前景物体看起像是悬浮在另一个场景中，从而与其他背景合成，实现难以直接拍摄到的场景，呈现出最终想要的效果。

任务要求

（1）了解抠像概念和蓝绿幕抠像原理；

（2）新建项目合成，导入素材；

（3）使用 Keylight 命令进行抠像制作；

（4）渲染输出成片。

知识储备

蓝绿幕抠像作为一种高效的、便捷的抠像技术，在影视以及很多需要视频制作的行业当中广泛使用，蓝绿幕抠像的原理是，将画面当中指定的颜色进行去除，转化为透明层，使得最终图层只留下所需素材。因为蓝绿幕的高效性，很多科幻视频与电影的制作使用绿色拍摄棚，以便于后期特效的制作与合成。

明白了蓝绿幕抠像原理，就可以很好地理解 Keylight 插件。

Keylight 插件是一款非常有效、便捷、功能强大的抠像工具，目前已被 Adobe 公司收购为内部插件。该插件能通过选取抠像颜色对画面进行识别，抠掉选中的颜色。它在屏幕蒙版模式下调整黑白灰三种颜色：黑色表示完全透明，白色表示完全不透明，灰色表示半透明。通过对 Alpha 通道的调节，能抠选出满意的效果。方法和主要参数调整如下。

① 选中需要调整的图片或视频，选择“效果”→Keying→Keylight（1.2）命令，加入 Keylight（1.2）特效。在 Screen Colour 选项上，用吸管工具吸取需要扣除的颜色（即需要变为透明的颜色）。

② 调整 Screen Pre-blur 参数的值，该值不能调太大，如果太大的话，将会损失图像边缘的细节。应根据实际情况将数值调整到最好的效果，使图像的边缘更柔和。

③ 切换到 Screen Matte 选项，进一步调整抠像范围。白色区域代表保留下来的部分，黑色表示被抠掉的部分。通过调整 Clip Black 和 Clip White 两个参数的值可使素材中灰色的地方变为黑色或是白色。如果灰色较少的话，可以直接调整屏幕增益（Screen Gain）进行颜色的调整。

④ 调整 Alpha Bias 和 Despill Bias 参数的值，对图像的边缘进行反溢出调整。

任务实施

基础蓝绿幕抠像

抠像的最终目的是将人、事、物与背景进行融合。使用其他背景素材替换原绿色背景，也可以再添加一些相应的前景元素，使其与原始图像相互融合，形成二层或多层画面的叠加合成，以达到丰富的层次感、神奇的合成视觉艺术效果。

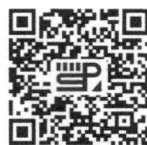

本任务为制作一个动物合成的特效动画，具体操作步骤如下。

1）新建合成

新建合成：1 920×1 080 像素，方形像素，25 帧/秒，20 秒（见图 7.2.1）。

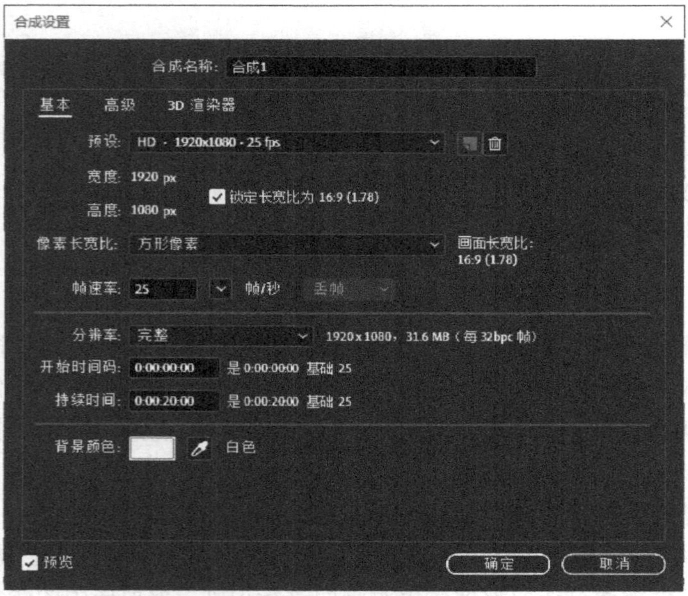

图 7.2.1　新建合成

将素材拖入“项目”面板，将绿幕素材拖入“合成”面板（见图 7.2.2）。

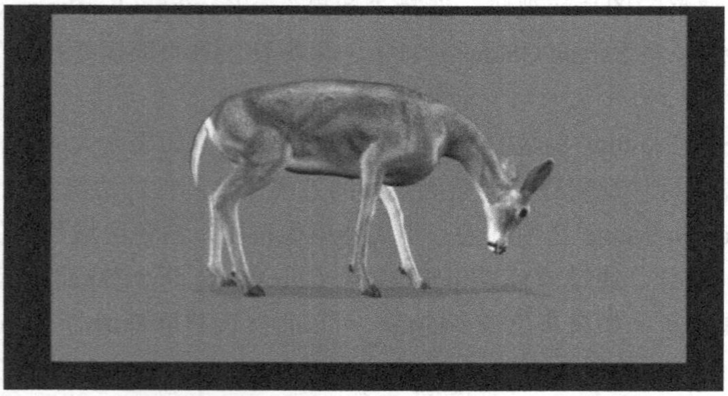

图 7.2.2　导入绿幕素材

2）进行抠图

添加 Keylight 效果给素材图层（见图 7.2.3）。

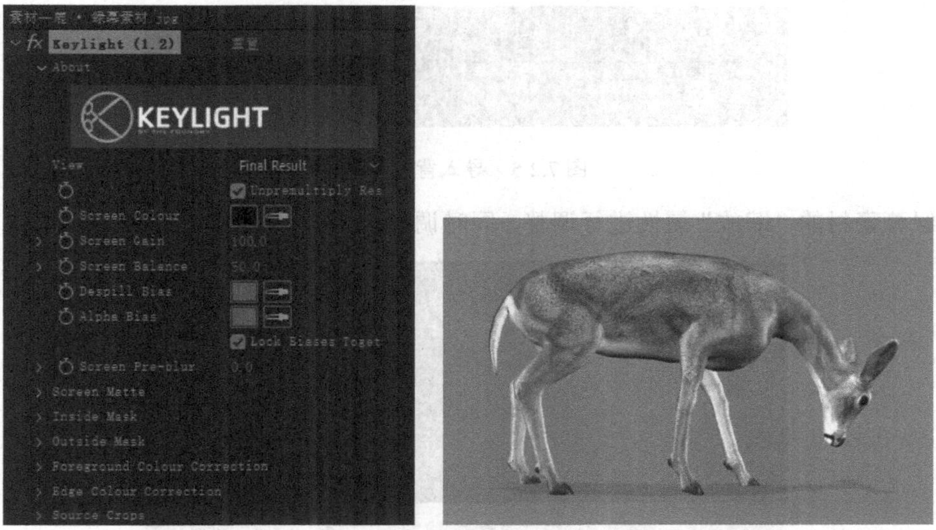

图 7.2.3　添加 Keylight 效果

修改 Screen Colour，使用后方的吸管，吸取素材图层后方的绿色（见图 7.2.4）。

图 7.2.4　吸取素材颜色

抠除绿幕颜色后，可见在鹿的周围仍有微小的绿色。修改 Screen Gain 数值；修改 Screen Balance 数值；适当将两个数值调大，直到周边的绿色消失，鹿的主体颜色明显。

为合成命名为“素材-鹿”，可作为无背景绿幕可直接使用的素材。

3）导入草地素材图

将草地素材拖动到“时间轴”面板（见图 7.2.5）。

图 7.2.5　导入背景素材

将绿幕素材的“缩放”属性进行调整，同时调整绿幕素材的“位置”属性（见图 7.2.6）。

图 7.2.6　调整“缩放”和“位置”属性

可以将绿幕素材进行多次的复制，达到制作鹿群的效果（见图 7.2.7）。

图 7.2.7　进行复制以完善画面

蓝幕素材的操作方式与绿幕素材相同，只需在 Keylight 效果之中将吸取的颜色改为素材内的蓝幕颜色即可。

对制作结果调整并预览，渲染输出成片。

任务评价

本次任务评价内容见表 7.2.1。

表 7.2.1　任务 7.2 评价表

基本信息	姓名		座号		班级		组别	
	规定时间		完成时间		考核日期		总评成绩	
评价方式	评价内容						配分	得分
自我评价	本任务工单完成情况						30	
	对知识和技能的掌握程度						40	
	遵守工作场所纪律						20	
	遵循工作操作规范						10	
	合计						100	
小组评价	个人本次任务完成质量						30	
	个人参与小组活动的态度						30	
	个人的合作精神和沟通能力						30	
	个人素质评价						10	
	合计						100	
教师评价	新建合成并导入素材						20	
	使用 Keylight 命令进行抠像制作						60	
	调节细节效果并渲染出片						20	
	合计						100	
总评成绩=自我评价×（ ）%+小组评价×（ ）%+教师评价×（ ）%=								

拓展练习

根据所学知识，自行设计并收集相关素材，使用 Keylight 命令进行人物抠像动画制作。

任务 7.3　动态人物 Roto 抠像

任务引入

我们已学习基础蓝绿幕抠像，本任务将进入 Roto 抠像技术的学习。Roto 笔刷抠图虽然没有钢笔工具准确度高，但它使用方便，抠图快，特别是抠发丝或毛绒类的东西，这是钢笔工具难以实现的。

任务要求

（1）了解 Roto 技术概念及 Roto 技术原理；
（2）新建项目合成，导入素材；
（3）使用 Roto 笔刷及调整边缘工具完成视频人物抠像制作；
（4）进行视频细节调整，完成抠像整体效果。

知识储备

在工具栏中的 Roto 笔刷工具图标上按住鼠标左键，出现 Roto 笔刷工具（Roto Brush Tool）和调整边缘工具（Refine Edge Tool）两个选项，该工具的快捷键为 Alt + W。

Roto 是 rotoscope 的简称，是一种逐帧扫描的动态遮罩技术。Roto 笔刷工具有点类似于 Photoshop 的快速选择工具，可逐帧自动判断对象边缘。

调整边缘工具类似于 Photoshop 的“选择并遮住”命令中的调整边缘画笔工具，用来选择毛发等复杂边缘。

自 AE 软件 2020 年 10 月版开始，Roto 笔刷工具升级到 2.0。Roto 笔刷 2.0 提供全新的动态抠像过程，让创建遮罩变得更简单，并使用机器学习来跟踪题材的运动。它与 Roto 笔刷 1.0 在外观及操作上非常类似，两个版本可自由地切换。

1. Roto 笔刷工具的使用方法

（1）在“时间轴”面板上双击素材图层进入图层面板（见图 7.3.1）。

图 7.3.1 图层面板

说明：Roto 笔刷工具和调整边缘工具仅能工作在图层面板。

（2）浏览视频，找到最适合的帧作为基础帧。

选择原则：选择的对象完全出现在画面中且能很好地分辨出来。

理论上可以创建多个基础帧（用中间是黑色菱形的绿色矩形表示），但在实际操作时，如果场景变化不是特别大，建议在确定好第一个基础帧后，拖动作用范围控点来扩大作用范围，然后逐帧去查看并修正分离边界。在间距上右击可移除间距（见图 7.3.2）。

图 7.3.2　间距讲解

提示：默认的作用范围是整段素材。要创建多个基础帧，应先调整作用范围。

（3）使用 Roto 笔刷工具按箭头方向绘制（见图 7.3.3）。

图 7.3.3　笔刷描绘

2. Roto 笔刷工具的操作技巧

（1）从一个横切对象的描边开始。使用尽量少的描边来添加选区或移除选区。先用较粗的笔刷选择前景对象，再使用较小的笔刷修正细节。

提示：除了按住 Ctrl 键左右拖动鼠标来调整笔刷大小之外，可在菜单栏选择“窗口”→“画笔”命令打开“画笔”面板选择笔刷。

（2）按住 Alt 键涂抹可移除选区。

（3）滚动鼠标滚轮，改变图层面板预览画面大小。按住空格键或鼠标中键，可平移画面。按住 Alt+/键，使画面适合窗口大小。

（4）传播分离边界。基于基础帧的描边，AE 将自动分析并计算出作用范围内其余帧的分离边界，AE 称之为“传播”（propagate）。按空格键或者拖动图层面板上的时间指示器，将触发从基础帧向其他帧传播分离边界。

还可逐帧传播：按 PgDn / PgUp 键，或 Ctrl+→/←组合键移动一帧。如果传播结果不是很满意，应该从出现问题的那一帧开始修改选区。在创建好精准的分离边界之后，可将分离边界的数据冻结（Freeze）起来，这样 AE 就不必重新传播，降低系统负担。在解冻之前不能再调整分离边界，但可以在效果控件中调整遮罩。

（5）调整和优化最终遮罩。通过“Roto 笔刷和调整边缘”效果控件中的选项，比如“减少震颤”等，可进一步进行优化和改进传播的结果。对于毛发之类的复杂边缘或模糊边缘，应该使用调整边缘工具来处理。使用方法类似 Roto 笔刷工具，笔刷大小建议以能覆盖边缘两侧为准。

提示：使用调整边缘工具时，视图自动转换为“调整边缘 X 射线”。

（6）查看处理结果。切换至“合成”面板，查看抠像实际效果。使用 Roto 笔刷工具以后，AE 会向图层应用“Roto 笔刷和调整边缘”（Roto Brush & Refine Edge）效果控件。

在效果控件面板上调整相关选项，可进一步优化遮罩（见图 7.3.4）。

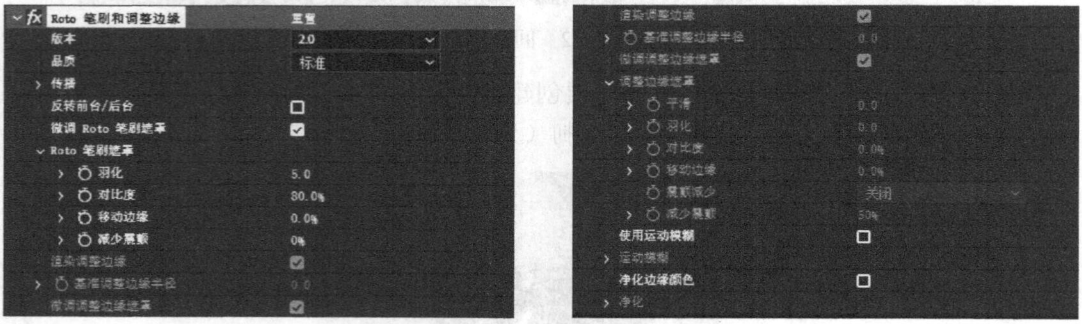

图 7.3.4 “Roto 笔刷和调整边缘”面板

任务实施

本任务为使用 Roto 笔刷进行动态的人物抠像，具体操作步骤如下。

1）新建合成

新建合成：1 920×1 080 像素，方形像素，25 帧/秒，11 秒（见图 7.3.5）。

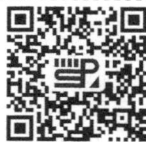

动态人物 Roto 抠像

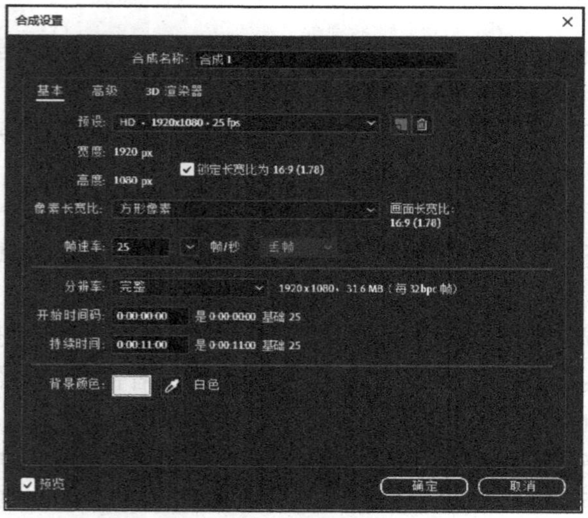

图 7.3.5 “合成设置”效果

2）导入素材视频

将素材视频导入“时间轴”面板，调整好人物素材的大小（见图 7.3.6）。

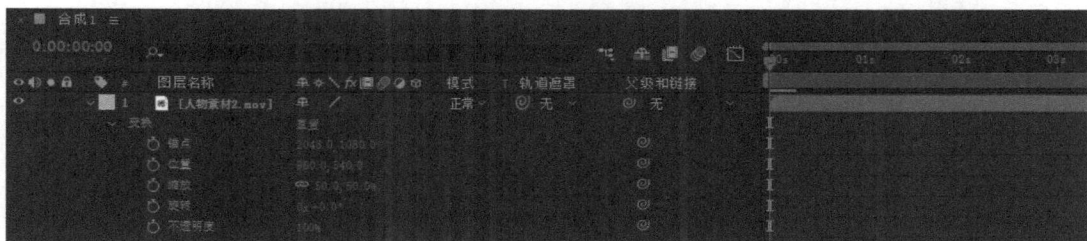

图 7.3.6　导入素材

3）使用 Roto 笔刷工具

在工具栏内单击 Roto 笔刷工具图标，双击“合成”面板进入源监视器（见图 7.3.7）。

图 7.3.7　Roto 笔刷选取与界面进入

进入源监视器窗口后指针变为绿色，当按住 Ctrl 键和左键左右拖动鼠标可以对鼠标指针的大小进行调整，将指针调整至合适大小之后，按住左键，在需要选择的主体上进行框选，会自动拾取主体（见图 7.3.8）。

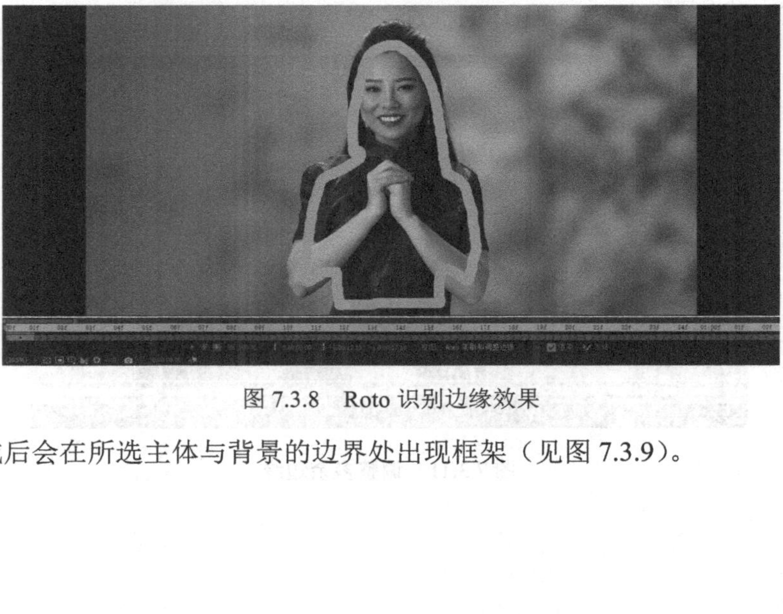

图 7.3.8　Roto 识别边缘效果

拾取完成后会在所选主体与背景的边界处出现框架（见图 7.3.9）。

图 7.3.9　调整边缘工具的使用

放大框架细节处，框选未被选中的细节处（见图 7.3.10）。

图 7.3.10　调整人物边缘

修改好细节处，检查是否有非人物部分被选框所选取，若有非人物部分被选取，按住 Alt 键，指针会变为红色，此时选取非人物部分可以将选中内容从选框中删去（见图 7.3.11）。至此就完成了 Roto 笔刷对于人物主体的框选。

图 7.3.11　调整多余边缘

4）处理主体细节

在“效果控件”面板中，已展开“Roto 笔刷和调整边缘”“笔刷遮罩”扩展内容，对“羽化”“对比度”进行修改与调整（见图 7.3.12）。

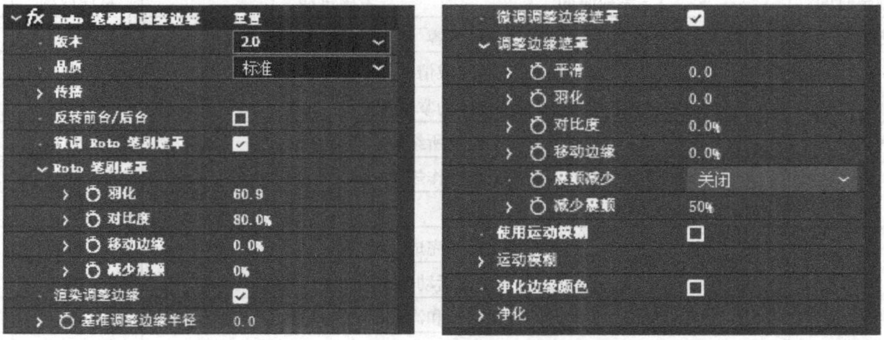

图 7.3.12　主体细节处理

5）添加背景

将背景素材拖入“时间轴”面板，将背景素材图层放到人物素材 2 下方（见图 7.3.13）。

图 7.3.13　添加背景

至此，就完成了 Roto 笔刷的人物动态抠像，同学们可以在蓝绿幕抠像与 Roto 笔刷抠像效果之中灵活选择。

任务评价

本次任务评价内容见表 7.3.1。

表 7.3.1 任务 7.3 评价表

基本信息	姓名		座号		班级		组别	
	规定时间		完成时间		考核日期		总评成绩	

评价方式	评价内容	配分	得分
自我评价	本任务完成情况	30	
	对知识和技能的掌握程度	40	
	遵守工作场所纪律	20	
	遵循工作操作规范	10	
	合计	100	
小组评价	个人本次任务完成质量	30	
	个人参与小组活动的态度	30	
	个人的合作精神和沟通能力	30	
	个人素质评价	10	
	合计	100	
教师评价	运用基础 Roto 技术进行人物抠像	50	
	运用调整边缘工具进行抠像边缘精确微调	40	
	制作规范	10	
	合计	100	
总评成绩=自我评价×（ ）%+小组评价×（ ）%+教师评价×（ ）%=			

拓展练习

根据所学知识，拍摄一段人物短视频，使用 Roto 技术进行人物抠像制作。

任务 7.4 解析抠像效果综合案例

任务引入

在完成了前面的学习后，将进入抠像合成的相关知识的学习。合成，实际上就是将各种不同的元素有机地组合在一起，进行艺术性的再加工后得到的最终作品。在 AE 中进行基础数字合成，其实是通过抠像、遮蔽等合成手段，把多次拍摄到的画面或者计算机生成的画面一层层叠加在一起，用以得到现实中无法实现或是难以直接拍摄到的场景，呈现出最终的完美效果。

任务要求

（1）新建合成，导入素材；

（2）综合运用基础合成技术设计并制作人物抠像相关动画特效。

知识储备

运用数字合成技术表现作品需要长期地练习，积累丰富的工作经验。同时，它在很大程度上依赖于前期拍摄的效果。因此，作为后期特效合成人员，必须与前期拍摄人员紧密协作，发扬团队精神，才能共同制作出最完美的影片。

在影片制作之前，首先要搜集资料，包括拍摄的素材、从各种渠道得到的素材及使用计算机制作的二维动画、三维动画等，这类似于烹饪时的原料准备。将这些素材准备完成后，对其进行加工、组合，完成最终的影片。合成实际上就是将各种不同的元素，有机地组合在一起，进行艺术性再加工后得到的最终作品。

任务实施

本任务为结合 Roto 抠像技术、AE 自带效果等，完成节庆主题的特效影片，具体操作步骤如下。

制作运用抠像短片综合案例

1）新建合成

新建合成：1 920×1 080 像素，方形像素，25 帧/秒，12 秒（见图 7.4.1）。

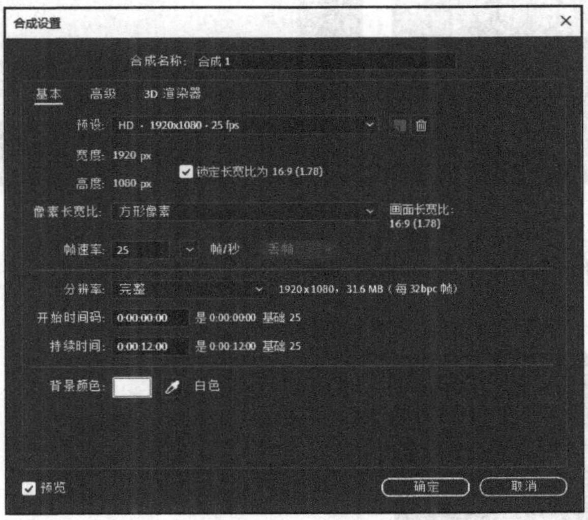

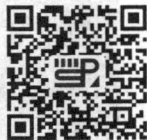

图 7.4.1　新建合成

2）导入素材

在“项目”面板导入制作短片所需素材（见图 7.4.2）。

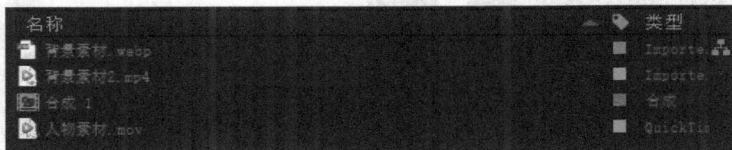

图 7.4.2　导入抠像视频素材

3）制作短片背景

将图片背景素材拖入“时间轴”面板，调整图片大小（见图 7.4.3）。

图 7.4.3　调整素材大小

使用绿幕抠像的方法对绿幕素材进行修改，为素材添加 Keylight（1.2）效果（见图 7.4.4）。

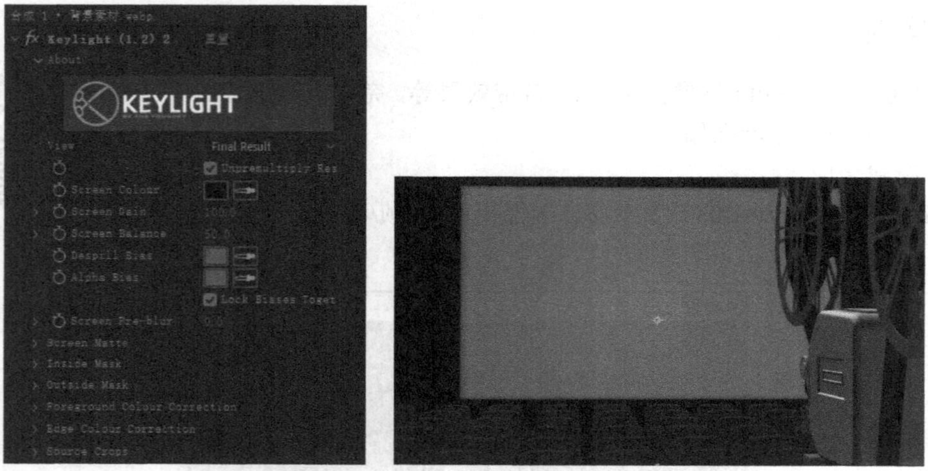

图 7.4.4　添加 Keylight 效果

将 Screen Colour 拾取为绿幕的绿色，修改素材的羽化值与其他设置，将绿幕处抠除（见图 7.4.5）。

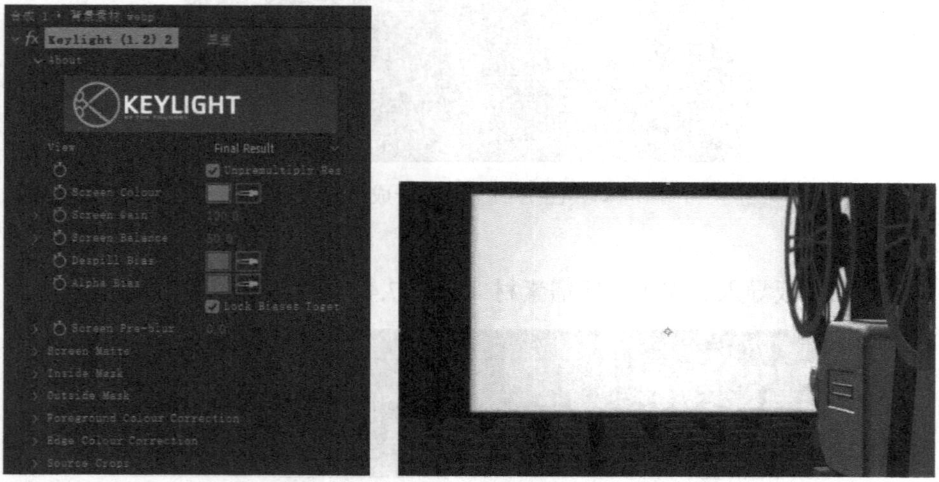

图 7.4.5　抠除绿幕效果

完成抠像之后，为图片素材设置关键帧动画，为“缩放”属性设置关键帧，在 4 秒处将图片放大至只见到中间的屏幕；同时将时间轴调整，仅保留 1 秒至 4 秒的部分（见图 7.4.6 和图 7.4.7）。

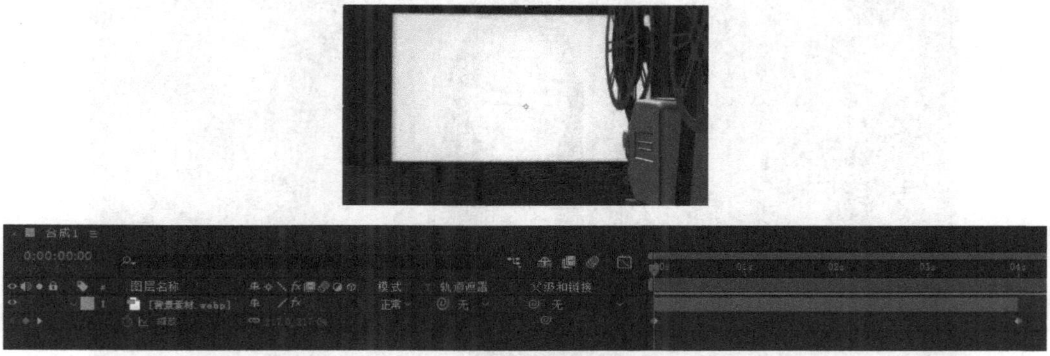

图 7.4.6　为图片素材设置关键帧 1

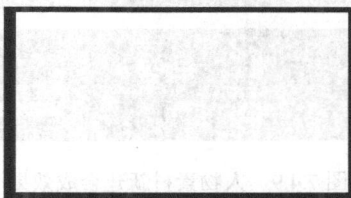

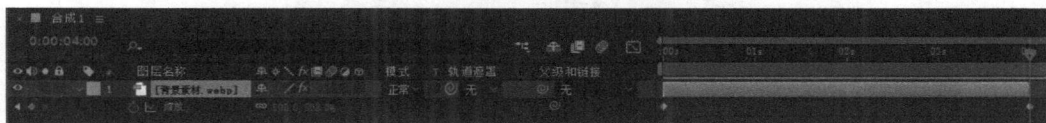

图 7.4.7　为图片素材设置关键帧 2

4）制作屏幕内容

完成荧幕的缩放之后，为合成添加荧幕的内容，将背景素材 2 拖入“时间轴”面板，放置在背景素材图层的下方（见图 7.4.8）。

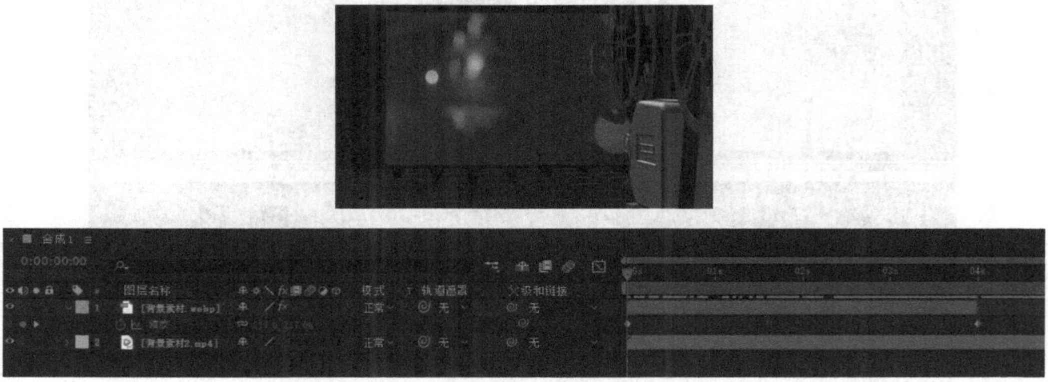

图 7.4.8　制作屏幕内容效果

5）制作人物内容

将人物素材新建合成，使用 Roto 笔刷工具对人物主体进行抠像（见图 7.4.9）。

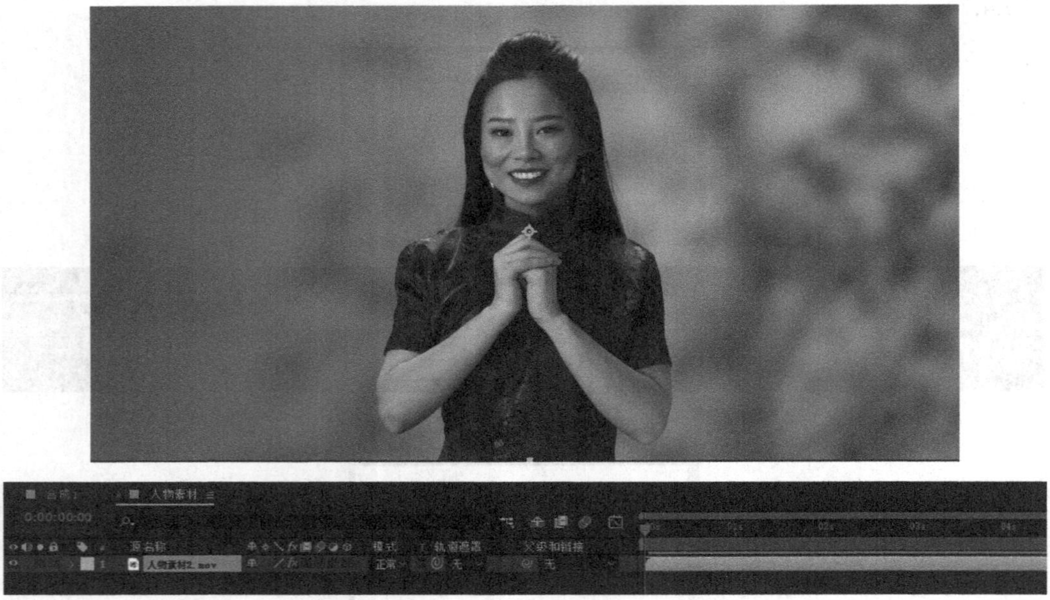

图 7.4.9　人物素材新建合成效果

使用 Roto 笔刷工具对主体进行框选（见图 7.4.10）。

图 7.4.10　使用 Roto 笔刷进行抠像效果

对细节部位进行调整与修改（见图 7.4.11）。

完成框选后，按空格键自动播放让选框进行拾取，识别完成后，将人物素材合成拖动到背景素材与背景素材 2 之间（见图 7.4.12）。

图 7.4.11　人物细节边缘调整效果

图 7.4.12　放入人物素材合成效果

调整人物素材的大小与位置（见图 7.4.13），调整后就完成了综合抠像短片的制作，将指针拖动到起始帧对合成进行播放与预览。

图 7.4.13　调整人物完成效果

通过综合短片的制作，同学们可以将多种素材进行不同效果的抠像，最后将各个修改完成的素材进行综合地运用，希望大家可以多多练习，培养自身的创新能力。

任务评价

本次任务评价内容见表7.4.1。

表7.4.1　任务7.4评价表

基本信息	姓名		座号		班级		组别	
	规定时间		完成时间		考核日期		总评成绩	
评价方式		评价内容					配分	得分
自我评价		本任务完成情况					30	
		对知识和技能的掌握程度					40	
		遵守工作场所纪律					20	
		遵循工作操作规范					10	
		合计					100	
小组评价		个人本次任务完成质量					30	
		个人参与小组活动的态度					30	
		个人的合作精神和沟通能力					30	
		个人素质评价					10	
		合计					100	
教师评价		新建合成并导入素材					10	
		运用基础Roto技术进行人物抠像					50	
		运用调整边缘工具进行抠像边缘精确微调					40	
		合计					100	
总评成绩=自我评价×（ ）%+小组评价×（ ）%+教师评价×（ ）%=								

拓展练习

根据所学知识，拍摄励志人物短视频，使用Roto技术进行人物抠像制作，并插入励志文案的动画效果。

项目 8

运动跟踪

项目导读

AE 运动跟踪是一种用于动画和视觉特效制作的工具，它可以精确地捕捉和跟踪物体、相机或角色的运动，并将其应用于合成场景中。AE 运动跟踪广泛应用于电影、电视剧、广告和游戏制作领域。

学习目标

知识目标

◆ 了解 AE 运动跟踪四大功能；
◆ 了解相关项目的制作流程及制作技巧；
◆ 掌握 AE 运动跟踪四大功能的应用方法。

能力目标

◆ 能根据项目需求运用运动跟踪四大功能进行特效设计；
◆ 能灵活运用 AE 自带功能及运动跟踪插件进行相关项目制作。

素养目标

◆ 树立正确的学习观、价值观，自觉践行行业道德规范；
◆ 牢固树立质量第一、信誉第一的强烈意识；
◆ 培养学生审美情趣、自主探究的能力；
◆ 感受动画之美，发扬一丝不苟、精益求精的工匠精神。

任务 8.1　认识运动跟踪四大功能

任务引入

本次任务将进入运动跟踪的工作流程，了解典型工作过程，系统掌握运动跟踪制作技术。首先需要认识运动跟踪四大功能，为之后的动画和特效制作打好基础。

任务要求

（1）打开软件，新建合成；

（2）在合成中导入素材并进行运动跟踪四大功能简单制作；

（3）对跟踪细节进行处理。

知识储备

AE 运动跟踪是一种强大而灵活的工具，可以大幅提升动画和视觉特效制作的效率和质量。它的精准性和自动化特性使得制作者可以更容易地控制和调整元素的位置和运动，创造出逼真而令人惊叹的视觉效果。在电影、电视剧、广告和游戏制作中，AE 运动跟踪都扮演着重要的角色，成为制作团队不可或缺的利器。

AE 运动跟踪四大功能如下。

（1）跟踪摄像机。跟踪摄像机主要通过运动画面，反算出当时拍摄这个画面的物理摄像机的位置和运动轨迹，并在 AE 中创建虚拟摄像机进行模仿。

（2）变形稳定器。镜头稳定和变形稳定器都是用来对晃动的实拍镜头进行稳定修正的。区别是一个手动选择稳定中心、调节参数，一个自动完成，各有优点。

（3）跟踪运动。跟踪运动是指跟踪运动的物体，可以跟踪视频画面中特征明显的点，为跟踪的点添加文字、图片等信息；也可以跟踪一个界限明显的面。

（4）稳定跟踪。就是稳定画面，比如固定机位由于大风或者其他因素干扰导致摄像机晃动而使画面晃动，就要用这个稳定运动来消除晃动保持画面稳定。

任务实施

运动跟踪效果是 AE 软件中使用频率较高的一项功能，本任务为认识运动跟踪四大主要功能，具体操作步骤如下。

认识运动跟踪四大功能

1）新建合成，导入素材

新建一个合成，导入所需素材（见图 8.1.1）。

将素材拖入“时间轴”面板，在菜单栏中选择“窗口”→“跟踪器”命令（见图 8.1.2）。

窗口右侧会出现“跟踪器”面板（见图 8.1.3）。

图 8.1.1　导入素材

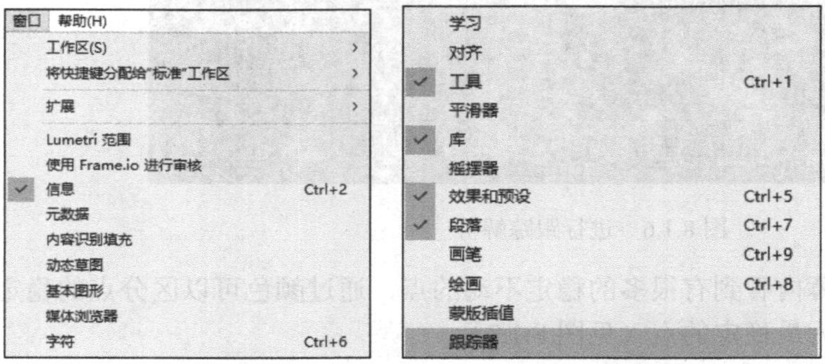

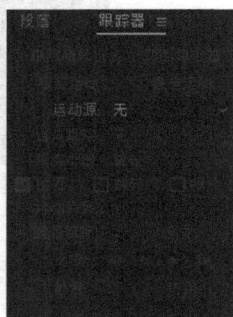

图 8.1.2　“窗口”→“跟踪器”命令

图 8.1.3　“跟踪器”面板

在“跟踪器”面板最为显眼的 4 个按钮，分别是“跟踪摄像机”“变形稳定器”“跟踪运动”“稳定运动”。

必须明确的一点是这四大功能的使用有一个共同的前提，素材视频的大小需要与合成的长宽比相同才能够进行识别。

在“时间轴”面板单击视频素材（见图 8.1.4）。

图 8.1.4　选择视频素材

选择完成后可以看见跟踪器的四大功能都由灰色变亮，代表着四大功能能够添加给这个素材（见图 8.1.5）。

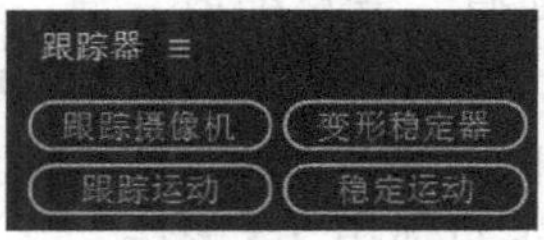

图 8.1.5　“跟踪器”面板功能变亮

2）认识跟踪摄像机功能

单击“跟踪摄像机”按钮，素材上方会出现“在后台分析……”字样（见图 8.1.6），这个过程在之前文字运动动画的制作中出现过，软件正在反求出拍摄时摄像机的运动数据并可以在运动的轨迹平面上进行信息的处理。

图 8.1.6　进行跟踪解析

分析完成后，可以在屏幕内看到有很多的稳定不动的点，通过颜色可以区分点的稳定，红色为最不稳定的点，绿色为最稳定的点（见图 8.1.7）。

图 8.1.7　跟踪点类型解析 1

在左侧“效果控件”面板中，能够看到“拍摄类型”，拍摄类型有多种，默认为“视图的固定角度”，也是最为常用的，还有“变量缩放”与“指定视角”选项。

在“拍摄类型”下方是“显示轨迹点”，默认为“3D 已解析”，还可以选择“2D 源”。使用 3D 解析会使点呈现近大远小的效果，具有三维空间感。使用 2D 源，所有点的大小就变为一致（见图 8.1.8）。一般情况下只使用 3D 解析。

图 8.1.8　跟踪点类型解析 2

如果取消选中“渲染跟踪点”复选框，就看不到点了（见图 8.1.9）。

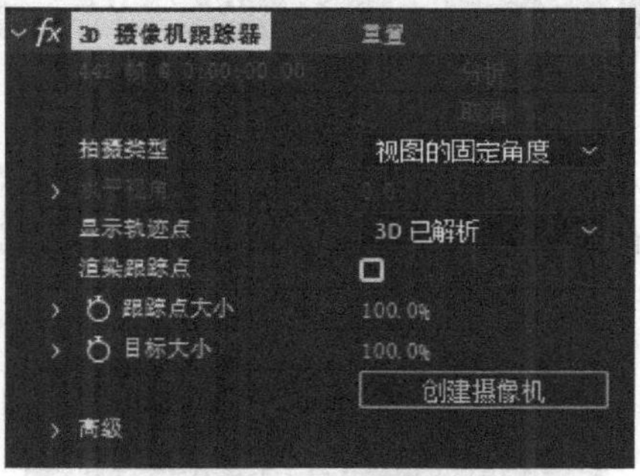

图 8.1.9　隐藏跟踪点效果

“跟踪点大小”就是调整点的大小，“目标大小”则是调整鼠标放在点上的红圈大小，也就是选择的大小（见图 8.1.10）。

图 8.1.10　选择“跟踪点大小”

“高级”选项组只需了解“平均误差”，平均误差越小，代表着分析出的数据更精确。

跟踪摄像机的原理实质上就是分析素材的颜色信息，在颜色信息中找到稳定不动的点，建立不动的面，面同时带有位置信息，可以将位置信息赋予素材元素。

3）认识变形稳定器功能

单击素材，单击“跟踪器”面板的“变形稳定器”按钮，变形稳定器与跟踪摄像机的分析过程相同。不同的是，变形稳定器是将素材变为稳定流畅的工具，所以在分析的过程中，就已经开始对素材进行稳定的处理（见图 8.1.11）。

图 8.1.11　进行跟踪解析

在分析完成之后，会进入稳定分析过程，在这一步，变形稳定器基本上将视频的抖动消除，令视频平稳流畅，若还有需要修改的地方，可以在“效果控件”面板中修改数值进行调整（见图 8.1.12）。

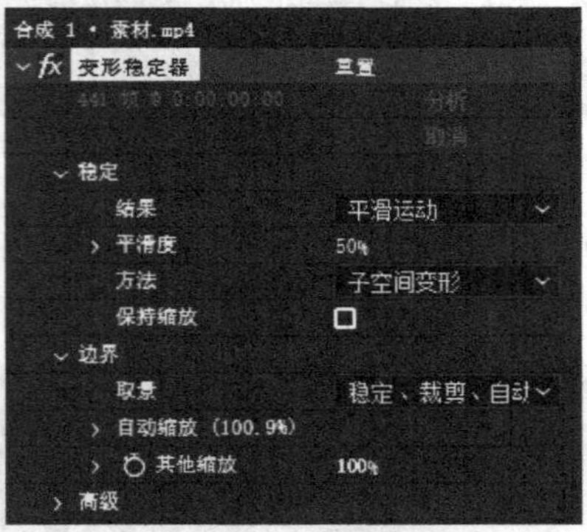

图 8.1.12　进行面板参数调整

默认的模式是“平滑运动”与“子空间变形”，若将“结果”改为“无运动”，整体的效果如同没有位置的移动只有镜头的旋转。

“方法”默认为“子空间变形”，实际上“子空间变形”会让素材在稳定的过程中发生一定的变形。若将“方法”改为“位置”，那么稳定器仅仅只是稳定“位置”属性而不会修改“缩放”等其他属性。

若不想要空间发生变形又想对全部属性进行稳定，可以选择“位置、缩放、旋转”选项。“平滑度”是指对于素材稳定处理的情况，参数越大，素材的稳定效果越好。

“取景”默认为“稳定、裁剪、自动缩放”。若将模式改动会使效果变得单一。

4）认识跟踪运动功能

单击素材，单击“跟踪器”面板的“跟踪运动”按钮，不会出现与前两个功能相同的分析过程，而是在合成的中心出现一个跟踪点（见图 8.1.13），称为单点跟踪。

图 8.1.13　单点跟踪解析效果

可以自行设置跟踪点的“功能大小”与“搜索位移”属性，将跟踪点附着在需要进行跟踪的物体上。选择“跟踪运动”命令后未出现与前两个功能相同的“效果控件”面板，而是在“跟踪器”面板内出现了不同的界面。

有 3 个可选复选框，分别为“位置”“旋转”“缩放”，一般使用单点跟踪只需要跟踪“位置”属性即可。单击“选项”按钮，在弹出的“动态跟踪器选项”对话框中选中“跟踪场”复选框（见图 8.1.14），默认情况下这是不会选的。

单击“确定”按钮关闭对话框，“跟踪类型”默认为“变换”（见图 8.1.15），单击“向后分析”按钮，会将物体的运动路径分析出来，之后可以结合运动目标进行一些信息上的处理。

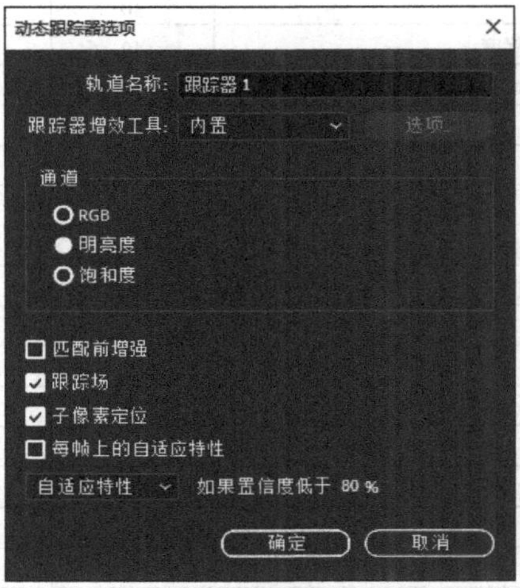

图 8.1.14　选中“跟踪场”复选框

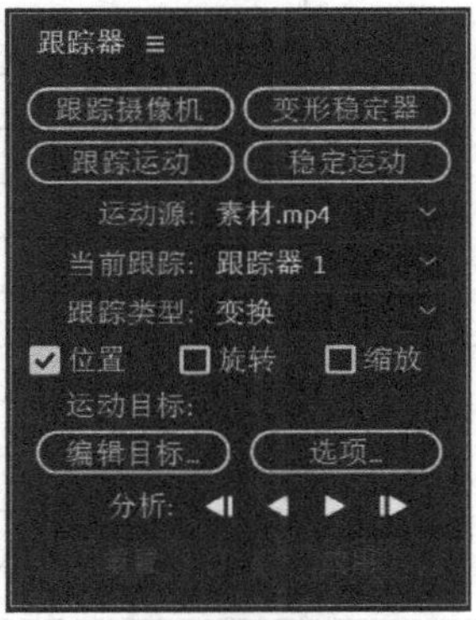

图 8.1.15　默认跟踪类型

5）认识稳定运动功能

单击“稳定运动”按钮，和跟踪运动一样，出现一个跟踪点（见图 8.1.16），也同样能够修改跟踪点的“大小”与“位置”等属性。使用稳定运动时“跟踪类型”会变为“稳定”

。

图 8.1.16　跟踪效果显示

稳定运动的实质与跟踪运动是相同的，只不过在最终的分析路径上，稳定运动直接将跟踪点内容的运动路径分析出来，同时添加给整个素材，而跟踪运动则需要使用空对象或者其他的信息处理方式。

任务评价

本次任务评价内容见表 8.1.1。

表 8.1.1　任务 8.1 评价表

基本信息	姓名		座号		班级		组别	
	规定时间		完成时间		考核日期		总评成绩	
评价方式		评价内容					配分	得分
自我评价		本任务完成情况					30	
		对知识和技能的掌握程度					40	
		遵守工作场所纪律					20	
		遵循工作操作规范					10	
		合计					100	
小组评价		个人本次任务完成质量					30	
		个人参与小组活动的态度					30	
		个人的合作精神和沟通能力					30	
		个人素质评价					10	
		合计					100	
教师评价		分析操作方法					20	
		新建合成并导入素材					10	
		应用 4 种简单跟踪效果					50	
		制作规范					10	
		合计					100	
总评成绩=自我评价×（ ）%+小组评价×（ ）%+教师评价×（ ）%=								

拓展练习

根据所学知识，自行设计并收集相关素材，进行 4 种运动追踪效果的特效制作训练。

任务 8.2　操作 3D 摄像机跟踪

任务引入

完成 AE 运动跟踪基础概念的学习后，本任务将进入 3D 摄像机跟踪的工作流程，了解典型工作过程，并进行相关跟踪效果的设计制作。

任务要求

（1）打开软件，新建合成；
（2）导入素材并进行 3D 摄像机跟踪；
（3）对细节效果进行处理。

知识储备

1. 跟踪摄像机

跟踪摄像机主要通过运动画面反算出当时拍摄这个画面的物理摄像机的位置和运动轨迹，并在 AE 中创建虚拟摄像机进行模仿（见图 8.2.1）。

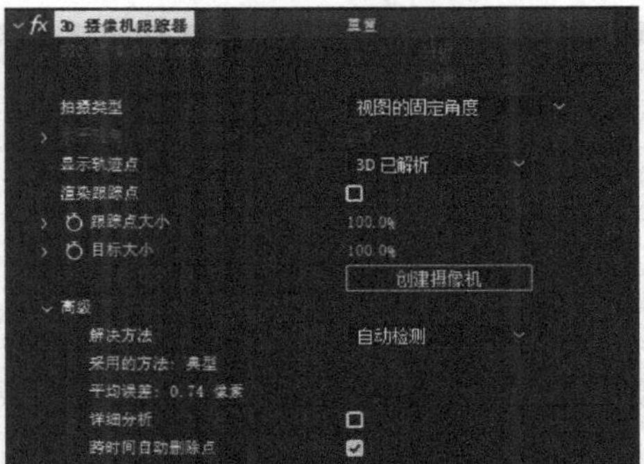

图 8.2.1　“摄像机跟踪器”面板

3D 摄像机跟踪器效果对视频序列进行分析以提取摄像机运动和 3D 场景数据。3D 摄像机运动允许基于 2D 素材正确合成 3D 元素。

2. 分析素材和提取摄像机运动

单击一个素材图层，然后执行下列操作之一：

（1）选择“动画”→“跟踪摄像机”命令，或者从图层上下文菜单中选择“跟踪和稳定”→“跟踪摄像机”命令；

（2）选择“效果”→“透视”→“3D 摄像机跟踪器”命令；

（3）在“跟踪器”面板中，单击“跟踪摄像机”按钮。

此时将应用 3D 摄像机跟踪器效果。分析和解析阶段是在后台进行的，其状态显示为素材上的一个横幅，并且在“效果控件”面板中位于“取消”按钮旁。

任务实施

本任务对 Roto 笔刷工具与摄像机跟踪功能进行一个综合的运用，熟悉 3D 摄像机跟踪的操作过程，具体操作步骤如下。

操作 3D 摄像机跟踪

1）新建合成

新建合成：1 920×1 080 像素，方形像素，25 帧/秒，12 秒。在“项目”面板导入所需素材，并将素材拖入到“时间轴”面板（见图 8.2.2）。

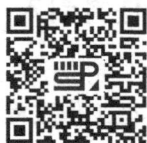

图 8.2.2　新建合成、导入素材

首先需要明确，要在人物和背景中间添加文字，需要对前景的人物进行抠像。

2）使用 Roto 笔刷工具进行前景抠像

在“时间轴”面板将人物素材复制一层，单击 Roto 笔刷工具，双击上方“合成”面板，打开源监视器界面（见图 8.2.3）。

图 8.2.3　打开源监视器界面

调整好笔刷的大小，调整完成后对主体人物进行边缘轮廓的勾勒（见图 8.2.4）。

图 8.2.4 调整人物边缘轮廓

调整完成细节，按空格键播放，画面开始自动计算每一帧的轮廓。拾取完成后，回到“时间轴”面板，将下方的素材进行隐藏，查看轮廓勾勒的效果（见图 8.2.5）。

图 8.2.5 查看轮廓勾勒的效果

3）进行文本制作

使用文本工具在合成上输入所需要的文字。调整好文字的大小与位置，同时把文字层放置在两个人物素材的中间（见图 8.2.6）。

4）使用 3D 摄像机跟踪功能制作追踪文本

完成了文本制作后，文本静止于两个图层中心，接下来将文本与 3D 摄像机进行结合制作移动的文本。

将最上方的素材图层与文本图层进行隐藏，为最下方图层执行“跟踪器”面板内的“跟踪摄像机”命令（见图 8.2.7）。

图 8.2.6　设置文本层

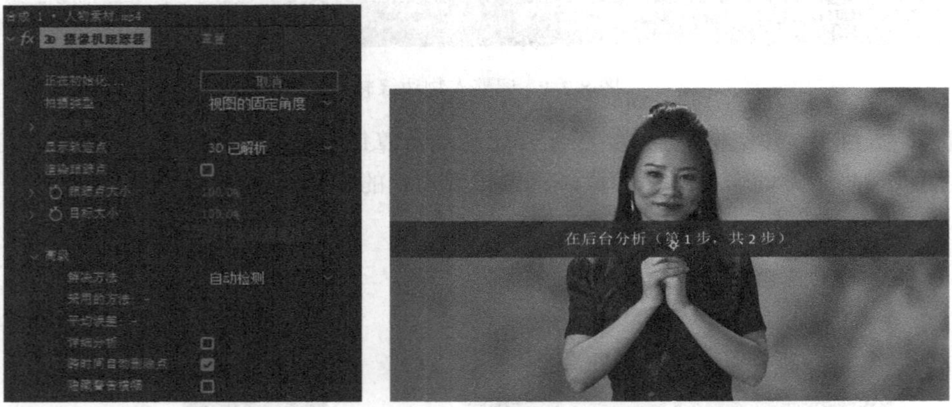

图 8.2.7　隐藏图层并设置跟踪器

将“拍摄类型”设置为“变量缩放”，选中“详细分析”复选框，此效果可以增加精度（见图 8.2.8）。

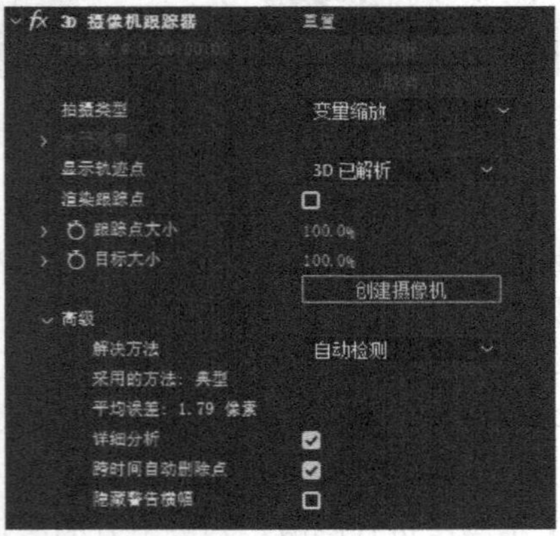

图 8.2.8　设置“摄像机跟踪器”参数

在分析完毕之后单击“创建摄像机”按钮。创建完成后，“时间轴”面板就出现了一个跟踪器摄像机（见图 8.2.9）。

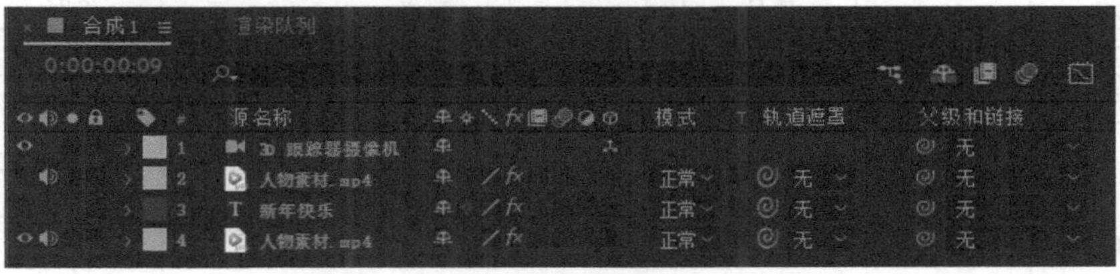

图 8.2.9　设置“跟踪器摄像机”

将两个隐藏图层打开，同时打开文字图层的三维图层（见图 8.2.10）。

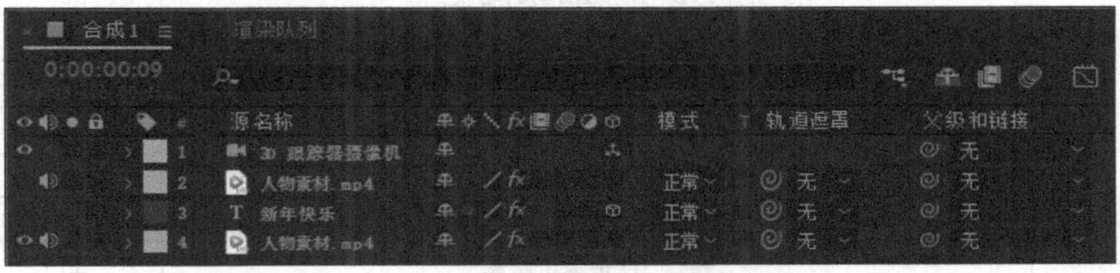

图 8.2.10　打开三维图层属性

改变文字的 X 轴、Y 轴、Z 轴数值，放置在合适位置。

调整完成后，文字就会随着摄像机的移动而移动和缩放了（见图 8.2.11）。

图 8.2.11　设置完成后的显示效果

至此，关于 3D 摄像机跟踪的项目操作演示就结束了，同学们可以在制作视频的过程中灵活运用。

任务评价

本次任务评价内容见表 8.2.1。

表 8.2.1　任务 8.2 评价表

基本信息	姓名		座号		班级		组别	
	规定时间		完成时间		考核日期		总评成绩	
评价方式	评价内容						配分	得分
自我评价	本任务完成情况						30	
	对知识和技能的掌握程度						40	
	遵守工作场所纪律						20	
	遵循工作操作规范						10	
	合计						100	
小组评价	个人本次任务完成质量						30	
	个人参与小组活动的态度						30	
	个人的合作精神和沟通能力						30	
	个人素质评价						10	
	合计						100	
教师评价	分析操作方法						20	
	导入素材						20	
	操作 3D 摄像机跟踪						40	
	细节调整						20	
	合计						100	
总评成绩=自我评价×（ ）%+小组评价×（ ）%+教师评价×（ ）%=								

拓展练习

根据所学知识，自行拍摄视频，对视频内容进行 3D 摄像机跟踪制作。

任务 8.3　应用画面稳定跟踪

任务引入

本次任务将进入稳定运动跟踪的工作流程。AE 稳定运动跟踪是一个非常重要的后期制作环节。通过一些简单的操作，就可以轻松地实现视频的稳定，提高观众的观影体验。在进行稳定运动跟踪时，需要注意选择跟踪区域、调整跟踪点的数量和位置，以及保证整个视频的稳定性。

任务要求

（1）打开软件，新建合成；

（2）导入素材并进行 3D 摄像机与变形稳定器设置；

（3）对最后效果进行简单处理。

知识储备

1. 稳定运动跟踪的概念与原理

稳定运动跟踪是指将视频中的某个物体或者区域进行锚定，随着视频的播放，自动跟踪并保持这个物体或区域的位置不变。稳定运动跟踪的原理其实就是通过计算视频中物体或区域的运动轨迹，将这个轨迹应用到视频中的其他区域或物体上，从而实现整个视频的稳定。

2. 稳定运动跟踪的具体操作步骤

（1）导入需要进行稳定运动跟踪的视频素材；
（2）在“跟踪器”面板中单击“移动运动”按钮；
（3）在视频素材中选择需要进行稳定运动跟踪的区域，并使用“运动跟踪”工具进行跟踪，直到跟踪点固定在目标上；
（4）将跟踪点应用到其他需要稳定的区域或物体上；
（5）调整跟踪点的位置和大小，保证整个视频的稳定性。

3. 稳定运动跟踪的注意事项

（1）在选择跟踪区域时，应选择一个稳定的、不会移动的区域；
（2）在跟踪过程中，应根据视频的实际情况，调整跟踪点的数量和位置，以保证跟踪的准确性；
（3）在应用跟踪点时，应注意保证整个视频的稳定性，避免出现抖动等问题。

任务实施

本任务为使用3D摄像机与变形稳定器，对视频的抖动进行一个调整并将制作的文字跟踪在物体的表面之上，具体操作步骤如下。

应用画面稳定跟踪

1）新建合成

新建合成：1 920×1 080像素，方形像素，25帧/秒，12秒。导入所需要的素材（见图8.3.1）。

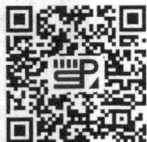

图8.3.1 新建合成、导入素材

2）对画面进行稳定调整

为素材添加变形稳定器效果。由于素材本身的特性，抖动并没有非常严重，可以根据此特性对变形稳定器进行一个效果修改。

将“方法”改为“位置、缩放、旋转”。不采用“子空间变形”的原因是，我们不需要对原素材进行空间变形，不需要空间变形那样大型化地修改素材。同时将“取景”改为“仅稳定”（见图 8.3.2）。

3）使用跟踪摄像机

对于完成稳定的素材进行一个预合成，命名为背景素材（见图 8.3.3）。

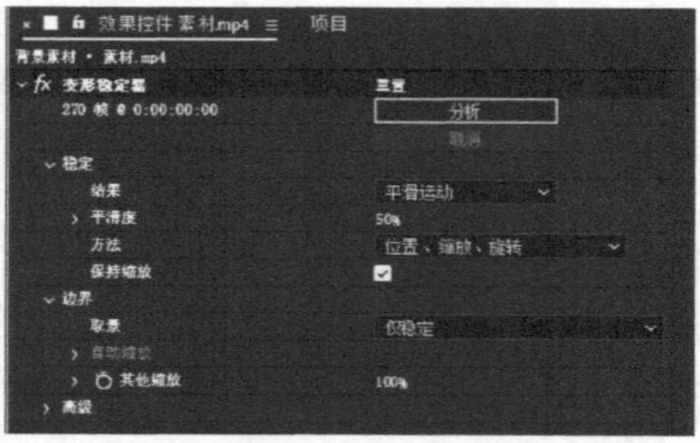

图 8.3.2 “变形稳定器”参数设置

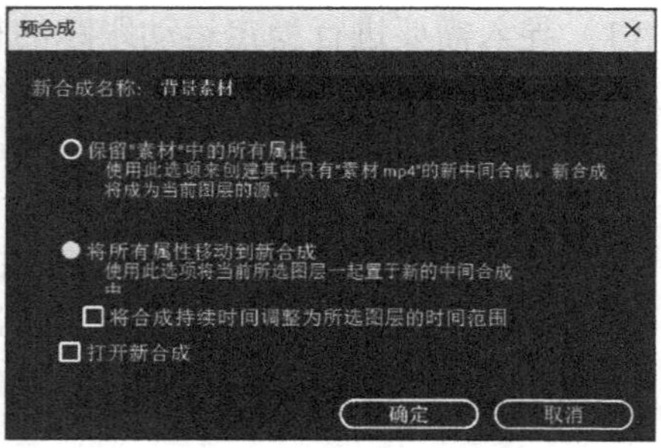

图 8.3.3 预合成背景素材

为背景素材合成添加跟踪摄像机效果，等待后台分析跟踪点，分析完成后选中“渲染跟踪点”复选框，将点在合成中显示出来（见图 8.3.4）。

图 8.3.4 跟踪分析并显示跟踪点

确认“显示轨迹点”为“3D 已解析”，选取位于水面层的点，尽可能地选取绿色的稳定的点进行后续信息处理。选取完成点后右击，在弹出的菜单中选择“创建文本和摄像机”命令（见图 8.3.5）。

4）制作跟踪文本

选择命令后会出现文本框，在文本框内输入所需要制作的文本（见图 8.3.6）。

对文本的大小、位置进行调整（见图 8.3.7）。

为文字的 X 轴、Y 轴、Z 轴“位置”，“缩放”与“方向”进行关键帧设置，制作文字由远及近、由小变大、慢慢变正的效果；分别在起始帧设置关键帧，在第 6 秒完成变换；同时为“不透明度”设置关键帧，由起始帧的 0%到 6 秒变为 100%，再到 8 秒为 0%。

图 8.3.5　选择跟踪点并创建文本摄像机

图 8.3.6　输入文本

5）为文字进行修饰

完成了文本的动画设置，接下来为文本添加修饰效果，在“效果与预设”面板的搜索栏中搜索“梯度渐变”，将“梯度渐变”效果添加给文本，将“起始颜色”设置为青蓝色，制作类似水流的效果（见图 8.3.8）。

图 8.3.7　文本设置

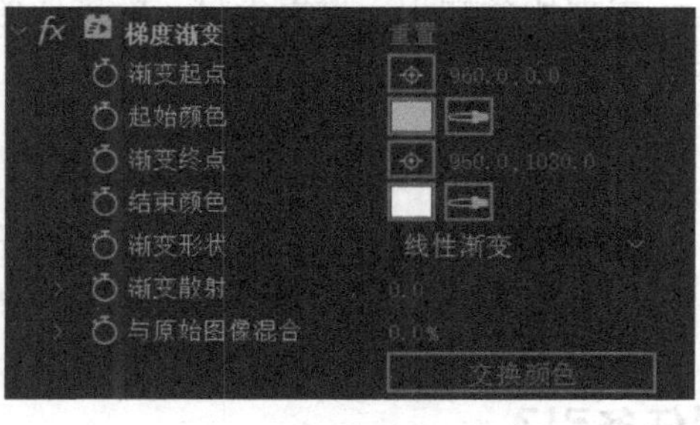

图 8.3.8　设置“梯度渐变”效果

再为文本添加发光效果，为“发光半径”与“发光强度”设置关键帧，起始帧设置“发光半径”为0.0，“发光强度”为0.0；6 秒处“发光半径”为5.0，“发光强度”为1.50；为文本添加高斯模糊效果，在 6 秒处为“模糊度”设置关键帧；“模糊度”设置为 0.0，结束帧为140.0。

至此，任务全部的制作就完成了，可以对合成进行预览与播放，渲染输出成片。

任务评价

本次任务评价内容见表 8.3.1。

表 8.3.1 任务 8.3 评价表

基本信息	姓名		座号		班级		组别	
	规定时间		完成时间		考核日期		总评成绩	
评价方式		评价内容					配分	得分
自我评价		本任务完成情况					30	
		对知识和技能的掌握程度					40	
		遵守工作场所纪律					20	
		遵循工作操作规范					10	
		合计					100	
小组评价		个人本次任务完成质量					30	
		个人参与小组活动的态度					30	
		个人的合作精神和沟通能力					30	
		个人素质评价					10	
		合计					100	
教师评价		新建合成并导入素材					10	
		进行画面稳定跟踪					40	
		进行文本设置					30	
		调整细节并渲染输出					20	
		合计					100	
总评成绩=自我评价×（ ）%+小组评价×（ ）%+教师评价×（ ）%=								

拓展练习

根据所学知识，收集素材，模仿任务效果，对视频内容进行画面稳定跟踪制作并添加文本特效。

任务 8.4 解析运动跟踪效果综合案例

任务引入

本次任务将综合运用运动跟踪技术进行相关跟踪效果的设计制作。在 AE 中实现运动跟踪有多种方法，包括点跟踪、区域跟踪、特征点跟踪和三维相机跟踪等。在进行跟踪时，需要选择合适的跟踪点，调整跟踪参数，手动校正跟踪效果等，以提高跟踪的准确性。

任务要求

（1）打开软件，新建合成；

（2）导入素材并进行运动跟踪效果制作；

（3）进行 Saber 插件效果的设置及调整；

（4）对最后效果进行细节处理。

知识储备

1. 什么是运动跟踪

运动跟踪可以在视频中对一个物体进行跟踪，并在其上添加或修改一些特效。例如，在一段视频中，一个人举着手机走过，我们可以对其手中的手机进行跟踪，并在手机屏幕上添加一些图片或文字。

2. AE 中的运动跟踪

在 AE 中，有以下几种方法可以实现运动跟踪。

（1）点跟踪。点跟踪是最基本的跟踪方法，适用于一些简单的场景。它的原理是在视频中选择一个固定的点进行跟踪。例如，在一个静态场景中，我们可以选择一个门把手或者一个墙上的点进行跟踪。在 AE 中，可以新建一个 Null 对象，然后在该对象上添加点跟踪效果，选择视频中需要跟踪的点即可。

（2）区域跟踪。区域跟踪是一种比较常用的跟踪方法。它的原理是在视频中选择一个区域进行跟踪，如选择一个人的脸部、手臂等区域进行跟踪。在 AE 中，可以新建一个 Null 对象，然后在该对象上添加区域跟踪效果，选择视频中需要跟踪的区域即可。

（3）特征点跟踪。特征点跟踪主要是通过对视频中一些特征点的跟踪来实现物体的运动跟踪，如人脸上的眼睛、嘴巴等特征点。在 AE 中，可以新建一个 Null 对象，然后在该对象上添加特征点跟踪效果，选择视频中需要跟踪的特征点即可。

（4）三维相机跟踪。三维相机跟踪是一种更加高级的跟踪方法。它可以对视频中的相机进行跟踪，并生成一个三维相机模型。在 AE 中，可以新建一个相机层，然后在该层上添加三维相机跟踪效果，选择视频中需要跟踪的相机即可。

3. 如何提高运动跟踪的准确性

在进行运动跟踪时，需要注意一些细节，才能提高跟踪的准确性。

（1）选择合适的跟踪点。在进行运动跟踪时，用户需要选择一个合适的跟踪点。这个点应该在整个视频中都比较稳定，避免在跟踪过程中发生跳动或者漂移的情况。

（2）调整跟踪参数。在进行运动跟踪时，用户需要根据不同的场景，对跟踪参数进行调整。例如，在快速移动的场景中，需要调整“跟踪速度”和“平滑度”等参数，以确保跟踪的准确性。

（3）手动校正跟踪结果。在进行运动跟踪时，有时候会出现跟踪偏移的情况。这时候，我们可以手动调整跟踪结果，以确保跟踪的准确性。

任务实施

本任务使用熟悉的 Saber 插件，结合运动跟踪功能制作一个特效短片。完成效果如图 8.4.1 所示。

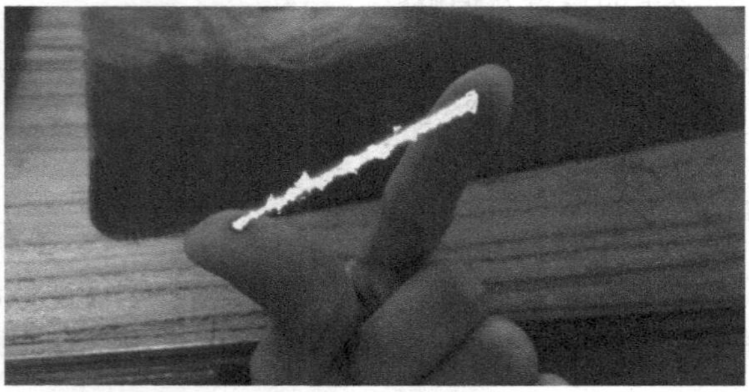

图 8.4.1　完成效果

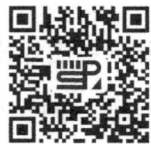

制作运动跟踪案例

具体操作步骤如下。

1）新建合成

新建合成：1 920×1 080 像素，方形像素，25 帧/秒，13 秒。导入所需要的素材（见图 8.4.2）。

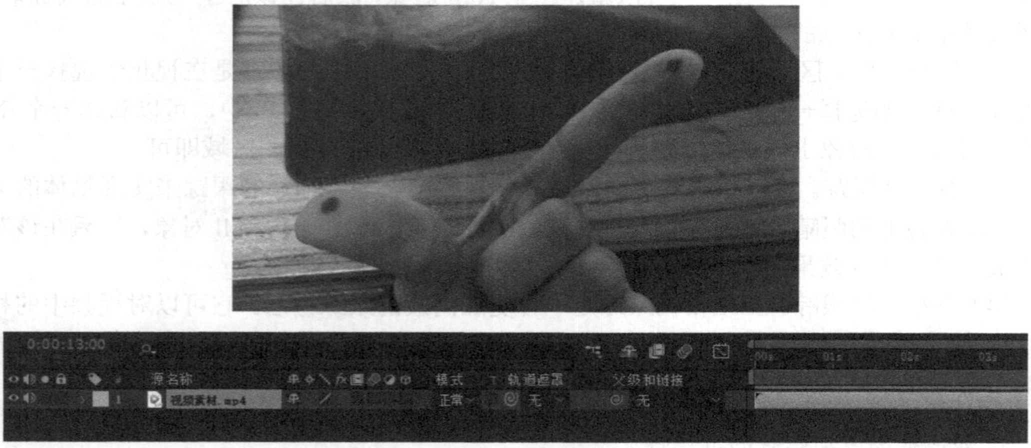

图 8.4.2　新建合成、导入素材

2）使用跟踪器进行点的跟踪

单击素材，选择“跟踪器”面板内的“跟踪运动”命令。选中“跟踪器”面板中的“位置”与“旋转”复选框（见图 8.4.3）。

选择完成后可以在“合成”面板看见两个跟踪点。将两个跟踪点分别拖动到视频素材上的手指标记点（见图 8.4.4）。

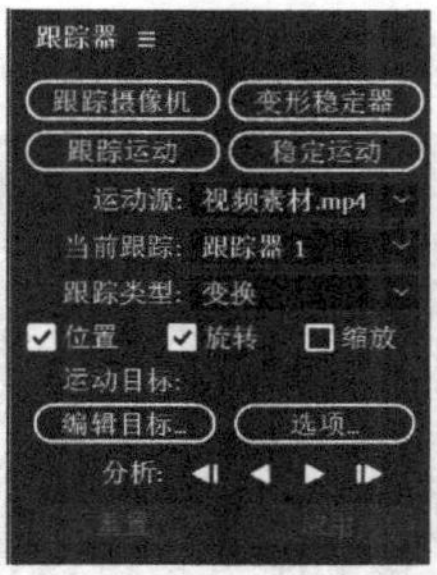

图 8.4.3　使用跟踪器进行点跟踪

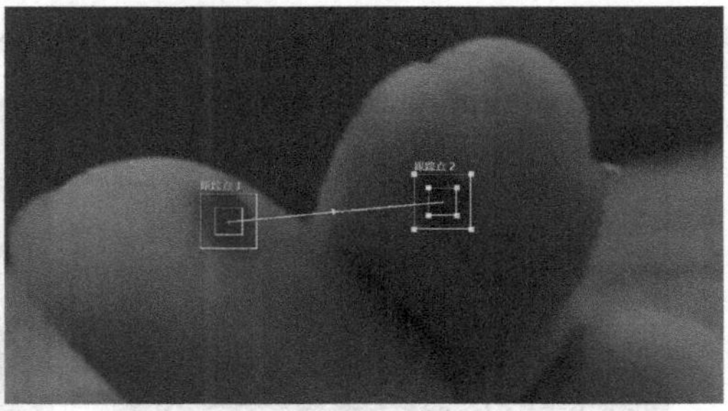

图 8.4.4　在目标手指上放置跟踪点

此处为了标记得明显，便于制作效果，特在手指上进行标记，平时在制作特效过程中，需找寻颜色差别较大的位置进行标记与跟踪，以便于后台的路径分析。

调整完成两个标记的点后，在“跟踪器”面板的“分析”栏，单击“向后分析”按钮。在自动跟踪过程中难免会出现跟踪点丢失等情况，当出现跟踪点丢失时，就需要制作者自行将跟踪点重新调整回到需要跟踪的位置，为了避免这种情况发生，可以将跟踪点进行放大（见图 8.4.5）。

调整后继续进行路径分析，等待后台分析完成（见图 8.4.6）。

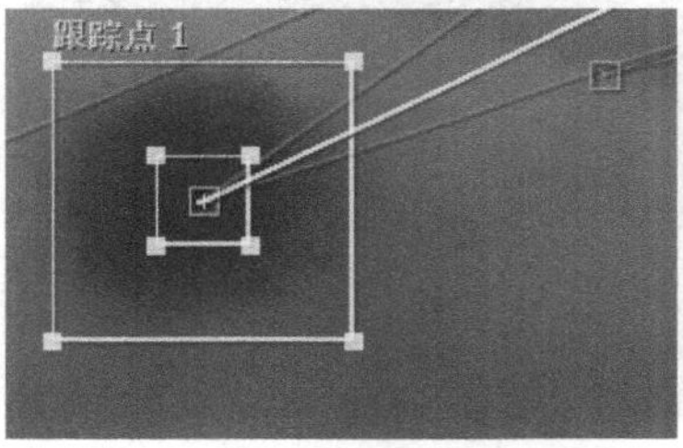

图 8.4.5　标记跟踪点位置

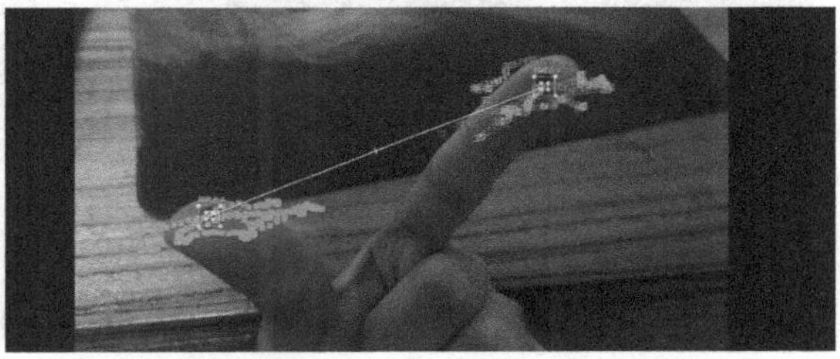

图 8.4.6　进行路径分析

3）使用 Saber 插件

在“时间轴”面板新建一个黑色的纯色图层（见图 8.4.7），将纯色图层放在视频素材的上方。

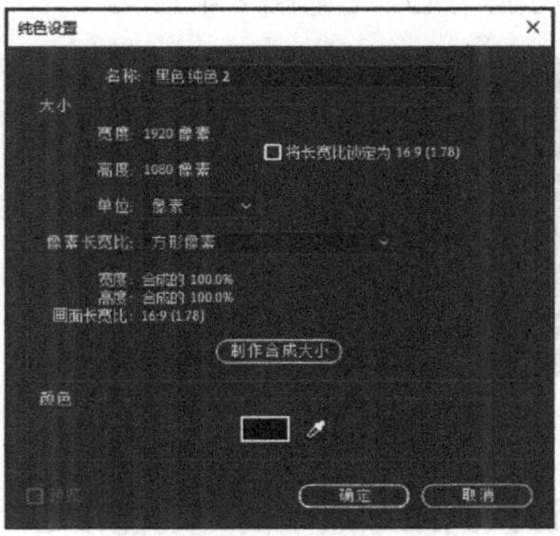

图 8.4.7　新建纯色层

在“效果和预设”面板的搜索栏中搜索 Saber，将 Saber 效果添加至纯色图层（见图 8.4.8）。

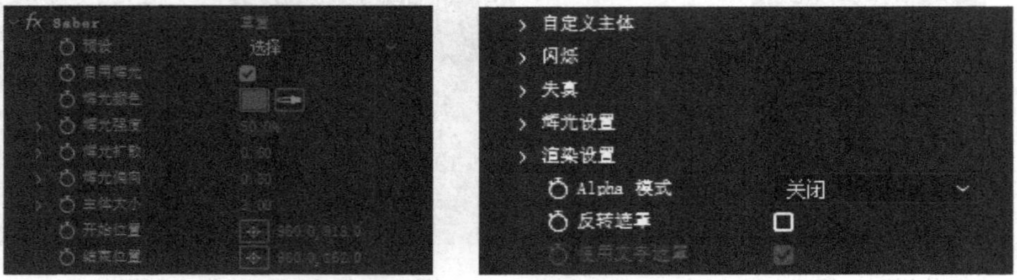

图 8.4.8　添加 Saber 效果

在“效果控件”面板中调整 Saber 效果的设置，将“渲染设置”选项组的“合成设置”设置为“透明”（见图 8.4.9）。

此时，合成窗口就会出现视频素材（见图 8.4.10）。

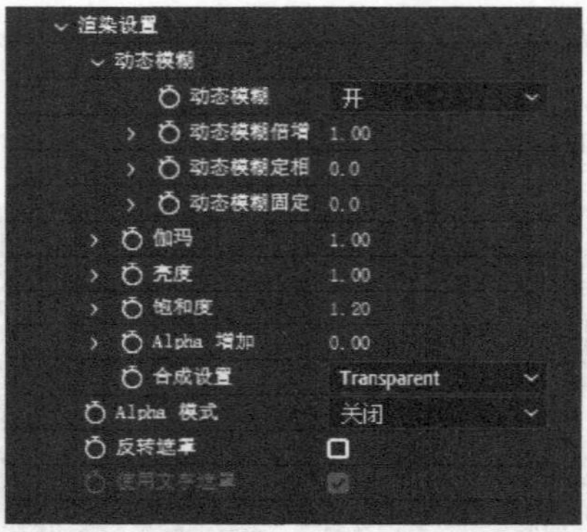

图 8.4.9　进行参数设置

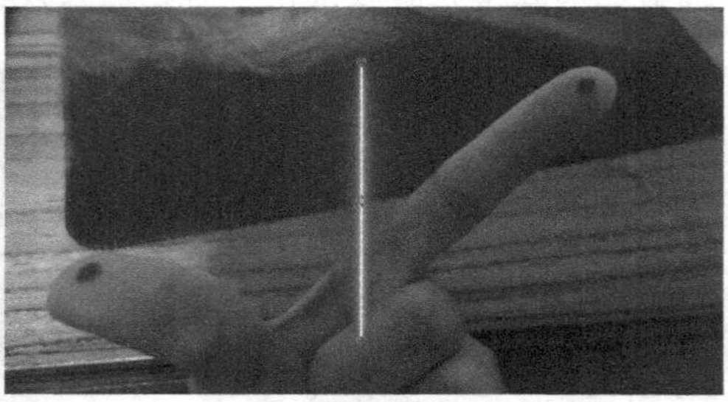

图 8.4.10　预览视频素材

接下来调整光效位置（见图 8.4.11）。

在“时间轴”面板单击 Saber 左侧扩展按钮，找到“开始位置”与“结束位置”，单击“视频素材”、“动态跟踪器”、“跟踪点 1”与“跟踪点 2”左侧扩展按钮，找到“跟踪点 1”与“跟踪点 2”选项组中的“功能中心”（见图 8.4.12）。

图 8.4.11　调整光效位置

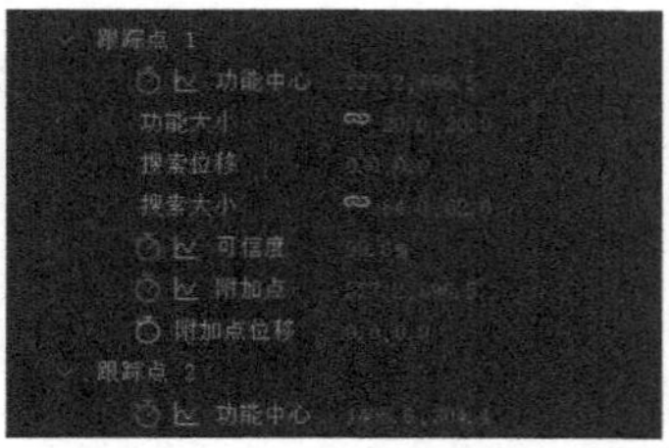

图 8.4.12　为跟踪点找功能中心

将 Saber 的“开始位置”链接到跟踪点 1 的“功能中心”，“结束位置”链接到跟踪点 2 的“功能中心”。链接完成后光效就会根据手指进行移动（见图 8.4.13）。

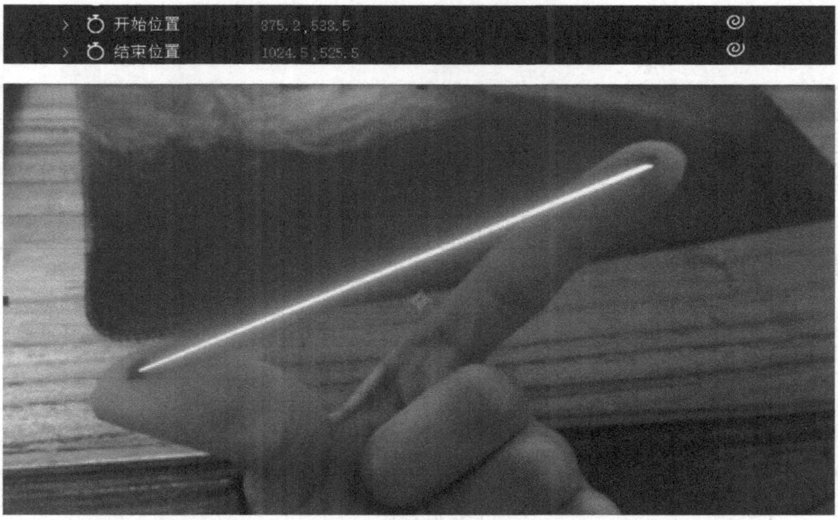

图 8.4.13　链接跟踪点到功能中心的效果

4）进行光效修饰

对 Saber 效果产生的特效进行一个修饰美化，设置“预设”为“电流”；“辉光强度”为 65.0%；“辉光扩散”为 0.03；“主体大小”为 3.00；“闪烁强度”为 37%。也可以根据自己的需要对光效进行一个自定义（见图 8.4.14）。

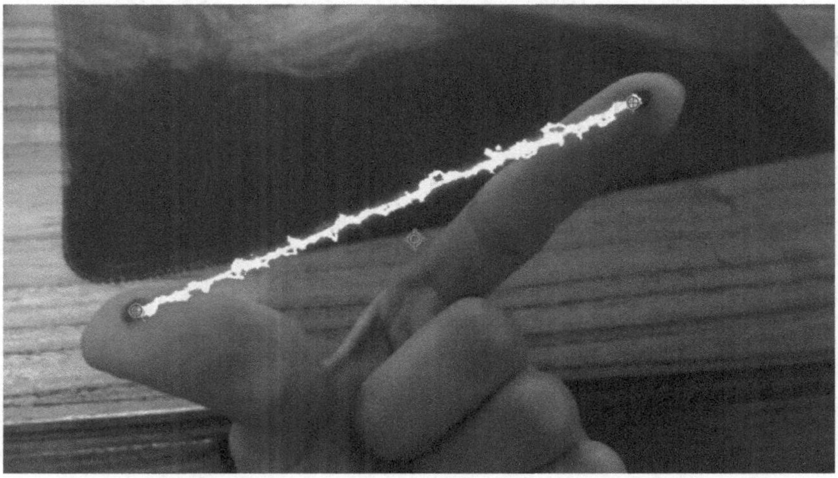

图 8.4.14　完成效果

等待视频的渲染，进行预览与播放。至此，就完成了运动跟踪与 Saber 控件的综合案例制作，同学们也可以将运动跟踪功能与其他更多的效果控件结合，制作出更多有意思的特效。

任务评价

本次任务评价内容见表 8.4.1。

表 8.4.1　任务 8.4 评价表

基本信息	姓名		座号		班级		组别	
	规定时间		完成时间		考核日期		总评成绩	
评价方式		评价内容					配分	得分
自我评价		本任务完成情况					30	
		对知识和技能的掌握程度					40	
		遵守工作场所纪律					20	
		遵循工作操作规范					10	
		合计					100	
小组评价		个人本次任务完成质量					30	
		个人参与小组活动的态度					30	
		个人的合作精神和沟通能力					30	
		个人素质评价					10	
		合计					100	
教师评价		分析操作方法					10	
		导入素材					10	
		制作运动跟踪效果					30	
		制作 Saber 光电效果					30	
		调整细节					20	
		合计					100	
总评成绩=自我评价×（ ）%+小组评价×（ ）%+教师评价×（ ）%=								

拓展练习

根据所学知识，收集素材，模仿案例效果，结合 Saber 插件对视频内容进行运动跟踪特效制作。

项目 9

解析综合案例

项目导读

本项目进入影视特效综合实例的讲解阶段。通过前面项目的学习，大家已经掌握了AE基础知识，接下来我们会接触到影视后期包装、广告短视频、MG动画等影视综合项目的制作，结合常用插件以及AE技术知识设计制作常用的影视特效动画效果。

学习目标

知识目标

- ◆ 了解影视后期包装、广告短视频、MG动画等项目基础知识；
- ◆ 了解相关项目的制作流程及制作技巧；
- ◆ 掌握电视台宣传栏目、广告短视频、MG动画等项目制作技巧。

能力目标

- ◆ 能够针对电视台宣传栏目、广告短视频、MG动画等项目需求进行特效设计；
- ◆ 能灵活运用AE及其插件进行相关项目设计与制作。

素养目标

- ◆ 树立正确的学习观、价值观，自觉践行行业道德规范；
- ◆ 牢固树立质量第一、信誉第一的强烈意识；
- ◆ 培养学生审美情趣、自主探究的能力；
- ◆ 感受动画之美，发扬一丝不苟、精益求精的工匠精神。

任务 9.1　制作节目预告栏目效果

任务引入

本次任务将进入电视台宣传片制作的工作环节，了解典型工作过程，系统掌握电视台宣传栏目制作任务。结合校园电视台的工作，练习制作一档电视台节目预告栏目的包装，通过简单的形状图层、遮罩设置、动画关键帧等命令，制作美观、清新的节目预告栏目包装。

任务要求

（1）打开软件，新建合成；

（2）在合成中进行栏目预告素材制作；

（3）对素材进行动画遮罩等处理；

（4）进行动画细节调整。

知识储备

本任务是在了解电视台工作流程的基础上，针对典型的后期制作工作环节进行实战。电视台节目预告栏目是建立在前期栏目拍摄的基础之上，让预告的风格更突出，可看性更强，传达的预告内容更出彩，工作内容和使用的技术并不复杂。通过为形状图层制作动画、文本输入、遮罩制作、动画设置等技术手段就可以制作出美观、清新的节目预告栏目效果。

任务实施

本任务为设计构思并进行节目预告栏目效果的制作。完成效果如图 9.1.1 所示。

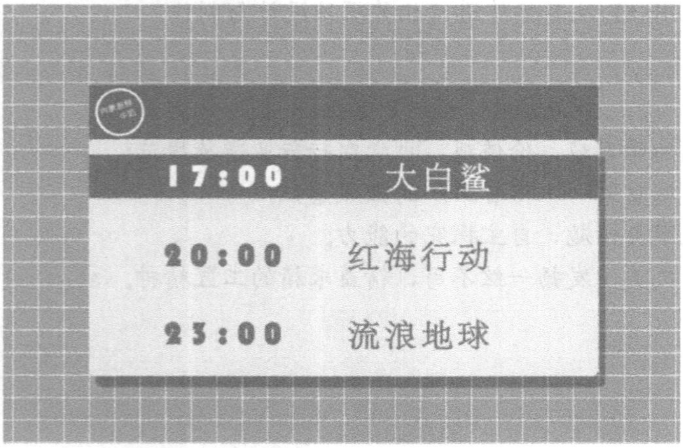

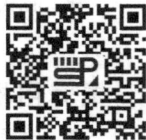

制作节目预告栏目效果 1

图 9.1.1　完成效果

具体操作步骤如下。

1）新建合成

新建合成：1 920×1 080 像素，方形像素，25 帧/秒，20 秒。命名为“导视”（见图 9.1.2）。

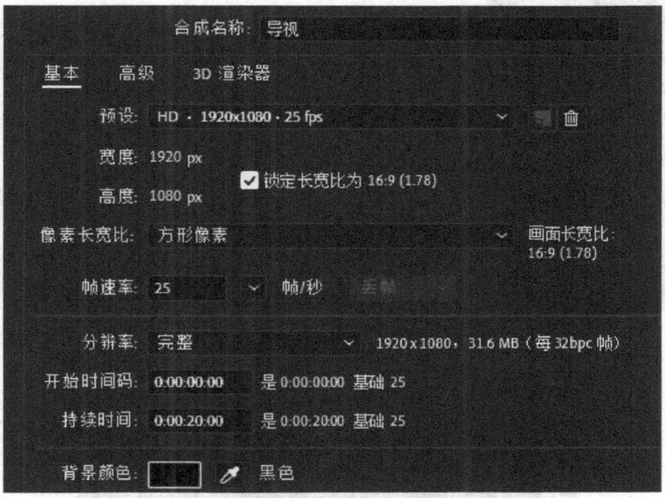

图 9.1.2　新建合成

2）建立背景

创建完成后，按住 Alt 键双击矩形工具，自动建立一个与合成相同大小的矩形，命名为“背景”，为其添加填充效果，将填充效果颜色设置为橘黄色（见图 9.1.3）。

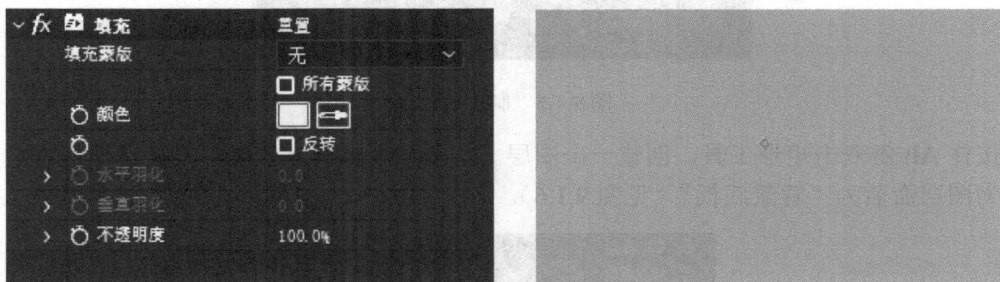

图 9.1.3　创建背景并添加填充效果

在“效果和预设”面板的搜索栏中搜索“网格”，将网格效果添加到背景图层，添加完成后，将混合模式设置为“正常”。调整边角控件，使网格内的格子接近于正方形，同时变小。“边界”调整为 3（见图 9.1.4）。

3）制作主横条

新建合成：1 060×116 像素，方形像素，25 帧/秒，20 秒。命名为“LOGO 条”（见图 9.1.5）。

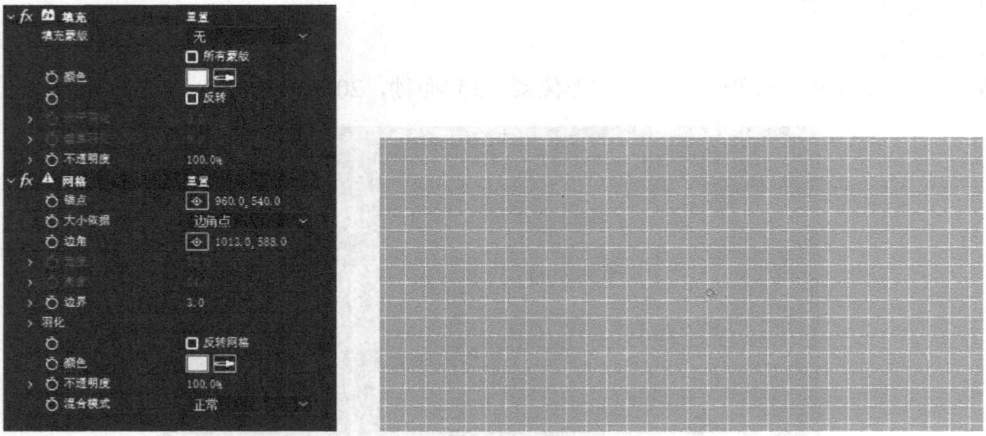

图 9.1.4　制作背景

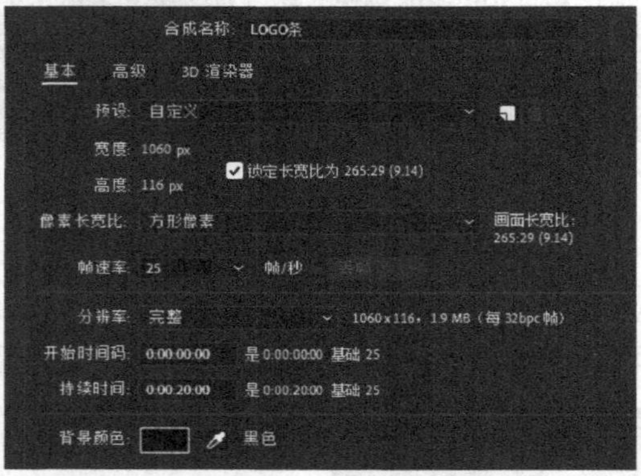

图 9.1.5　制作主横条

按住 Alt 键双击矩形工具，创建一个图层。为图层添加填充效果，将图层颜色修改为橙色，为图层命名为“背景底板”（见图 9.1.6）。

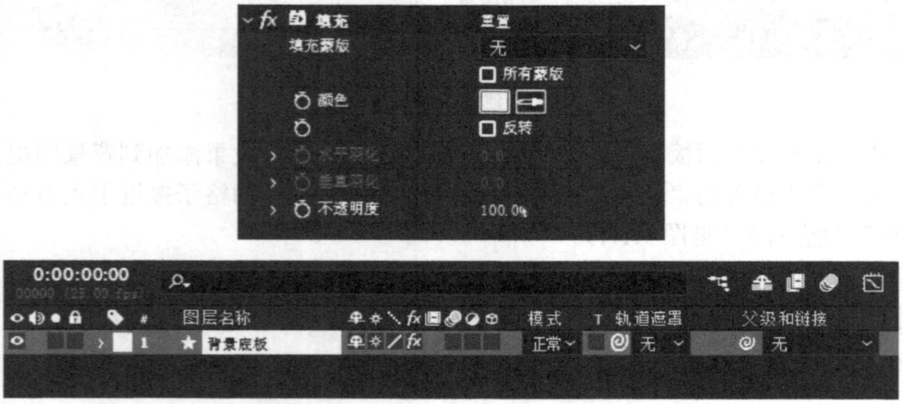

图 9.1.6　制造背景底板

使用椭圆工具，在图层的中心绘制一个圆形。调整一下圆形的大小。关闭图层的填充，将描边改为白色，像素大小设置为 5，命名为“圆圈”（见图 9.1.7）。

将圆圈拖动到底板最左侧。拖动完成后，输入所需文本。调整文字的“缩放”与“旋转”属性，放置在圆圈当中（见图 9.1.8）。

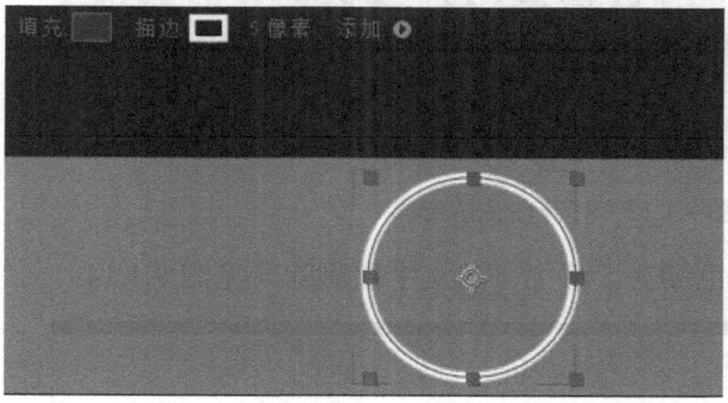

图 9.1.7　绘制圆环

图 9.1.8　设置文本

将圆圈与文字进行预合成，命名为“LOGO 修改”（见图 9.1.9）。

双击打开 LOGO 修改合成。修饰一下 LOGO 的总体位置，防止其遮挡其他图层。使用目标区域工具，将 LOGO 位置框选（见图 9.1.10）。

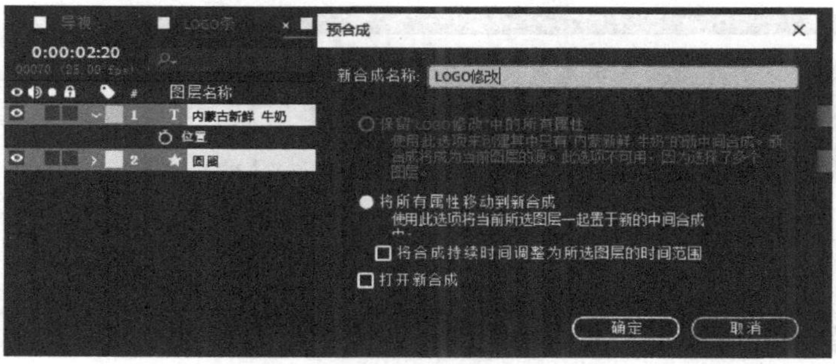

图 9.1.9　设置 LOGO 预合成

图 9.1.10　设置 LOGO 位置

在菜单栏选择“合成”→“将合成裁剪到工作区”命令，完成裁剪（见图 9.1.11）。

裁剪完成后，回到 LOGO 条合成，打开窗口内对齐效果，选择左对齐（见图 9.1.12）。

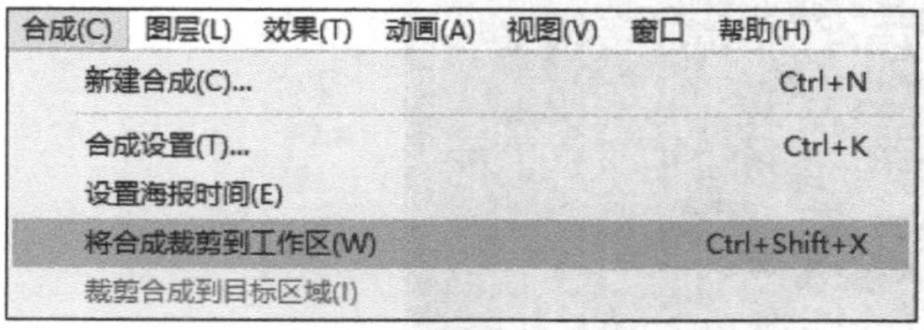

图 9.1.11　裁剪合成命令

图 9.1.12　左对齐 LOGO

完成 LOGO 条的制作之后，再来制作翻页的白色条。在“项目”面板将 LOGO 条复制一层，命名为“白色条”。双击打开白色条合成（见图 9.1.13）。

图 9.1.13　打开白色条合成

将背景底板的填充颜色改为白色偏灰，将上方的文字层删除（见图 9.1.14）。

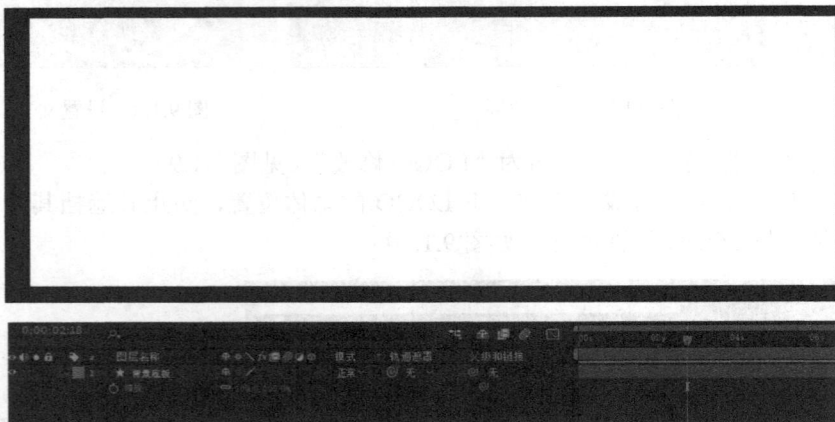

图 9.1.14　删除上方的文字层

4）制作 3D 效果

新建合成：1 600×200 像素，方形像素，25 帧/秒，20 秒。命令为“3D 旋转框”（见图 9.1.15）。

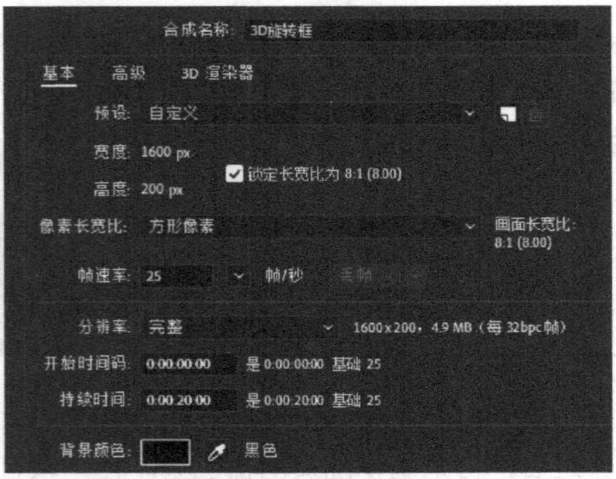

图 9.1.15　新建合成

将 LOGO 条合成与白色条合成拖入 3D 旋转框。打开两个合成的三维开关。在移动两个条的位置前，先将白色条的锚点移动到正中心的最下方（见图 9.1.16）。

图 9.1.16　拖入素材至新合成

将白色条的 X 轴旋转调整为 0x−90.0°（见图 9.1.17）。

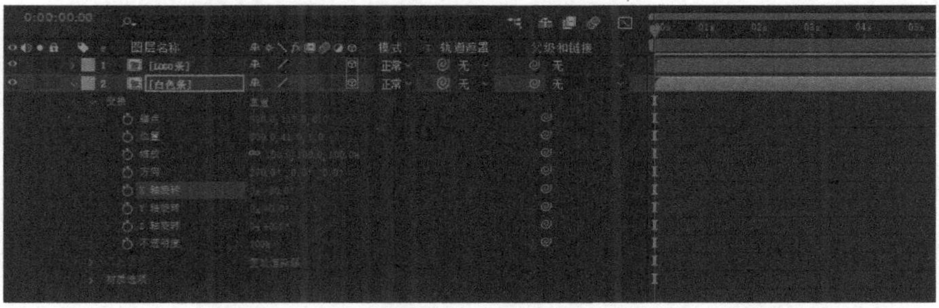

图 9.1.17　X 轴旋转调整

新建一个空对象图层，命名为“旋转控制”。

打开空对象的三维开关，按 Ctrl+R 快捷键打开坐标条。切换到顶视图。在坐标条与顶视图的辅助下，将空对象的中心调整到白色条的中心（见图 9.1.18）。

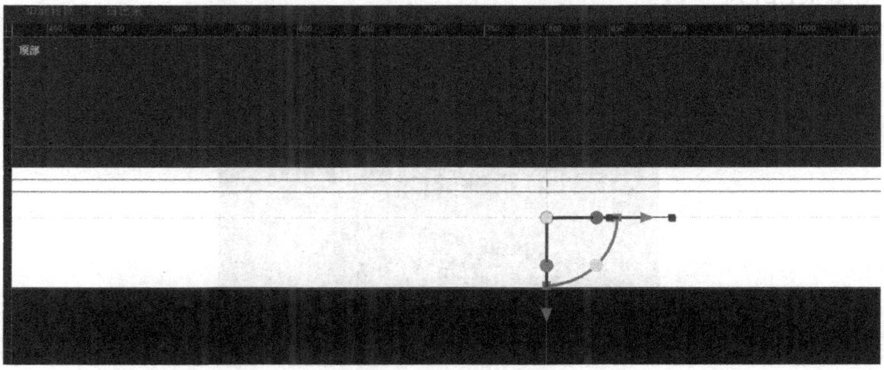

图 9.1.18　调节空对象层

回到活动摄像机视角，将两个合成链接到“旋转控制”上。链接完成后，为“旋转控制”设置关键帧动画。单击“X 轴旋转”时间变化秒表，在第 9 帧设置为 0x-90.0°，在第 22 帧设置为 0x-0.0°。接着为两个关键帧添加缓动效果，调整一下运动速率（见图 9.1.19）。

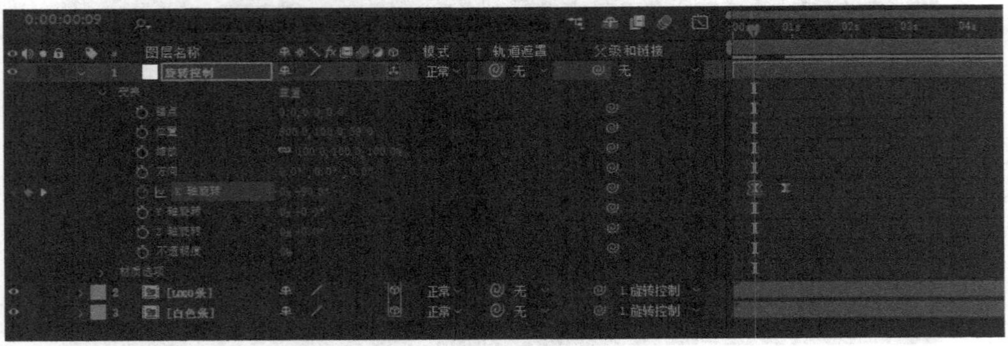

图 9.1.19　设置关键帧动画

完成旋转后，回到导视合成，将旋转条拖动到合成中。将其位置调整在中上方（见图 9.1.20）。

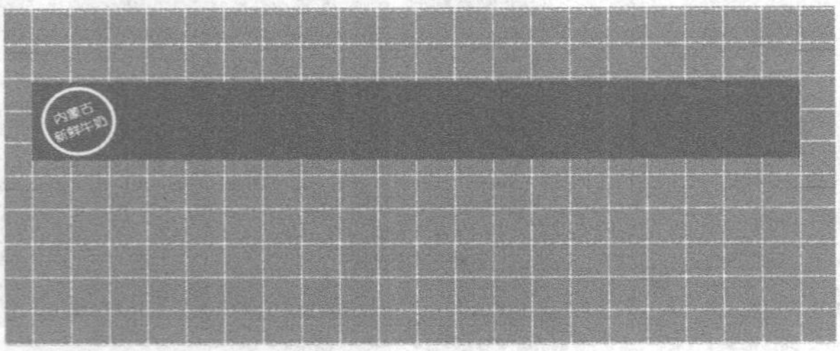

图 9.1.20　合成位置调整

5）制作展示框

完成旋转栏的制作后，制作旋转栏衍生出的展示框。

新建合成：1 060×505 像素，方形像素，25 帧/秒，20 秒。命名为“主框”（见图 9.1.21）。

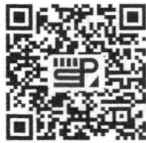

制作节目预告栏目效果 2

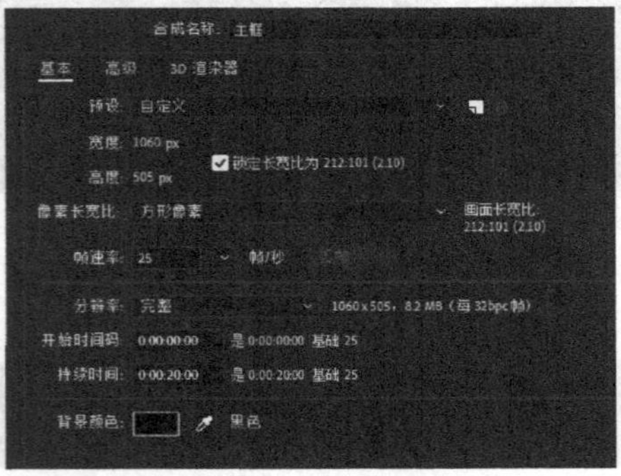

图 9.1.21　新建合成

按住 Alt 键双击矩形工具，创建背景，命名为“主框”，为“主框”添加填充效果。将其颜色改为白色，带些米色（见图 9.1.22）。

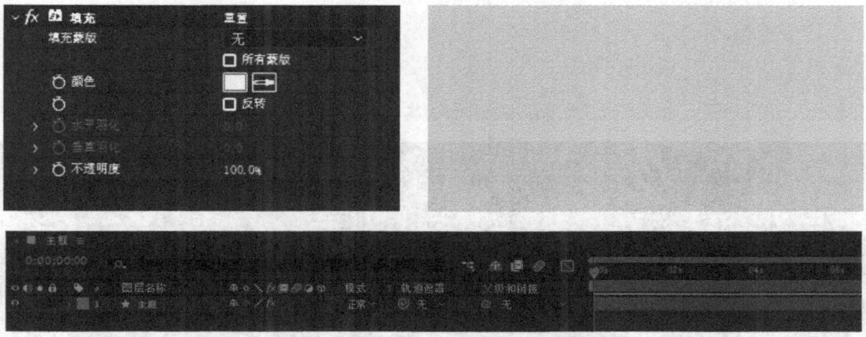

图 9.1.22　填充色彩

将主框图层放置到导视合成。放置完成后，将其与上方旋转栏底部对齐（见图 9.1.23）。

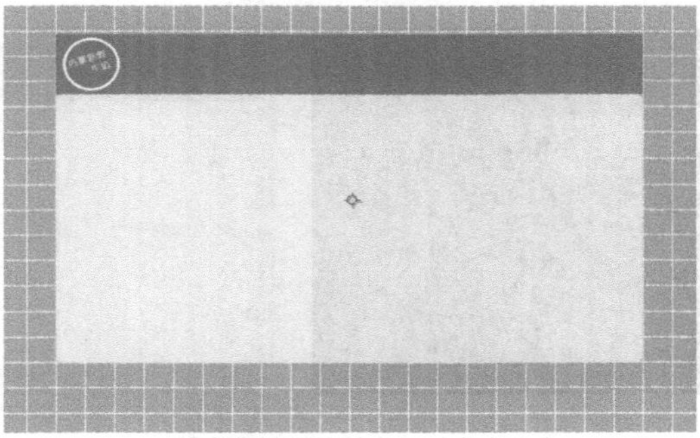

图 9.1.23　调节位置对齐

制作“主框”动画效果。将“主框”复制一层，将下方“主框”的轨道遮罩选择为“主框”，打开 Alpha/Luma Matte 开关（见图 9.1.24）。

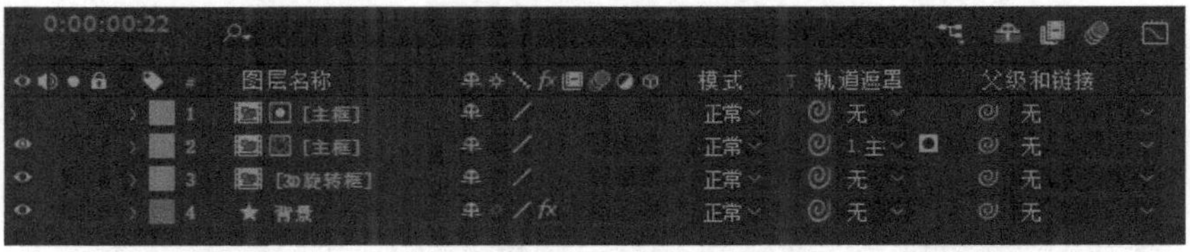

图 9.1.24　制作遮罩

为“主框”设置“位置”属性关键帧，制作动画。旋转一结束“主框”就完全出现，为两个关键帧设置缓动效果。调整运动速率（见图 9.1.25）。

为主框设置一个阴影效果。将带有关键帧的主框图层进行复制，同时命名为“主框，阴影”，将其位置移动到带有关键帧的“主框”图层下方，关闭轨道遮罩。添加一个填充效果，颜色为黑色。移动“位置”属性，向右侧移动一定数值（见图 9.1.26）。

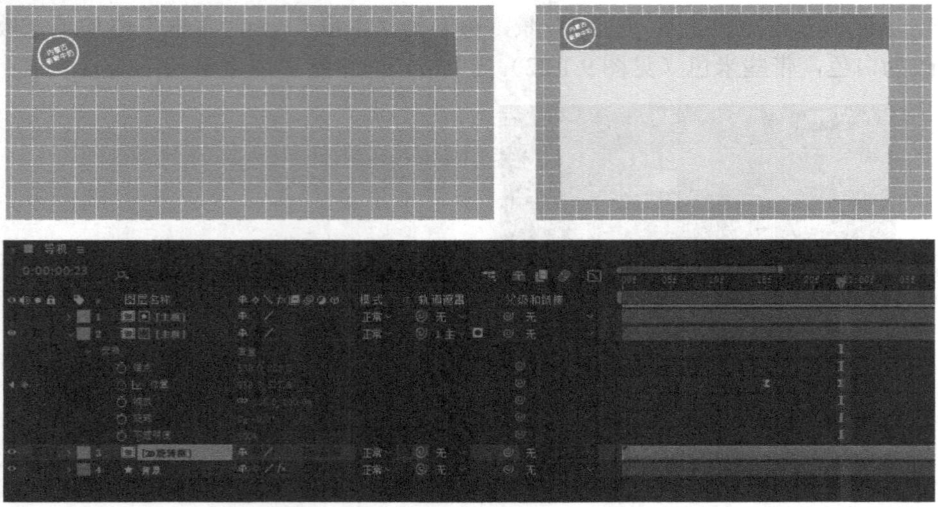

图 9.1.25　设置位置属性关键帧

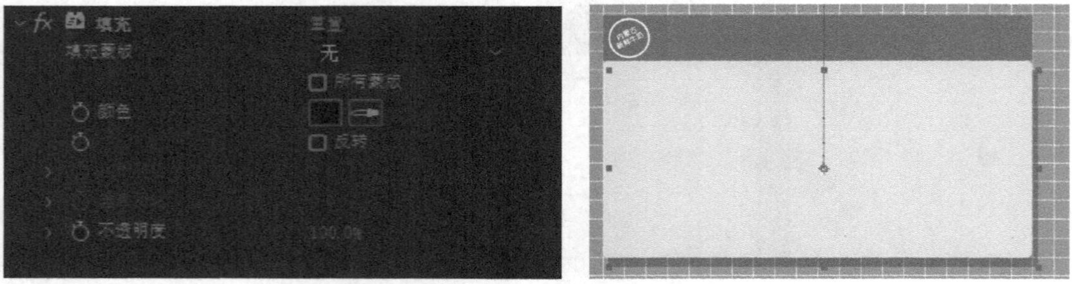

图 9.1.26　设置阴影效果

在合成内绘制一个大的矩形，作为阴影的遮罩，将形状图层命名为“阴影遮罩”，移动到“主框，阴影”图层的上一层（见图 9.1.27）。

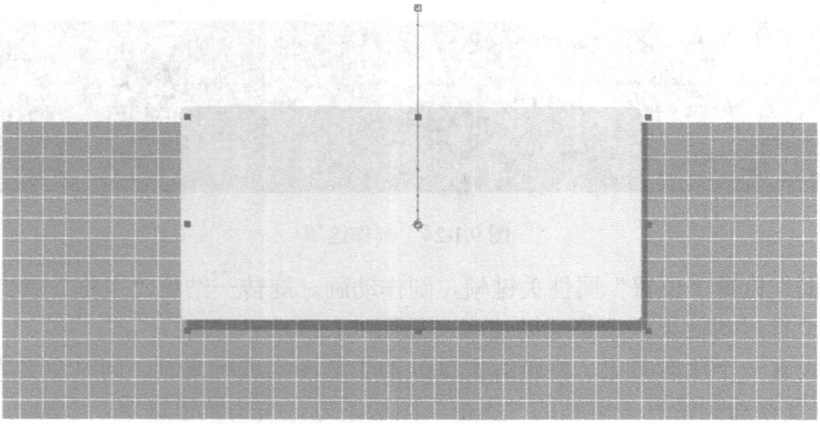

图 9.1.27　设置阴影遮罩

将“主框，阴影”图层的轨道遮罩选择为“阴影遮罩”，打开反转遮罩开关。调整完成后，将“主框，阴影”的“不透明度”调整为 20%。至此，完成阴影效果的制作（见图 9.1.28）。

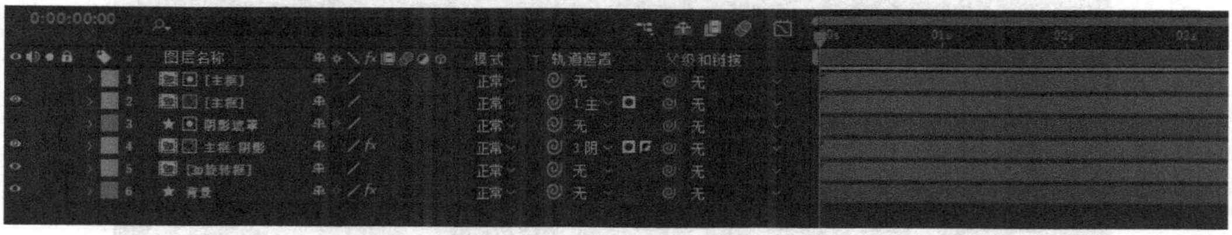

图 9.1.28　调整主框遮罩

6）制作节目时间表

打开主框合成，在主框内输入时间与节目内容（见图 9.1.29）。

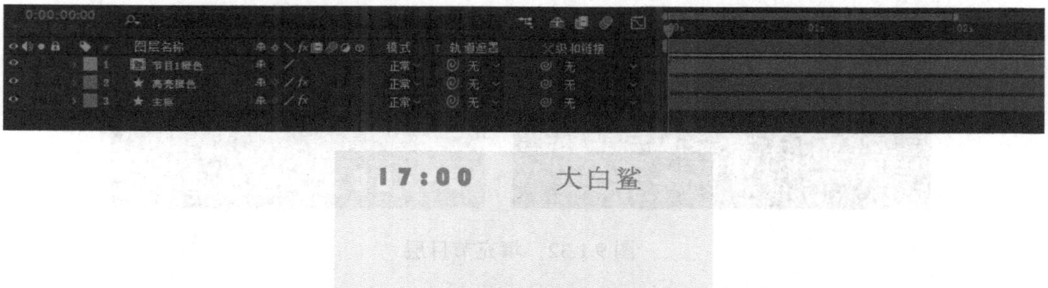

图 9.1.29　输入时间与节目内容

完成一个节目的时间与内容之后进行预合成，命名为“节目 1”。接着制作其余两个节目的时间与内容，完成预合成（见图 9.1.30）。

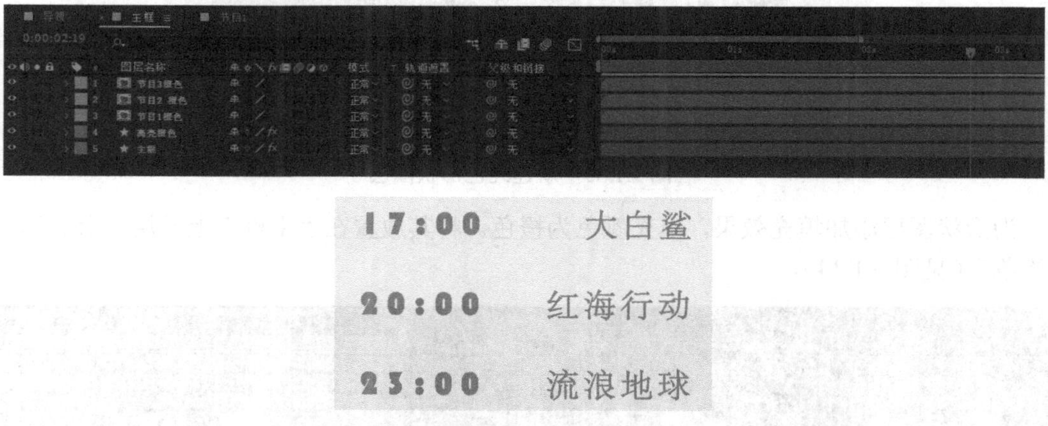

图 9.1.30　完成节目预合成

完成了文本的输入，接着制作最为重要的滚动颜色条。将 3 个节目的合成分别复制一层，将相同的两个合成分别命名为“节目 1 白色”与“节目 1 橙色”，节目 2、节目 3 也相同（见

图 9.1.31）。

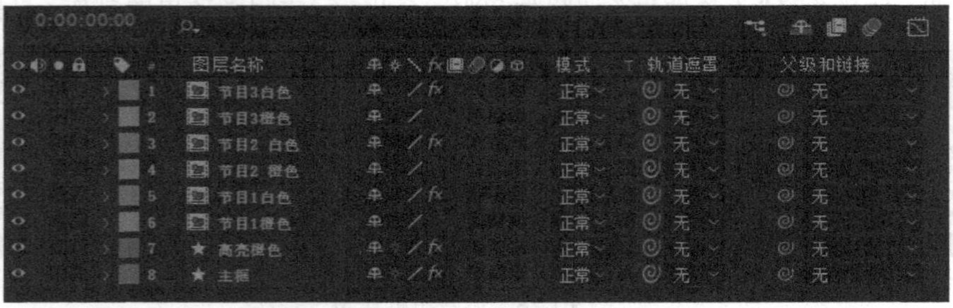

图 9.1.31　复制并整理节目层

为每个白色层添加填充效果，填充色为白色（见图 9.1.32）。

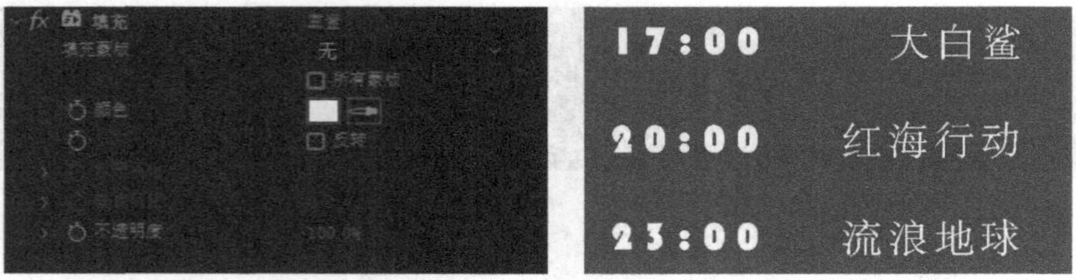

图 9.1.32　填充节目层

新建一个纯色形状图层，大小为 1 060×89 像素（见图 9.1.33）。

图 9.1.33　新建纯色形状图层

为形状图层添加填充效果，填充颜色为橙色。将其放置在“主框”上一层，命名为“高亮橙色”（见图 9.1.34）。

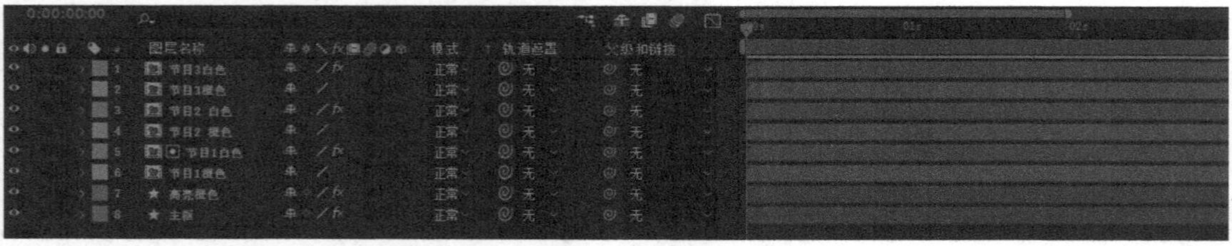

图 9.1.34　设置填充颜色

放置完成后，将橙色条移动到节目 1 位置（见图 9.1.35）。

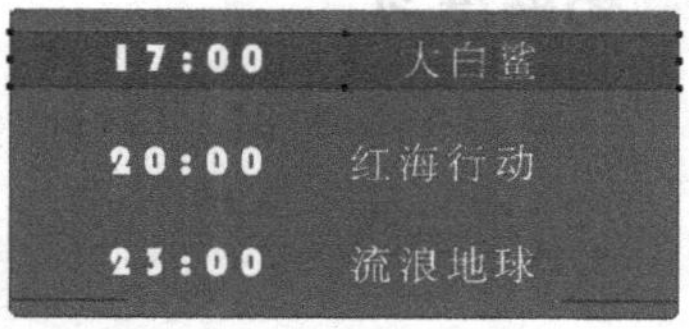

图 9.1.35　移动位置

接着将橙色条复制 3 层，分别放置到每个节目的白色层上方，将每个节目的白色层轨道遮罩设置为上方的橙色条，打开 Alpha/Luma Matte 开关（见图 9.1.36）。最后将每一个橙色条链接到最下方的橙色条，就完成了颜色滚动的制作。最后为橙色条制作一个动画效果。制作完关键帧效果后，为关键帧设置缓动，调整运动速率，回到导视合成进行预览与播放。

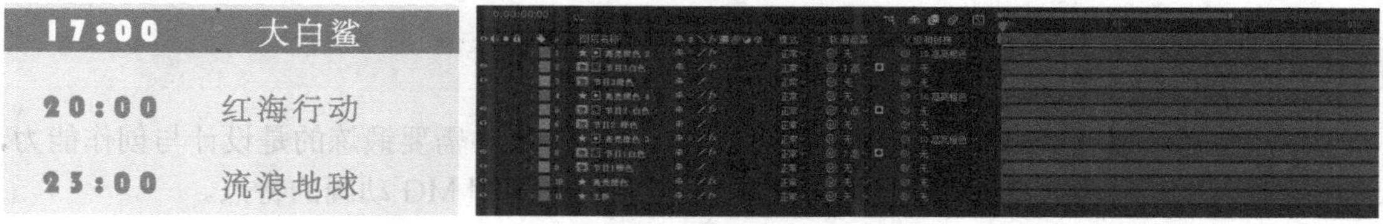

图 9.1.36　设置轨道遮罩

至此，关于节目预告栏目效果的制作就完成了，同学们可以为预告栏增加更多的修饰与美化，发挥自己的创新能力。

任务评价

本次任务评价内容见表 9.1.1。

表 9.1.1　任务 9.1 评价表

<table>
<tr><td rowspan="2">基本信息</td><td>姓名</td><td></td><td>座号</td><td></td><td>班级</td><td></td><td>组别</td><td></td></tr>
<tr><td>规定时间</td><td></td><td>完成时间</td><td></td><td>考核日期</td><td></td><td>总评成绩</td><td></td></tr>
<tr><td colspan="2">评价方式</td><td colspan="5">评价内容</td><td>配分</td><td>得分</td></tr>
<tr><td colspan="2" rowspan="5">自我评价</td><td colspan="5">本任务完成情况</td><td>30</td><td></td></tr>
<tr><td colspan="5">对知识和技能的掌握程度</td><td>40</td><td></td></tr>
<tr><td colspan="5">遵守工作场所纪律</td><td>20</td><td></td></tr>
<tr><td colspan="5">遵循工作操作规范</td><td>10</td><td></td></tr>
<tr><td colspan="5">合计</td><td>100</td><td></td></tr>
<tr><td colspan="2" rowspan="5">小组评价</td><td colspan="5">个人本次任务完成质量</td><td>30</td><td></td></tr>
<tr><td colspan="5">个人参与小组活动的态度</td><td>30</td><td></td></tr>
<tr><td colspan="5">个人的合作精神和沟通能力</td><td>30</td><td></td></tr>
<tr><td colspan="5">个人素质评价</td><td>10</td><td></td></tr>
<tr><td colspan="5">合计</td><td>100</td><td></td></tr>
<tr><td colspan="2" rowspan="7">教师评价</td><td colspan="5">分析操作方法</td><td>10</td><td></td></tr>
<tr><td colspan="5">创建背景</td><td>10</td><td></td></tr>
<tr><td colspan="5">创建元素</td><td>20</td><td></td></tr>
<tr><td colspan="5">调节动画效果</td><td>30</td><td></td></tr>
<tr><td colspan="5">调节效果细节</td><td>20</td><td></td></tr>
<tr><td colspan="5">制作规范</td><td>10</td><td></td></tr>
<tr><td colspan="5">合计</td><td>100</td><td></td></tr>
<tr><td colspan="9">总评成绩=自我评价×（ ）%+小组评价×（ ）%+教师评价×（ ）%=</td></tr>
</table>

拓展练习

根据所学知识，自行收集、制作素材，为学校宣传片制作电视台宣传栏目包装。

任务9.2 制作MG动画

任务引入

本次任务将进行MG动画制作相关知识的学习。任务中需要锻炼的是设计与创作能力，现在就进入MG动画片头包装项目的制作，通过实例来了解MG动画的特点。

任务要求

（1）打开软件，新建合成；

（2）以矢量绘画为主，进行人物绘制及前期图像处理；

（3）制作路径关键帧动画并进行细节调整。

知识储备

1. MG动画的概念

MG动画，英文全称为motion graphics，就是“动态图像设计”。MG动画设计把原本处于静态的平面图像和形状转变为动态的视觉效果，也可以将静态的文字转化为动态的文字动画。

2. MG动画的应用范围

MG动画因为其相较传统动画制作更加简便、视觉效果良好、制作周期短、成本低等特点，不仅在商业上应用广泛，教学上也被大范围地运用，涉及的专业学科包括设计、经济、商务、管理、农业等。MG动画适用于大部分学科的课程介绍。

3. MG动画的制作流程

MG动画制作和其他的动画制作流程基本类似，总体上分为前期沟通、中期执行、后期优化三个阶段。

在前期沟通阶段，制作团队需与客户确定制作思路及色调风格，然后根据这些需求来撰写文字脚本。随后开始执行，包括分镜设计、素材绘制、台词配音、后期剪辑、动画合成等各项工序。动画样片出来后，团队与客户方再通过沟通，完成后期的优化调整，最终形成成片。

4. MG 动画和传统动画的不同之处

传统动画（animation）以角色为主，着墨于剧情；MG 动画则不一定带有明显剧情。MG 动画主要是将平面设计（graphic design）加入动态（motion），用动态的图像传达资讯，画出所需图像，制作动态及转场，制作成一支 MG 动画。

任务实施

本任务为制作 MG 动画，在 MG 动画中，最为核心的就是动画人物或者物体的绘制，完成效果如图 9.2.1 所示。

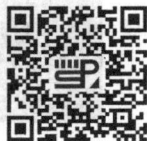

制作 MG 动画 1

图 9.2.1　最终效果

具体操作步骤如下。

1）新建合成

新建合成：1 920×1 080 像素，方形像素，25 帧/秒，10 秒。

2）绘制 MG 人物

（1）新建一背景图层，使用椭圆工具绘制一个圆形放置于合成中心。命名为“圆形背景”（见图 9.2.2）。

图 9.2.2　新建背景图层

使用星形工具，绘制几颗星星在同一图层当中，将其图层放置在圆形背景上方。下一步绘制地面，选择钢笔工具，将填充改为白色，描边关闭，将像素改为 35；在圆形背景的下方绘制两个路径点，从而产生地面；绘制完成后，双击 U 键，找到描边 1 里的“线段端头”，将其设置为“圆头端点”（见图 9.2.3）。

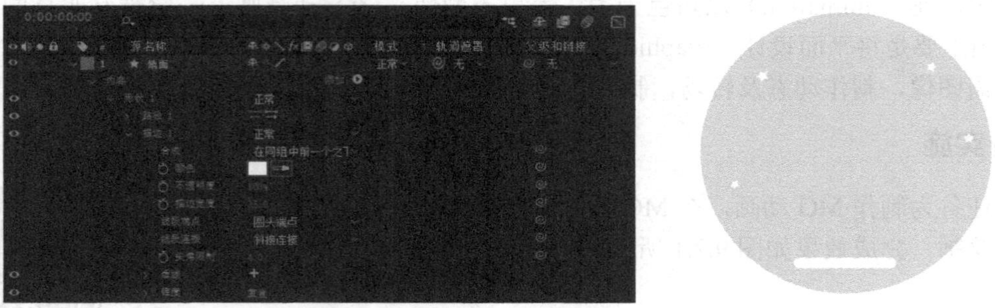

图 9.2.3 绘制形状图层

（2）对人物的背包进行绘制。使用圆角矩形工具，在合成上绘制出一个适度大小的圆角矩形。将其图层名称命名为“背包”，双击 U 键打开详细属性，将“矩形路径 1”内的“圆角”修改为 35（见图 9.2.4）。

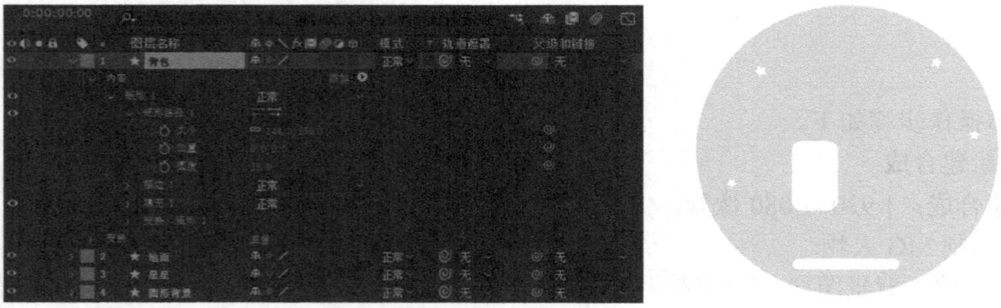

图 9.2.4 制作背包

（3）制作人物的身体。

① 同样使用圆角矩形，绘制一个适度大小的矩形为身体主体。这个矩形应比背包更短，更宽。绘制完成后，命名为“身体下半”，双击 U 键打开详细属性，将“矩形路径 1”内的“圆角”修改为 50。在“效果与预设”面板的搜索栏中搜索“梯度渐变”，将梯度渐变效果添加给“身体下半”图层（见图 9.2.5）。

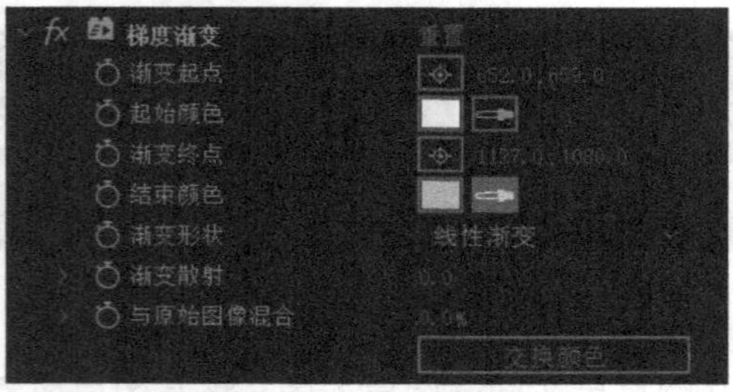

图 9.2.5 调节渐变效果

完成之后，使用钢笔工具，绘制两个左右切线平行的点，将其命名为“身体上半”，同时双击 U 键，找到“描边 1”里的“线段端头”，将其设置为“圆头端点”。将“身体下半”的梯度渐变效果复制到“身体上半”图层中（见图 9.2.6）。

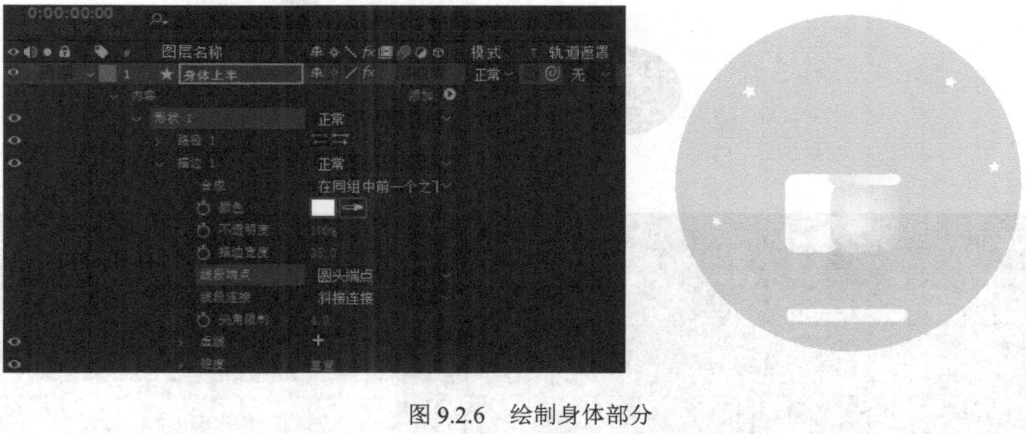

图 9.2.6　绘制身体部分

将“身体下半”部分进行一个复制，修改为红色，调整大小，作为旗子放在“身体下半”的位置上。完成身体的创建之后，给两层身体以及旗子进行一个预合成。命名为“身体”（见图 9.2.7）。

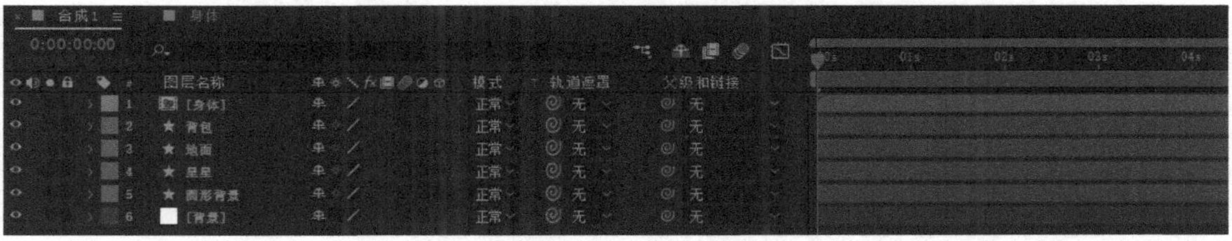

图 9.2.7　完成身体部分

② 制作头部。使用矩形工具，调整为椭圆工具，按住 Shift 与 Ctrl 键拖出一个圆形。调整好大小与位置，命名为“头部”，放置在身体合成的下方。同时将“身体上半”的梯度渐变效果进行复制，粘贴到“头部”上。使用圆角矩形工具在头部绘制一个矩形，将填充颜色设置为黑色，描边设置为黑色，同时将像素大小设置为 75。将图层命名为“护目镜”，放置到身体合成和头部图层的中间。完成后，将护目镜图层与头部图层进行预合成，命名为“头部”（见图 9.2.8）。

③ 制作手臂。使用钢笔工具绘制两个路径点，在绘制第二个路径点时，绘制完成后按住鼠标左键向后拖动，完成一个曲线的绘制。设置填充为白色，描边为白色，像素大小为 70；绘制完成后调整曲线，对图层双击 U 键打开详细属性，找到“描边 1”，将“线段端点”修改为“圆头端点”。接着将锚点调整到手臂最上方，同时将图层命名为“右手”。

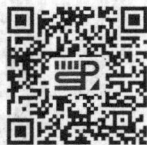

制作 MG 动画 2

图 9.2.8　制作头部

完成右手手臂制作之后，将右手手臂复制一层，命名为“左手”，将左手层放置到身体合成与头部合成中间，并调整位置（见图 9.2.9）。

图 9.2.9　制作手臂部分

④ 制作双腿。使用钢笔工具绘制两个路径点，在绘制第二个路径点时，绘制完成后按住鼠标左键向前拖动，完成一个曲线的绘制。设置填充为白色，描边为白色，像素大小为 70；绘制完成后调整曲线，对图层双击 U 键打开详细属性，找到“描边 1”，将“线段端点”修改为“圆头端点”。将图层命名为“右腿”，将右腿合成放置到右手下方。将“右腿”复制一层，放置在左手层的下方，命名为“左腿”调整左腿的“旋转”与“位置”（见图 9.2.10）。

图 9.2.10　制作双腿部分

⑤ 制作人物的双脚。使用钢笔工具绘制两个路径点；设置填充为白色，描边为白色，像素大小为 50；绘制完成后，对图层双击 U 键打开详细属性，找到“描边 1”，将“线段端点”修改为“圆头端点”。调整“锚点”与“位置”属性，将绘制的图案移动到右腿最下方，为图层命名为“右脚”。将“右脚”复制一层，命名为“左脚”，修改“旋转”与“位置”属性放置到“左腿”下方。同时将左脚图层放置在左手图层下方。至此就完成了人物的绘制（见图 9.2.11）。

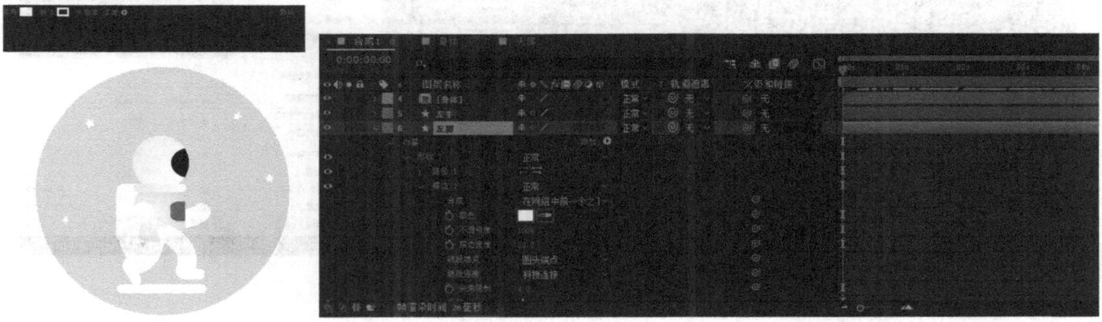

图 9.2.11　制作脚步

3）为人物制作动画效果

首先，我们先制作右侧身体的动画，将“右手”“右腿”“头部”“背包”全部链接到身体合成，将“右脚”链接到“右腿”。

链接完成后，调整手臂动作，为手臂设置关键帧，调整“旋转”属性，每隔两秒让其摆动一次（见图 9.2.12）。

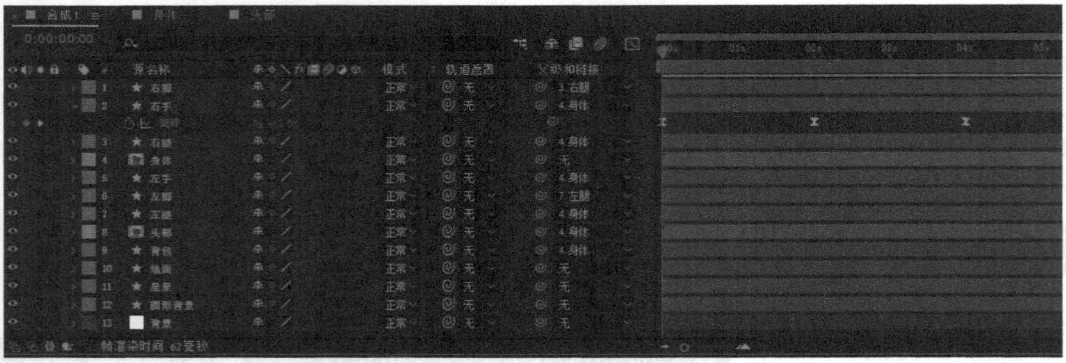

图 9.2.12　制作手臂摆动动画

在两秒处将手臂向前摆动。在 4 秒处将其恢复向后，将起始帧的关键帧复制到 4 秒即可。为关键帧添加缓动效果（见图 9.2.13）。

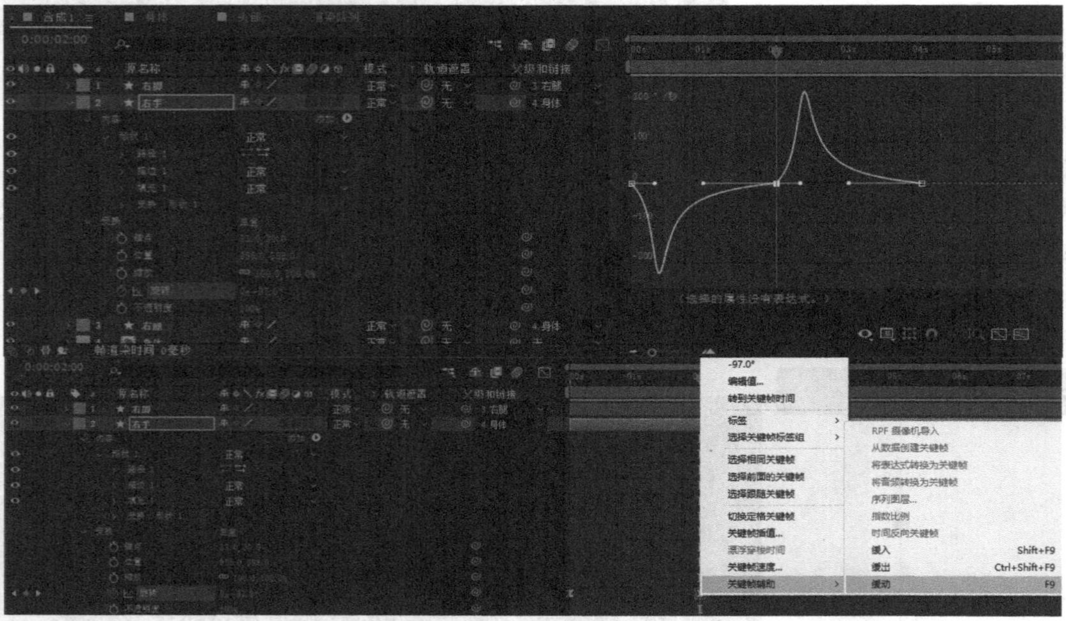

图 9.2.13　制作手臂摆动关键帧

调整运动速率。调整完成后，按住 Alt 键，单击旋转的秒表，为其添加一个循环的表达式 loopOut（“cycle”）；注意要切换成英文输入法输入表达式。

输入完成表达式后，手臂就会一直进行旋转。接下来用相同的方法，为右腿制作动画，调整好起始帧、2 秒与 4 秒的“旋转”属性，添加缓动效果，改变运动速率；添加循环表达式。

使用相同的方法给左侧身体添加动画效果。将左脚链接到左腿，左腿与左手链接到身体。调整左手的动画，调整好起始帧、2 秒与 4 秒的“旋转”属性，添加缓动效果，改变运动速率；添加循环表达式（见图 9.2.14）。

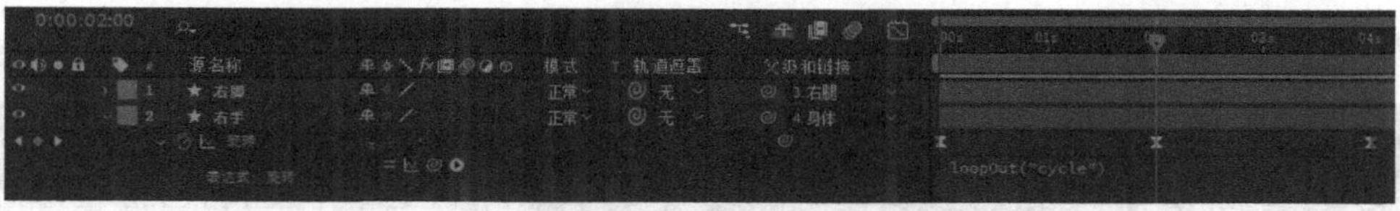

图 9.2.14　添加循环表达式 1

为左腿添加相同的动画效果；调整好起始帧、2 秒与 4 秒的“旋转”属性，添加缓动效果，改变运动速率；添加循环表达式（见图 9.2.15）。

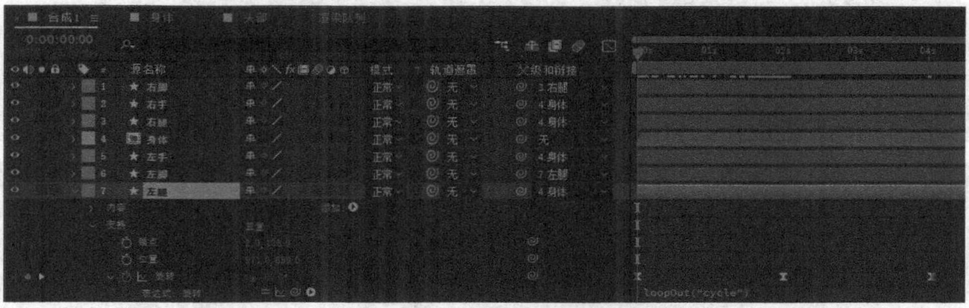

图 9.2.15　添加循环表达式 2

完成四肢的运动之后，接着对身体进行一个动画制作。为身体的“位置”属性设置关键帧，在第 15 帧将“位置”属性向上移动（见图 9.2.16）。

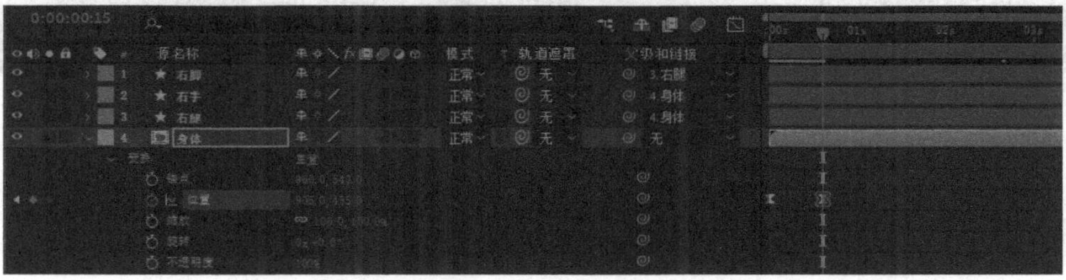

图 9.2.16　设置身体运动关键帧

在第 2 秒处将起始帧的“位置”属性复制粘贴（见图 9.2.17）。

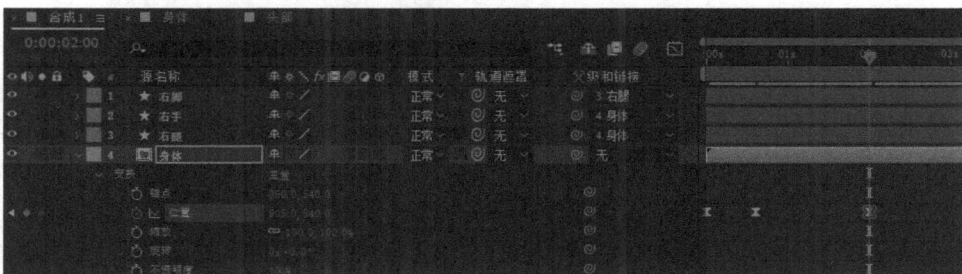

图 9.2.17　复制关键帧

为三个关键帧添加缓动，并调整运动速率；添加循环表达式（见图 9.2.18）。

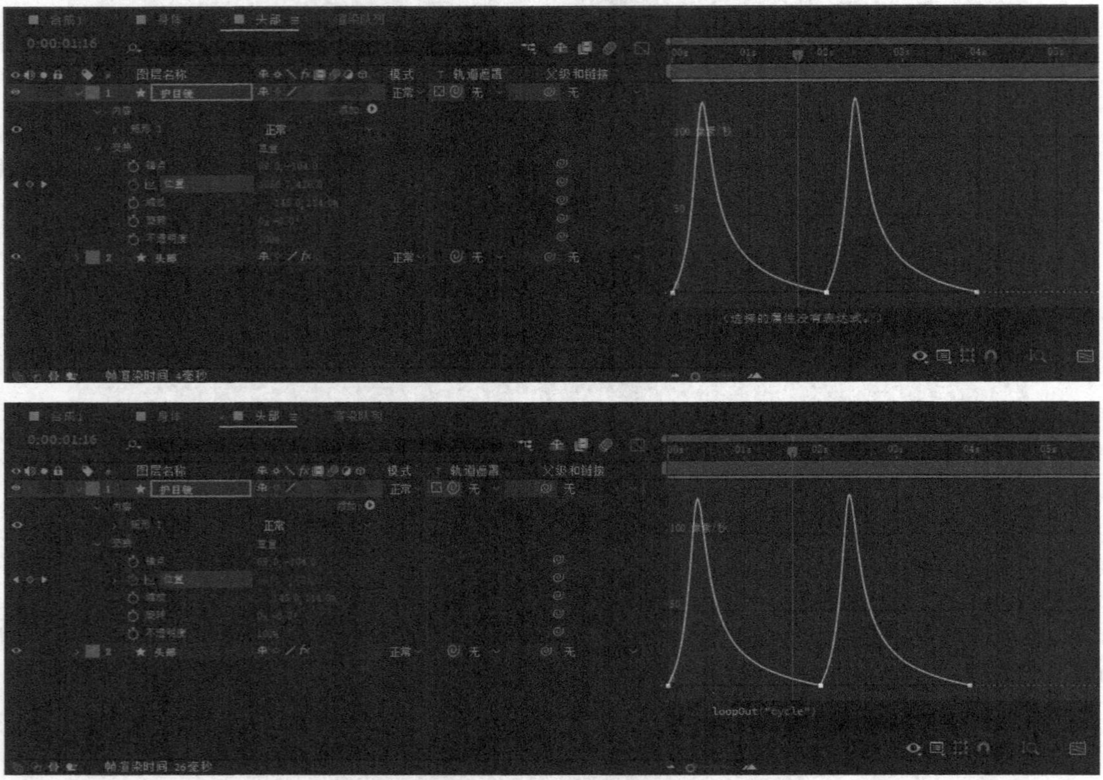

图 9.2.18　添加循环表达式 3

4）修改细节

打开头部合成。打开护目镜的遮罩，调整护目镜的长度（见图 9.2.19）。

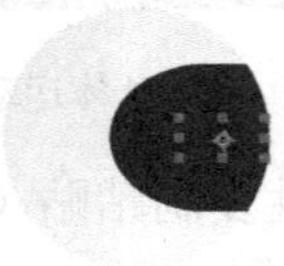

图 9.2.19　调节护目镜形状

为其设置“位置”关键帧：起始帧处使护目镜只出现一部分在头部，2 秒处出现大面积的护目镜，4 秒处将起始帧的关键帧进行复制粘贴，为 3 个关键帧调整缓动效果，修改运动速率。为“位置”属性添加循环表达式（见图 9.2.20）。

这样就有了一个身体在旋转的效果。按照同样的方式，为身体的旗子做一个修饰，修改遮罩，调整长度，设置“位置”关键帧，为关键帧添加缓动效果，修改运动速率。为“位置”属性添加循环表达式（见图 9.2.21）。

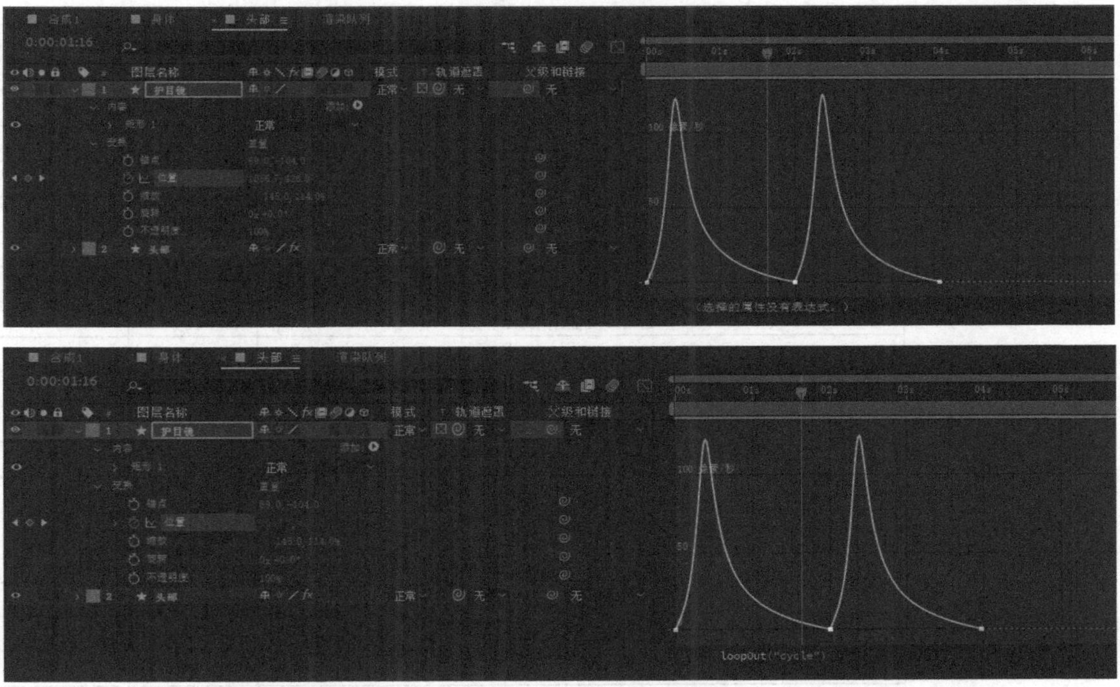

图 9.2.20　设置护目镜动画

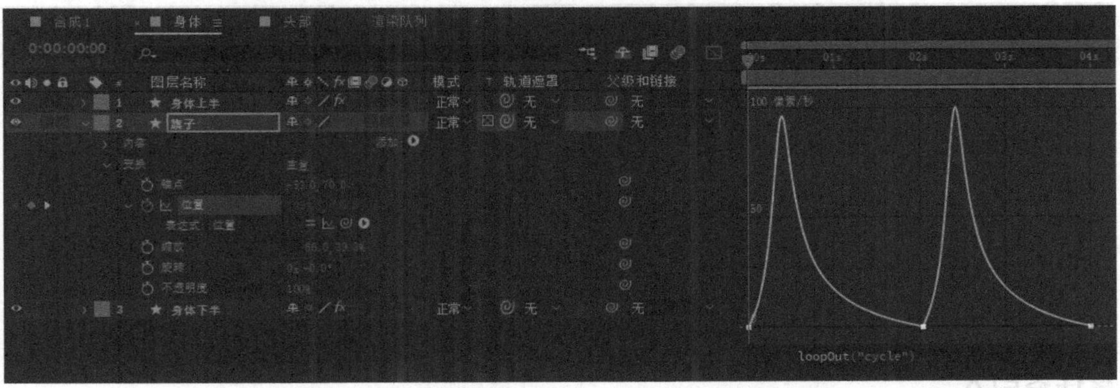

图 9.2.21　添加循环表达式 4

MG 动画制作完成，按空格键进行预览与播放。

任务评价

本次任务评价内容见表 9.2.1。

表 9.2.1　任务 9.2 评价表

基本信息	姓名		座号		班级		组别	
	规定时间		完成时间		考核日期		总评成绩	
评价方式	评价内容						配分	得分
自我评价	本任务完成情况						30	
	对知识和技能的掌握程度						40	
	遵守工作场所纪律						20	
	遵循工作操作规范						10	
	合计						100	
小组评价	个人本次任务完成质量						30	
	个人参与小组活动的态度						30	
	个人的合作精神和沟通能力						30	
	个人素质评价						10	
	合计						100	
教师评价	新建合成并导入素材						10	
	绘制人物并处理前期图像						40	
	制作路径关键帧动画						40	
	渲染输出成片						10	
	合计						100	
总评成绩=自我评价×（ ）%+小组评价×（ ）%+教师评价×（ ）%=								

拓展练习

根据所学知识，以宣传学校特色为主题，制作一则 MG 动画。

任务 9.3　制作宣传片片头

任务引入

本次任务学习宣传片片头制作的相关知识，进一步加强设计与创作的能力，通过实例了解宣传片片头制作的特点及设计思路。

任务要求

（1）打开软件，新建合成；

（2）图片素材处理及特效制作；

（3）文字效果设计制作；

（4）细节调整并输出。

知识储备

宣传片片头制作要点如下。

创意构思：在包装和设计宣传片之前，要先进行创意构思。思考如何将特色和亮点融入宣传片中，如何通过创新的拍摄手法和视觉特效来吸引观众的注意力。同时，要注重情感表达和故事情节的构建，以增强观众的共鸣和记忆。

片头设计：片头是宣传片的开场，是观众对宣传片的第一印象。因此，片头设计要简洁明了、引人入胜，能够迅速吸引观众的注意力。可以通过使用特效、配乐等手段来增强片头的视觉冲击力。

色彩搭配：色彩是宣传片中非常重要的一个因素，它可以影响观众的情绪和感受。因此，在包装和设计宣传片时，要注重色彩的搭配。可以选择标志性颜色或者符合设计主体形象的色彩来作为宣传片的主题色，以增强宣传片的识别度和影响。

字体设计：字体是宣传片中不可或缺的一部分。合适的字体可以让文字更加醒目、易于阅读和理解。在字体设计时，要选择简洁大方、易于辨认的字体，同时可以根据需要添加一些特效来增强文字的视觉效果。

画面构图：画面构图是宣传片中非常重要的一个环节。合理的画面构图可以让画面更加美观、协调。在画面构图时，要注重画面中的元素和色彩的搭配，同时要注意画面的层次感和空间感。

音效设计：音效是增强宣传片效果的重要因素之一。因此，在包装和设计宣传片时，要注重音效的设计。可以选择一些符合设计主体形象的背景音乐和音效来增强宣传片的氛围和情感表达。

总之，宣传片的包装和设计需要注重创意构思、片头设计、色彩搭配、字体设计、画面构图和音效设计等环节。通过巧妙的包装和设计，可以让宣传片更加吸引观众的注意力，增强宣传效果。

任务实施

本任务为制作宣传片片头，完成效果如图 9.3.1 所示。

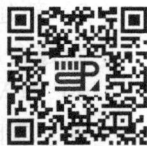

制作宣传片片头 1

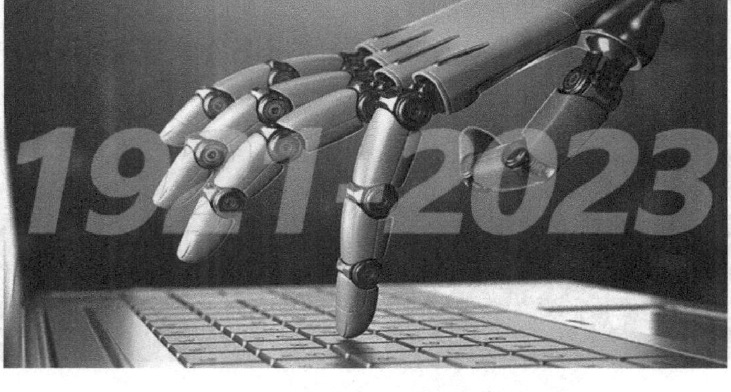

图 9.3.1　宣传片片头效果预览

具体操作步骤如下。

1）制作快切效果

在制作之前需要对素材图片进行一个批处理。

在 Photoshop 软件中打开一张需要处理的图片，选择“窗口”→“动作”命令，在打开的“动作”面板中单击右下方“创建新动作”图标，打开“新建动作”对话框（见图 9.3.2）。

图 9.3.2 “新建动作”对话框

单击“记录”按钮，关闭对话框。选择“图像”→“画布大小”命令，在打开的“画布大小”对话框中将数值设置为 1 280×720 像素，单击“确定”按钮。选择“文件”→“存储”命令，将图片保存到对应的文件夹。执行完批量命令操作后，单击“动作”面板左下角“停止记录”按钮，完成动作记录。

重新打开 Photoshop 软件，选择“文件”→“自动”→“批处理”命令，在弹出的“批处理”对话框中选择相对应的动作，单击“确定”按钮，等软件完成自动处理所需要的图片。

注意：因为未录制打开图片的动作，需系统自动打开，所以不选“覆盖动作中的‘打开’命令”复选框；已录制存储过程，且是直接覆盖保存，因此“目标”用默认的“无”即可。

2）新建合成

新建合成：1 280×720 像素，方形像素，25 帧/秒，15 秒。

3）导入素材

在“项目”面板中新建文件夹，导入批处理好的图片至文件夹，将文件夹命名为“素材”（见图 9.3.3）。

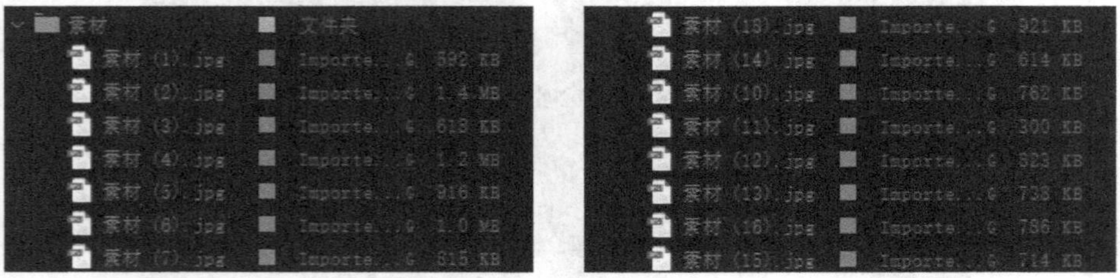

图 9.3.3 整理并导入素材

将一张图片拖入主合成中，如果图片尺寸不合适，可按 Ctrl+Shift+Alt+G 快捷键使图层适合合成高度。打开图片的“位置”属性，在起始帧处打上关键帧，将图片移到合成上方外部，在 15 帧时将图片回到合成中心位置。

全选其他图片素材，拖入合成中，在时间轴放置在 15 帧位置时，按 Ctrl+Shift+D 快捷键拆分图层，将 15 帧以后的进行删除。框选第一个图层的关键帧，按 Ctrl+C 快捷键复制，按 Shift 键选素材（2）～素材（15），粘贴关键帧（见图 9.3.4）。

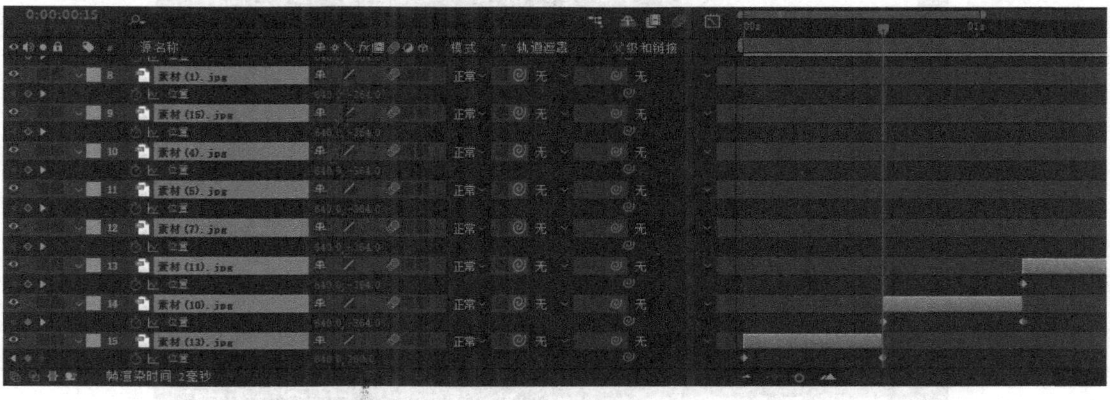

图 9.3.4　批量设置图片关键帧

全选所有图层，执行“动画”→“关键帧辅助”→“序列图层”命令（因为不需要图层重叠，所以不用修改任何参数，直接单击“确定”按钮即可）。全选的所有图层拖动图尾部使层层之间形成交叠效果（见图 9.3.5）。

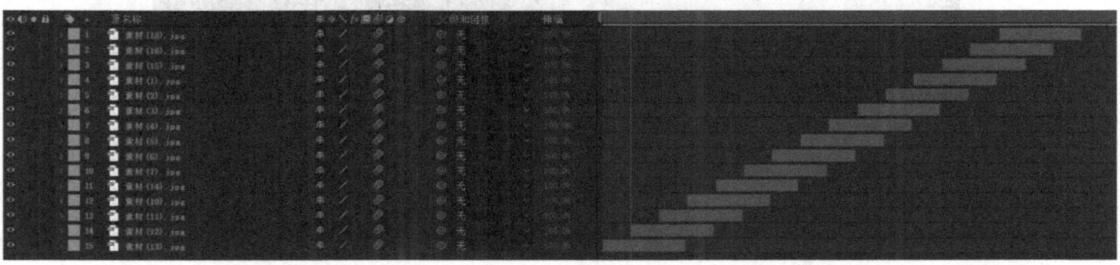

图 9.3.5　交叠效果设置

打开“时间轴”面板上方的运动模糊开关，使动画产生相应效果。按 Ctrl+Shift+C 快捷键预合成以上所有画面层，命名为“内容图层”，放在主合成中。

4）制作背景光发散效果

按 Ctrl+Y 快捷键新建纯色图层，设置为白色，命名为“背景”（见图 9.3.6）。

新建灯光，设置为点光源，颜色选暖白色，强度为 102 左右。

打开“合成”面板中双摄像机视图，移动灯光到合适的位置（在顶视图中调节），根据距离及灯光效果进行微调，进行预合成（见图 9.3.7）。

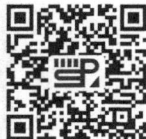

制作宣传片片头 2

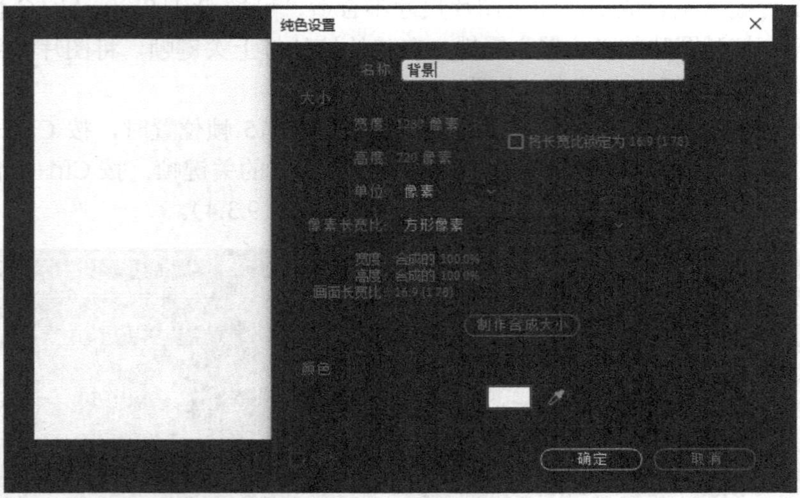

图 9.3.6　新建纯色图层

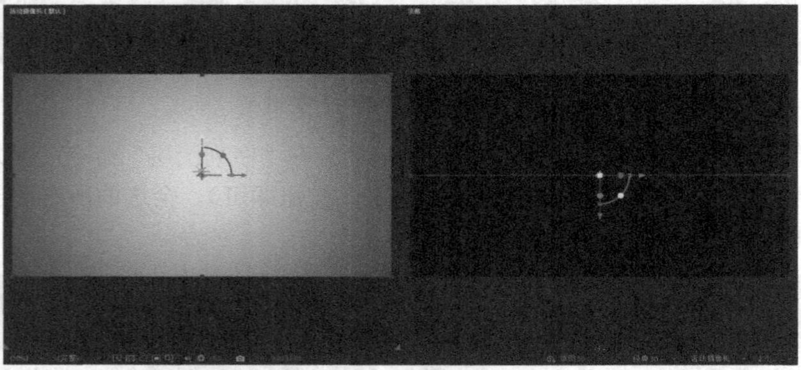

图 9.3.7　灯光调节

5）制作文字动画

新建文字“1921-2023”，调整字体、大小、间距等相关参数到合适效果，复制一个文字图层（见图 9.3.8）。

图 9.3.8　制作文字效果

选中将下方文字图层，按 Ctrl+Shift+D 快捷键，在时间轴上将图层在 7 秒 20 帧处裁开，前面删除。或使用 Alt+[快捷键直接删除裁剪的前一部分，为下方文字图层修改“不透明度”，8 秒处设置为 20%，9 秒 5 帧改为 50%，9 秒 20 帧改为 0%。

为上方文字图层“不透明度”设置关键帧，9 秒 1 帧为 0%，9 秒 6 帧为 20%，9 秒 18 帧为 45%。为背景图层的“不透明度”设置关键帧，9 秒 6 帧为 0%，9 秒 18 帧为 100%。

将文字素材“盛世中华”拖入合成中，放置于最上层，在 9 秒处裁切删除前面内容，为其“缩放”“不透明度”设置关键帧。“不透明度”在 10 秒设置为 0%，10 秒 20 帧设置为 100%；“缩放”在 10 秒 10 帧设置为 1 766%，11 秒 20 帧设置为 111%。

为其“缩放”关键帧添加关键帧缓动效果，并调节曲线；拖入“中国这百年”文本，成为新文本图层，设置为仿宋，41，暗红色；为“不透明度”设置关键帧，11 秒 19 帧为 0%，12 秒 15 帧为 100%；添加缓动效果并调节曲线（见图 9.3.9）。

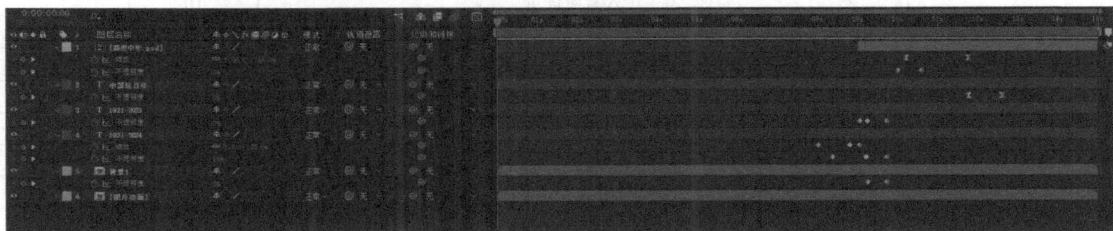

图 9.3.9　关键帧调节效果

至此，就完成了宣传片片头的制作，同学们可以灵活运用图片素材的其他属性进行更有趣的制作（见图 9.3.10）。

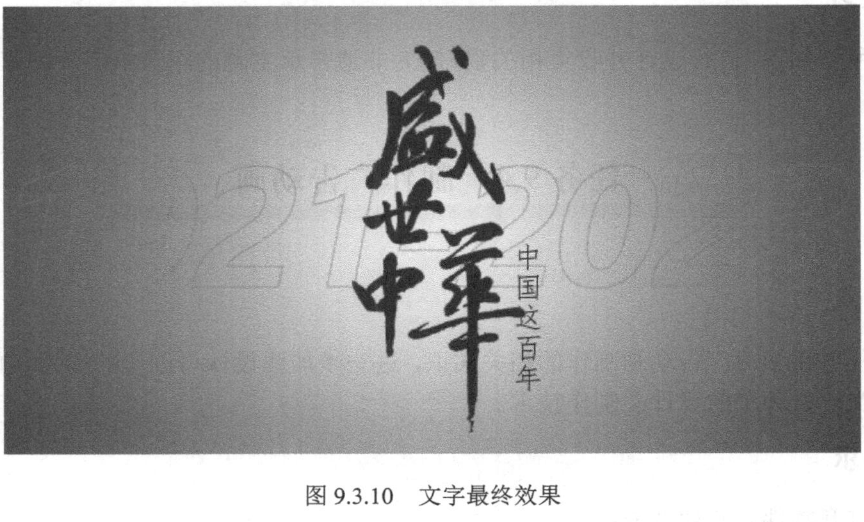

图 9.3.10　文字最终效果

任务评价

本次任务评价内容见表 9.3.1。

表 9.3.1　任务 9.3 评价表

基本信息	姓名		座号		班级		组别	
	规定时间		完成时间		考核日期		总评成绩	
评价方式		评价内容					配分	得分
自我评价		本任务完成情况					30	
		对知识和技能的掌握程度					40	
		遵守工作场所纪律					20	
		遵循工作操作规范					10	
		合计					100	
小组评价		个人本次任务完成质量					30	
		个人参与小组活动的态度					30	
		个人的合作精神和沟通能力					30	
		个人素质评价					10	
		合计					100	
教师评价		分析制作步骤					10	
		制作素材					10	
		制作切片效果					20	
		设计制作文字					20	
		制作灯光摄影机					20	
		细节调节输出					20	
		合计					100	
总评成绩=自我评价×（ ）%+小组评价×（ ）%+教师评价×（ ）%=								

拓展练习

根据所学知识，自行设计并收集相关素材，为非遗传承主题的纪录推广片制作片头动画。

任务 9.4　制作广告动画

任务引入

本次任务将学习广告动画制作的相关知识，进一步加强设计与创作的能力，通过实例来了解文字类广告动画的设计及制作技术。

任务要求

（1）打开软件，新建合成；

（2）绘制设计图层效果；

（3）制作文字动画效果；

（4）对动画进行整体调节处理。

知识储备

广告短视频指以时间较短的视频承载的广告，可以在社交 APP、短视频 APP、新闻类 APP 等应用中出现。它是在各种新媒体平台上播放的、适合在移动状态和短时休闲状态下观看的、高频推送的视频内容，几秒到几分钟不等。内容融合了技能分享、幽默搞怪、时尚潮流、社会热点、街头采访、公益教育、广告创意、商业定制等主题。由于内容较短，可以单独成片，也可以成为系列栏目。

影视后期制作是创作一部影视作品的必要过程，即使是在广告片、宣传片、短视频的制作中，影视后期制作也是非常重要的工作内容，短视频后期制作基本上遵循初剪—正式剪辑—作曲选曲—特效录入—配音合成的流程。

任务实施

本任务以制作商业广告动画制作为例，示范制作的基本过程及操作思路，完成效果如图 9.4.1 所示。

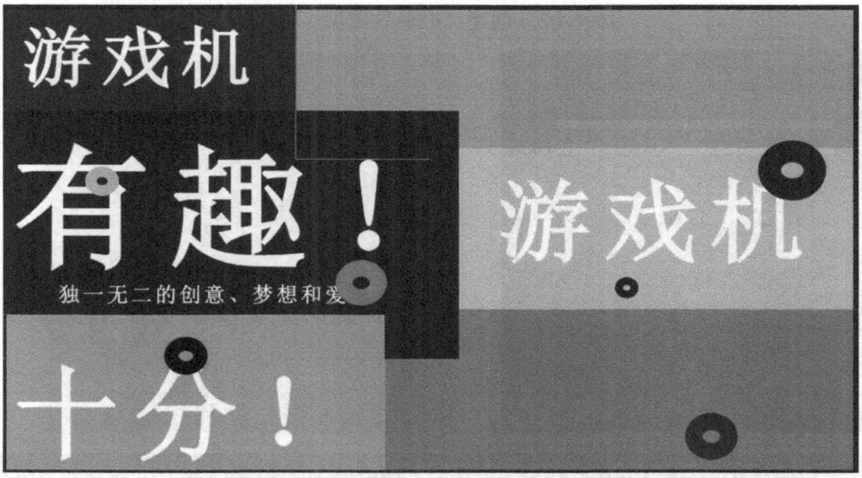

制作广告动画 1

图 9.4.1 效果预览

具体操作步骤如下。

1）新建合成

新建合成：1 920×1 080 像素，方形像素，25 帧/秒，4 秒。

2）创建不同颜色图层

使用矩形工具，在合成中绘制一个矩形。填充为橙色，描边关闭。图层命名为“橙色”（见图 9.4.2）。

完成创建后，复制一层，为复制层添加色相/饱和度效果。调整为深蓝色，166°，图层命名为“深蓝色”；完成创建后，将两个形状图层进行预合成，合成命名为“1 号背景”（见图 9.4.3）。

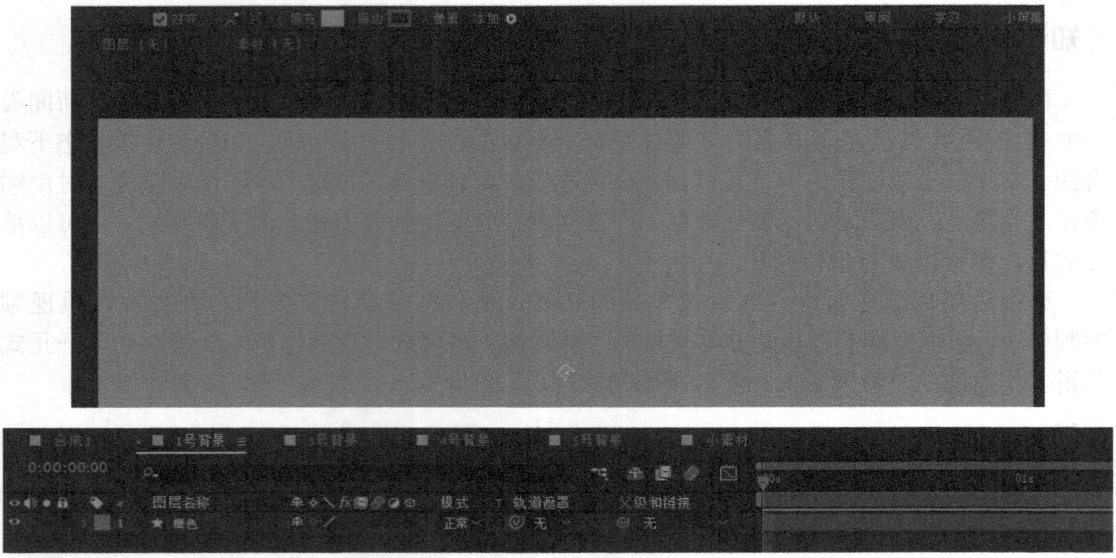

图 9.4.2　创建“橙色”图层

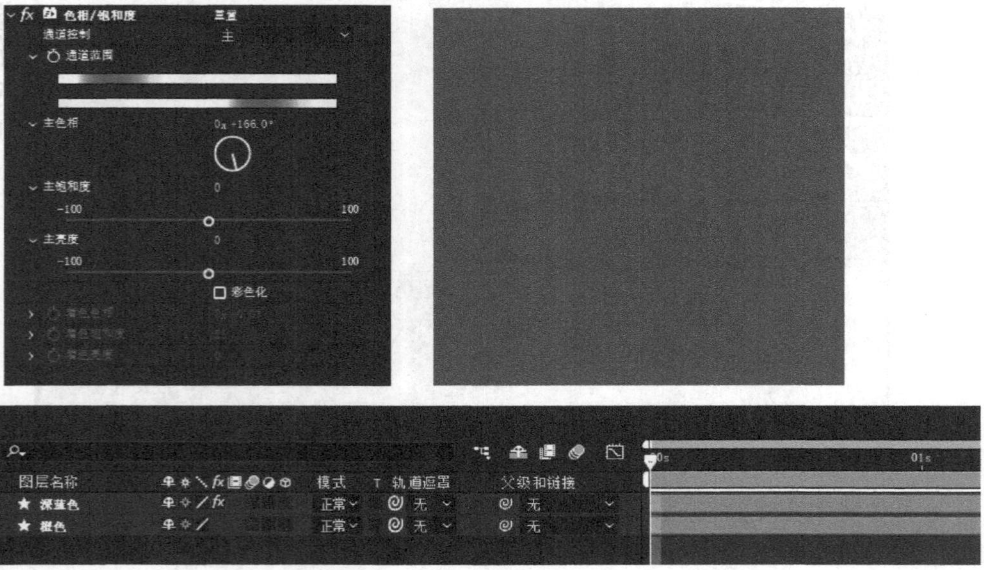

图 9.4.3　创建“深蓝色”图层

打开 1 号背景合成，为深蓝色层设置“位置”关键帧。在起始帧处设置关键帧，在 1 秒处，将深蓝色矩形移动到左侧合成外部。并为两个关键帧添加缓入效果（见图 9.4.4）。

调整完成后，将整个 1 号背景合成进行复制，修改名称为“2 号背景”；将 2 号背景拖动到合成，双击 2 号背景合成，调整色相/饱和度，调整为青绿色，124°；复制色相/饱和度给下方图层，调整为黄色，19°；修改两个图层名字。在 1 秒处，将“位置”向右侧合成外移动，移动到视图外（见图 9.4.5）。

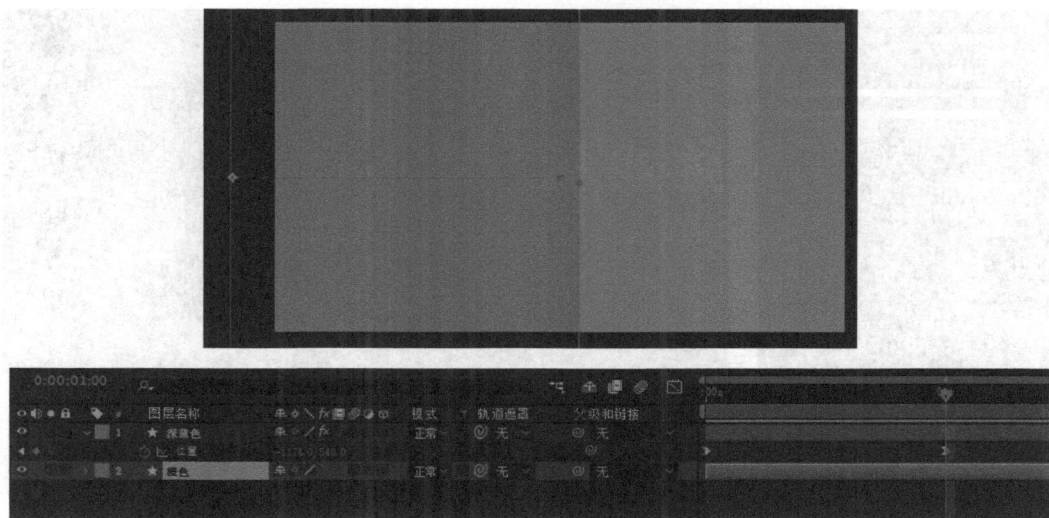

图 9.4.4　设置关键帧

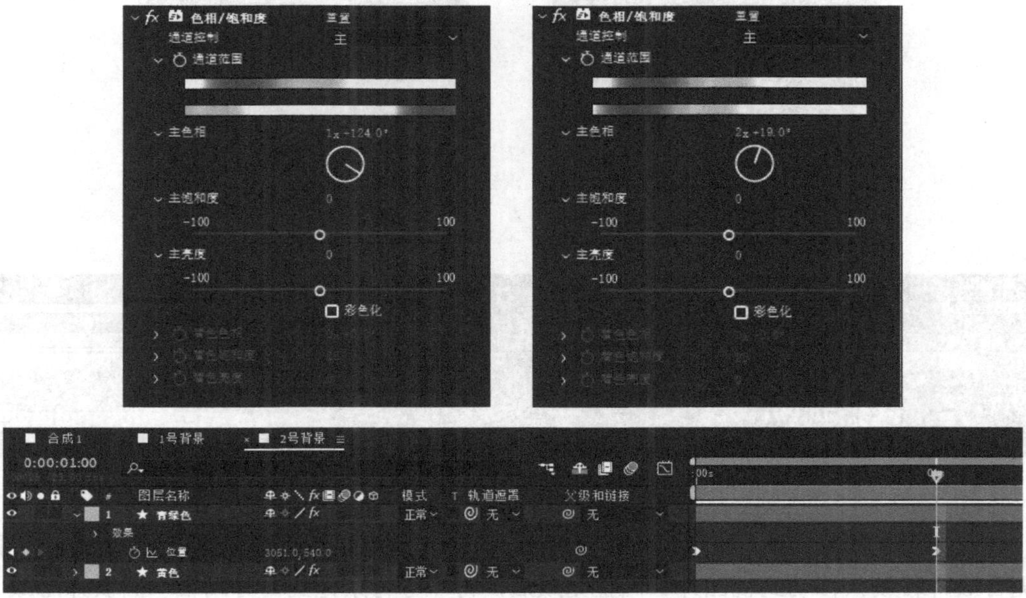

图 9.4.5　设置新颜色图层及动画

修改完成后，回到主合成，将两个合成进行隐藏。接着使用矩形工具，创建一个矩形，添加色相/饱和度。将颜色改为紫色，1x+234.0°；将图层名称命名为“紫色”。接着使用文本工具输入所需文本（见图 9.4.6）。

完成紫色图层的创建后，将“项目”面板的 2 号背景复制一层，命名为 3 号背景，将 3 号背景拖到“时间轴”面板，打开 3 号背景合成，调整两个图层的色相/饱和度。上层调整为玫红色，1x+290.0°；下层调整为淡蓝色，2x+150.0°；在 1 秒处，将“位置”向左侧合成外移动，移动到视图外。完成调整后，回到主合成输入所需要的文本（见图 9.4.7）。

图 9.4.6　设置文本

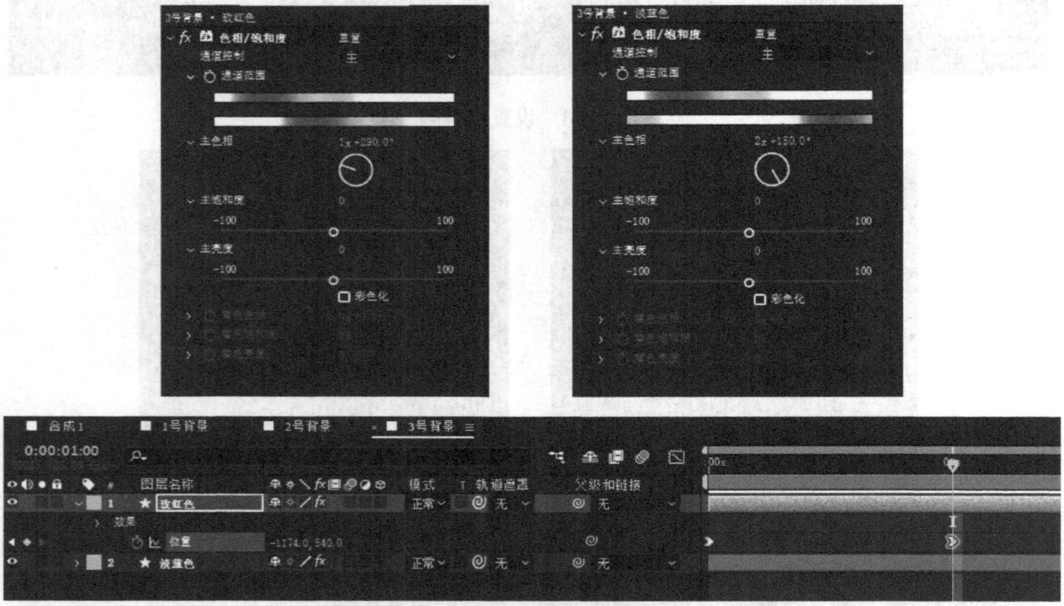

图 9.4.7　制作 3 号背景层并设置动画

在“项目”面板将 3 号背景合成复制一层，命名为“4 号背景”。在 1 秒处，将位置向右侧合成外移动，移动到视图外。调整完成后，将 4 号背景拖到“时间轴”面板并隐藏（见图 9.4.8）。

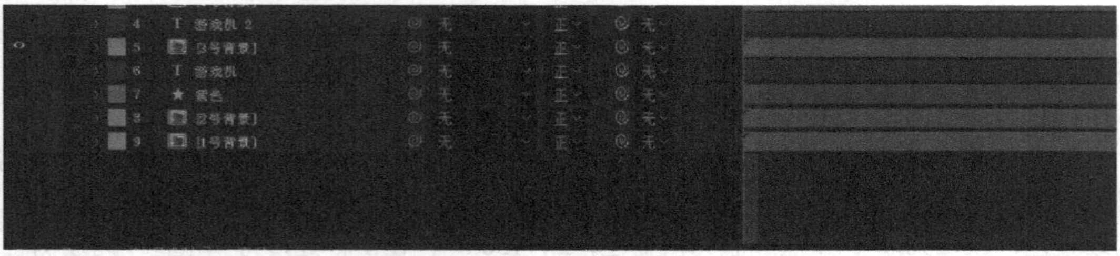

图 9.4.8　设置 4 号背景

对 4 号背景合成进行复制，命名为 5 号合成。修改色相/饱和度，上层改为黄色，1x+12.0°；下层改为粉紫色，2x+252.0°；修改完成后，输入文本（见图 9.4.9）。

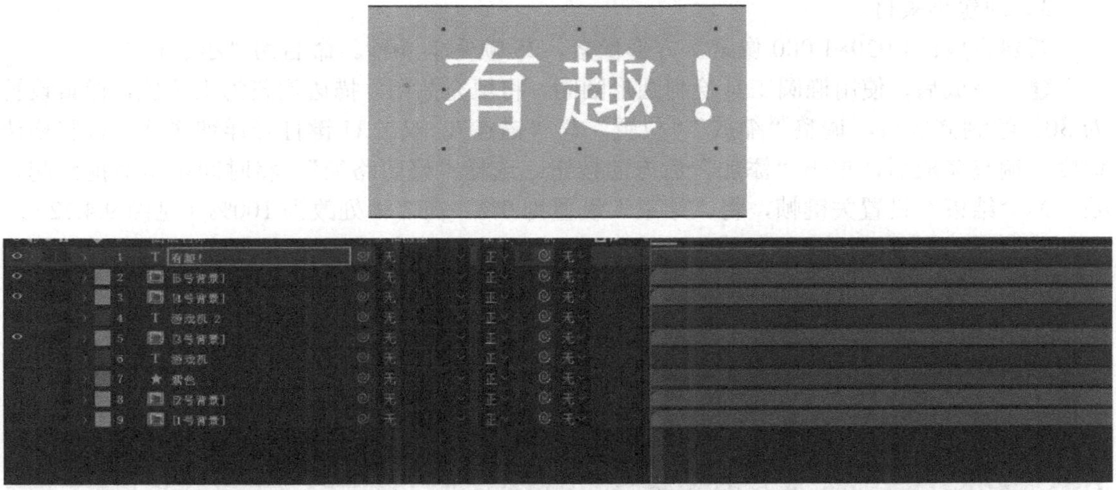

图 9.4.9　制作 5 号合成

隐藏当前文本，再输入所需文本，创建一个矩形作为蒙版，命名为“蒙版”即可（见图 9.4.10）。

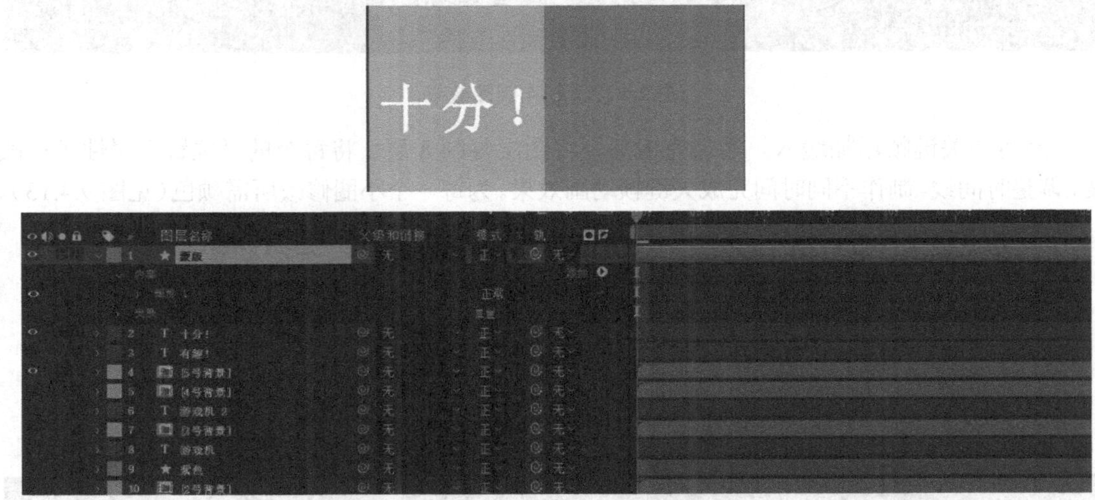

图 9.4.10　制作蒙版

完成创建后，输入小字宣传语（见图 9.4.11）。

图 9.4.11　输入小字宣传语

完成文字输入后，将下方的蒙版层复制一份，移动到小字层的上方。命名为“长文字蒙版”。

3）创建小素材

新建合成：1 920×1 080 像素，方形像素，25 帧/秒，4 秒。命名为“小素材”。

建立完成后，使用椭圆工具绘制圆形圈圈，将填充关闭，描边调整为土黄色，像素设置为 30；绘制完成后，调整“缩放”“位置”与“锚点”，双击 U 键打开详细属性，调整描边宽度。调整完成后，单击“添加”后方的按钮。选择“修剪路径”。将时间指示器拖到起始帧，为“结束”设置关键帧，将“结束”设置为 0%。在 2 秒处改为 100%（见图 9.4.12）。

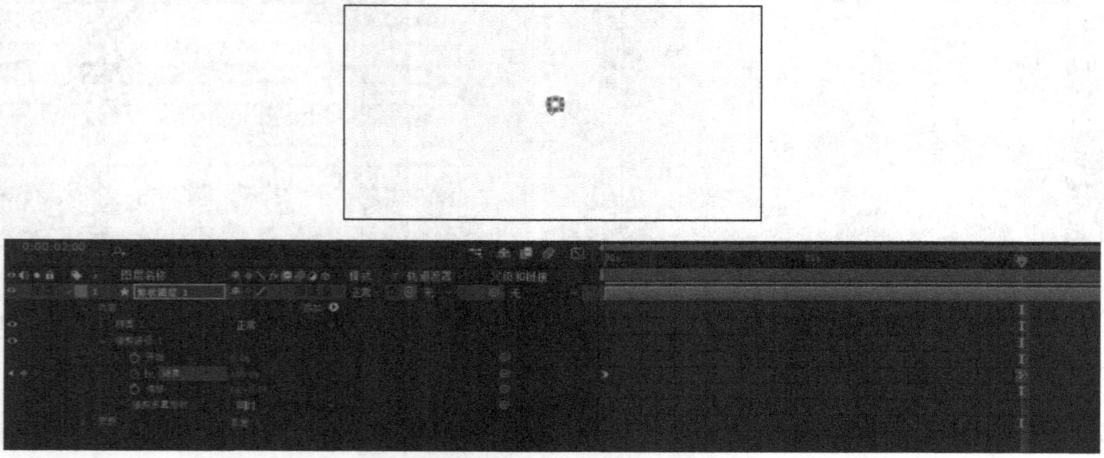

图 9.4.12　制作圆圈效果

为两个关键帧添加缓入。添加完成后，将图层复制 8 层。将每个的“位置”属性进行改变，调整时间线，制作不同时间完成关键帧动画效果。为每一个小圈修改所需颜色（见图 9.4.13）。

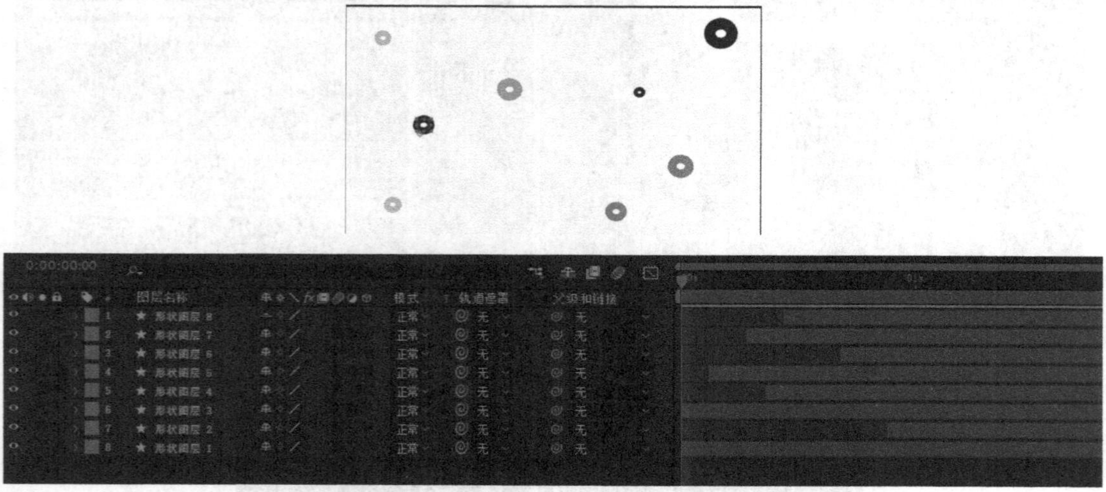

图 9.4.13　圆圈效果预览

4）调整颜色图层

双击打开主合成，将 1 号背景取消隐藏。将“缩放”调整为 73，45；将其放置在最右侧下方。将 2 号背景取消隐藏；将“缩放”调整为 70，35；放置在 1 号背景上方。将 3 号背景取消隐藏。将“缩放”调整为 90，55；放置在最右侧上方（见图 9.4.14）。

制作广告动画 2

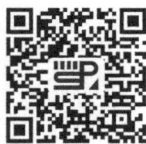

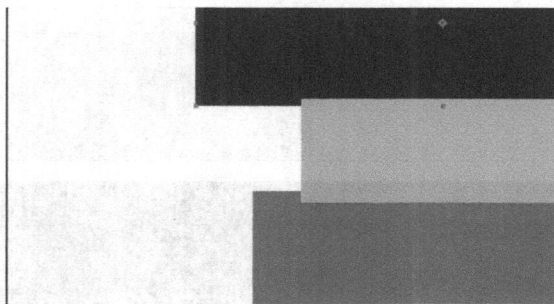

图 9.4.14　调整颜色图层

将紫色图层上方的文字图层放到紫色图层下方，再将 3 号背景放到 2 号背景下方。同时取消隐藏文字，调整文本的“位置”与“缩放”（见图 9.4.15）。

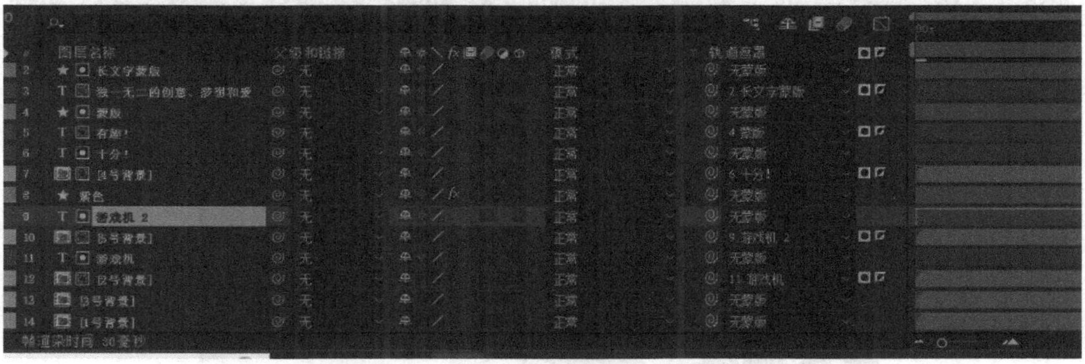

图 9.4.15　细调 2、3 号背景效果

调整完成后，为 2 号背景的轨道遮罩设置为“Alpha 反转遮罩：文字”；打开透明网格（见图 9.4.16）。

调整紫色图层的大小与位置，占据左侧中间位置。将 4 号背景移动到左侧下方位置，调整好缩放。将 5 号背景移动到左侧上方位置，调整好缩放。将紫色图层放置在“游戏机 2”文字层上方。将 5 号背景移动到“游戏机 2”文字层与“游戏机”文字层中间，将 5 号背景轨道遮罩设置为“Alpha 反转遮罩”遮罩“游戏机 2”文字层。

接着将“十分！”与“有趣！”图层的上下位置调换，将 4 号背景的轨道遮罩设置为“Alpha 反转遮罩”遮罩“十分！”文字层。接着将“有趣！”图层取消隐藏位置放置在紫色区域上，调整缩放大小。将小字的长文字取消隐藏，调整好缩放，放置在“有趣！”文本的下方（见图 9.4.17）。

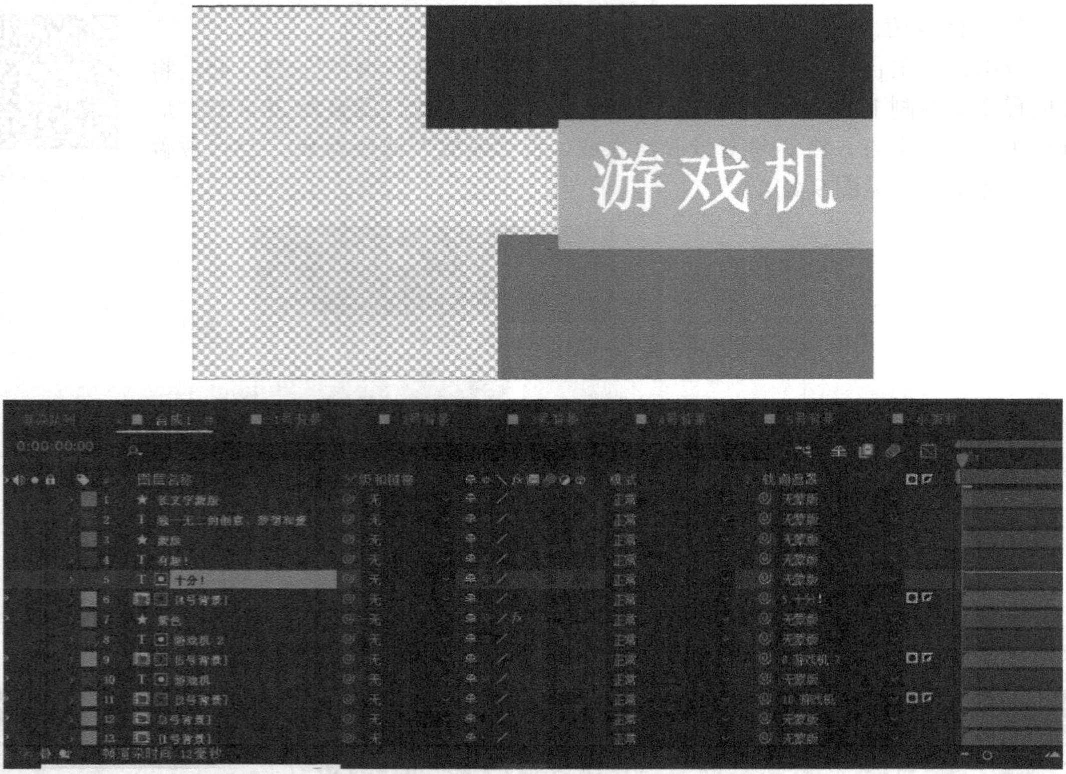

图 9.4.16　为 2 号背景设置轨道遮罩

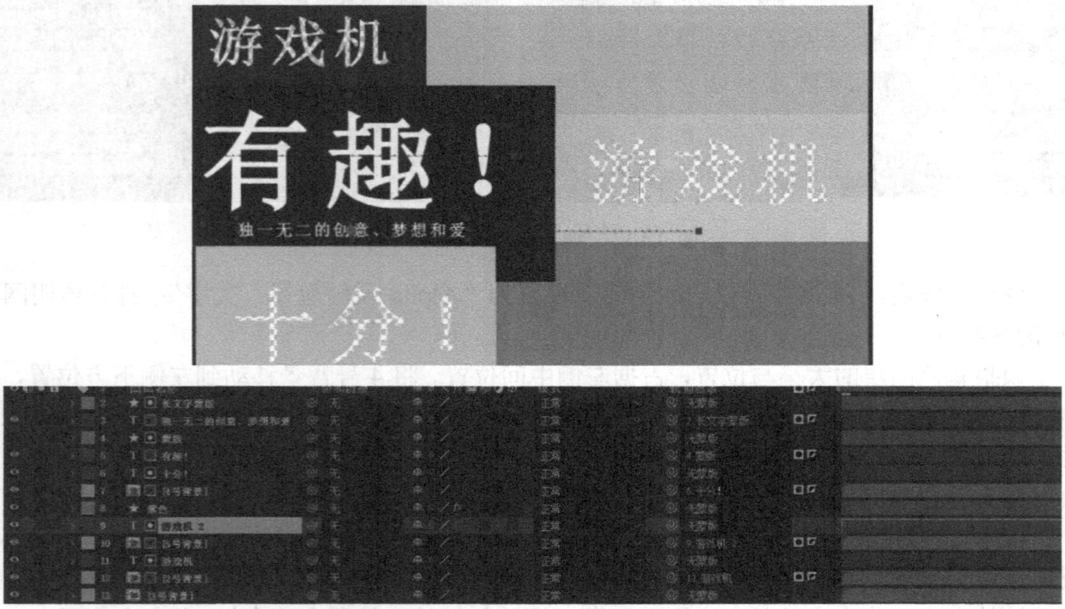

图 9.4.17　多层文字动画设置效果

调整完成之后，打开先前设置的蒙版，打开两个蒙版图层。隐藏其他全部图层，仅保留两个蒙版以及“有趣！”图层和小字图层（见图 9.4.18）。

图 9.4.18　蒙版设置

适度调整蒙版大小，制作文字从右侧通过蒙版进入画面的效果。将两个文字层轨道遮罩设置为“蒙版”，打开反转遮罩开关。为文字设置“位置”关键帧，起始帧处向右调整，在 3 秒处出现在紫色区域位置。为两个关键帧设置缓入，调整运动速率。调整完成后，将所需打开的图层取消隐藏（见图 9.4.19）。

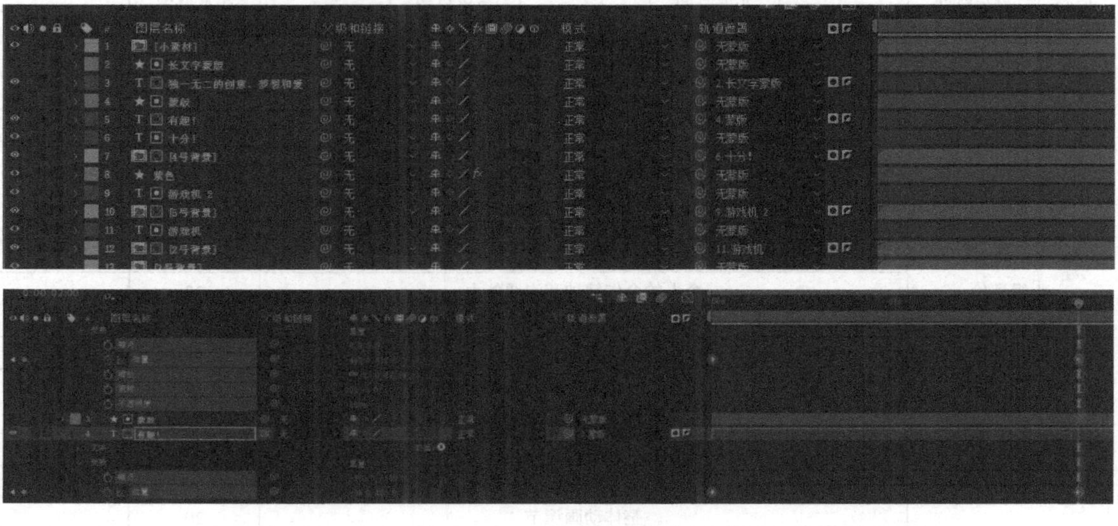

图 9.4.19　动画效果制作调整

最后，将小素材合成拖动到时间线最上层。

将每个文字设置自己喜欢的运动轨迹，调整运动速率，最后将合成设置内的背景颜色改为白色，这样文字的底色就呈白色出现（见图 9.4.20）。

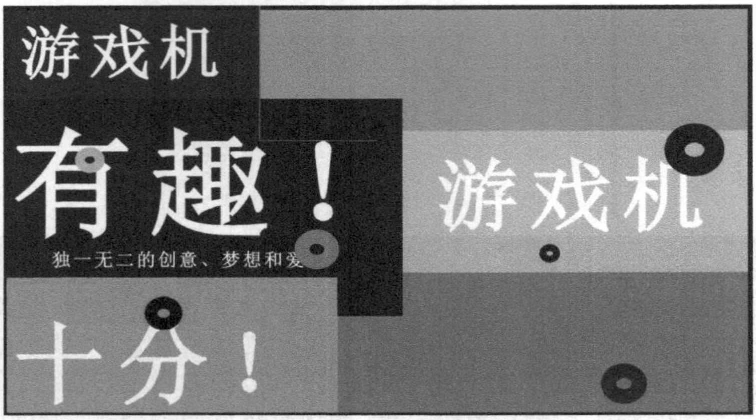

图 9.4.20　效果预览

至此，就完成了广告动画的制作，同学们可以制作自己所喜欢的产品案例。

任务评价

本次任务评价内容见表 9.4.1。

表 9.4.1　任务 9.4 评价表

基本信息	姓名		座号		班级		组别	
	规定时间		完成时间		考核日期		总评成绩	
评价方式		评价内容					配分	得分
自我评价		本任务完成情况					30	
		对知识和技能的掌握程度					40	
		遵守工作场所纪律					20	
		遵循工作操作规范					10	
		合计					100	
小组评价		个人本次任务完成质量					30	
		个人参与小组活动的态度					30	
		个人的合作精神和沟通能力					30	
		个人素质评价					10	
		合计					100	
教师评价		熟悉流程					10	
		构思设计					10	
		制作颜色层效果					30	
		制作文字效果					30	
		整体动画调节					20	
		合计					100	
总评成绩=自我评价×（ ）%+小组评价×（ ）%+教师评价×（ ）%=								

拓展练习

根据所学知识，自行设计并收集相关素材，制作产品的广告动画特效短片。

任务 9.5 制作动态标志

任务引入

本次任务学习动态标志的制作。学会动态标志的制作方法后，可以使用其中的动画制作技法实现其他高级功能和效果，创建更复杂和专业的动画。

任务要求

（1）了解动态标志的制作技术原理；
（2）新建项目合成，绘制效果部件；
（3）制作动画效果，并进行整体动画调节。

知识储备

用 AE 制作一个动态标志，整个制作过程包括准备素材，制作元素，添加动画效果等环节。

1. 准备素材

在制作动态标志之前，准备好所需的素材是非常重要的。首先，需要一张高清的 PNG 格式的标志图像作为制作素材。可以选择去下载一张喜欢的标志图片，或者使用存放在计算机上的图像。倘若没有一个高清 PNG 格式的标志文件，则需要使用 Photoshop 将其他格式的标志转换为高清的 PNG 格式。

接下来，还需要准备制作中所需的所有文件和素材。这些素材可能包括字体文件、背景图像、音乐等。确保在制作过程中所有需要的素材和文件都已经准备好，这样可以提高制作效率并确保制作的顺利进行。

最后，需要打开 AE 并打开一个新的项目文件。设置正确的分辨率和帧速率。通常情况下，可以选择 1 920×1 080 像素的标准视频分辨率和 24 fps 的帧速率。在完成上述步骤之后，就可以开始正式制作了。

2. 制作元素

有了一个高清的标志和需要使用的素材，就可以开始设计和制作标志元素了。首先，可以将标志文件拖到项目面板中。此时会发现标志图像并没有呈现预期的效果。为了让标志更加适合在视频中使用，需要对标志进行一些修改，使其在视觉上更加美观。

在 AE 中，可以使用很多附加工具来设计和修改元素。如调整“大小”“缩放”“旋转”

等属性。此外，还可以添加不同的滤镜，调整颜色，添加阴影和亮度等。这些工具的使用可以使标志变得更具有立体感，并且可以使它在播放过程中更加动态和利于观看。

一旦标志的元素制作完成，需要将其保存为一个新的合成。此时，还可以添加一些其他的元素，如背景、渐变、文字等。这样可以使标志更加的动态、立体，并且在后续的动画制作和特效添加中可以更好地使用。

3. 添加动画效果

在 AE 中，可以使用不同的动画形式来制作动态标志，如平移、缩放、旋转、淡入淡出等。可以使用 AE 面板中的“关键帧”来控制标志的动画，从而实现各种炫酷效果。

除了上述的基本动画外，AE 中还提供了一些其他有趣的特效，如摇晃、震动、模糊等。这些特效可以使标志看起来更加的动态和炫酷。

在添加动画效果时，需要确保效果的速度和流畅性。过快或过慢的动画效果都会影响最终的呈现效果。特别是对于动态标志设计师来说，动画效果是整个动态标志中极为重要的元素之一，所以需要花费更多的时间和精力来进行调整和优化。

4. 常见问题

在使用 AE 制作标志动画的过程中，可能会遇到一些问题，下面是一些常见的问题及其解决方法：

（1）导入的文件不透明或者没有透明度通道。这可能是由于文件格式的问题，需要将文件保存成支持透明度通道的格式，如 PNG 或者 PSD 文件。

（2）动画效果不是很流畅。这可能是由于计算机运行速度不够快导致的，可以尝试减少画面的细节、缩短动画时长、减少分辨率等方式来优化。

（3）导出时失败。这可能是由于输出参数设置错误或者计算机硬件不够强导致的，可以尝试修改输出参数或者更换计算机进行导出。

任务实施

本任务为制作动态标志，具体效果如图 9.5.1 所示。

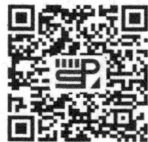

制作动态标志 1

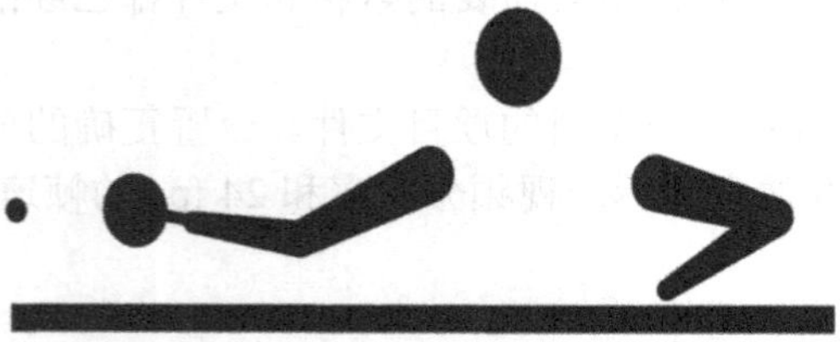

图 9.5.1　动态标志效果

具体操作步骤如下。

1）新建合成

新建合成：1 920×1 080 像素，方形像素，25 帧/秒，10 秒。创建一个背景图层。

2）绘制图标

使用钢笔工具绘制图标。绘制手臂，将“填充”设置为“无”，“描边”调整为深蓝色，“像素”为 75；绘制 3 个路径点即可。将绘制完成的手臂复制一层，移动到左侧（见图 9.5.2）。

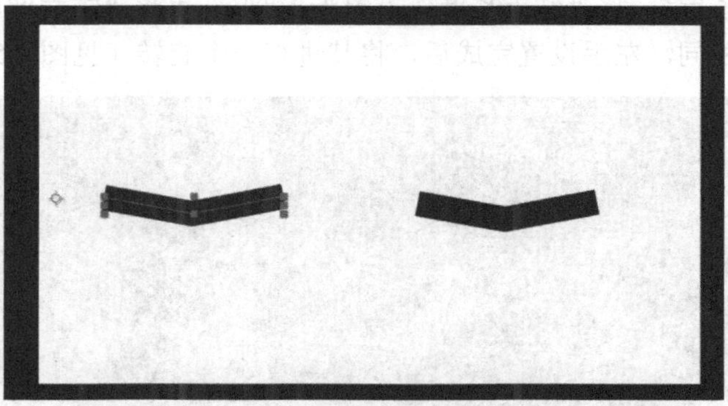

图 9.5.2　绘制效果

下一步制作头部，使用钢笔工具绘制两个相邻很近的路径点；方便后期的调整，单击“内容”“形状”“描边 1”左侧扩展按钮，将“线段端点”设置为“圆头端点”（见图 9.5.3）。

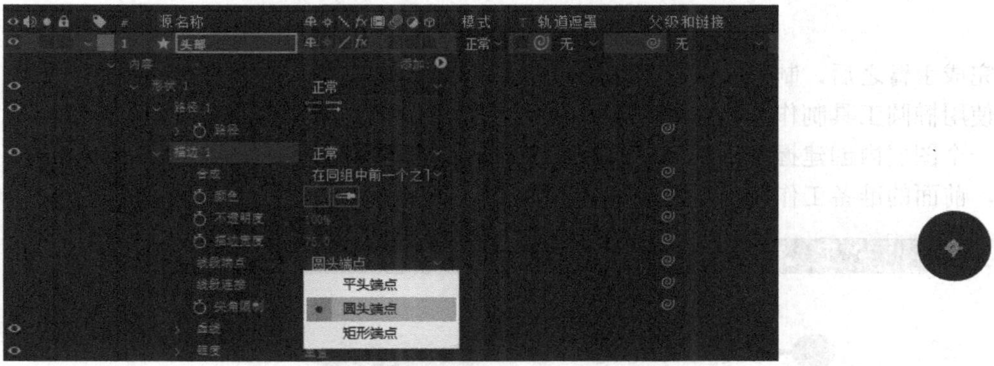

图 9.5.3　绘制头部

这样就完成了头部的制作（见图 9.5.4）。

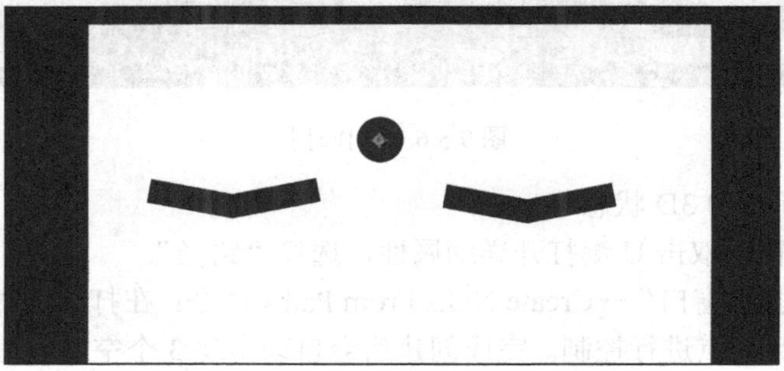

图 9.5.4　头部效果

下一步调整手臂粗细，制作出由大变小的效果。

先来调整右手，先将形状图层的“描边宽度”设置为 81.5 像素；接着双击 U 键，找到“描边 1”，将下方的“线段端点”与“线段连接”设置为“圆头端点”“圆角连接”。找到“锥度”下方的“结束长度”，将“结束长度”设置为 100%；再将“末端宽度”设置为 39%。

左手的设置也相同，左手设置完成后，将其进行一个旋转（见图 9.5.5）。

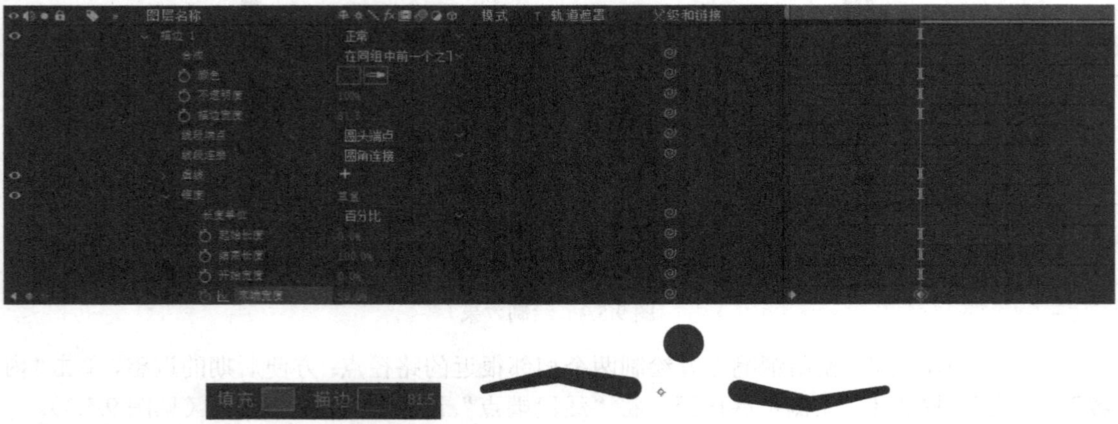

图 9.5.5 整合后效果

调整完成手臂之后，制作一个乒乓球拍。

此处使用椭圆工具制作一个球拍，将填充调为蓝色，并把描边关闭，适度调整像素大小。接着在同一个图层内创建握把，创建完成后，将球拍旋转并移动到手部位置（见图 9.5.6）。

至此，前面的准备工作就基本完成了。

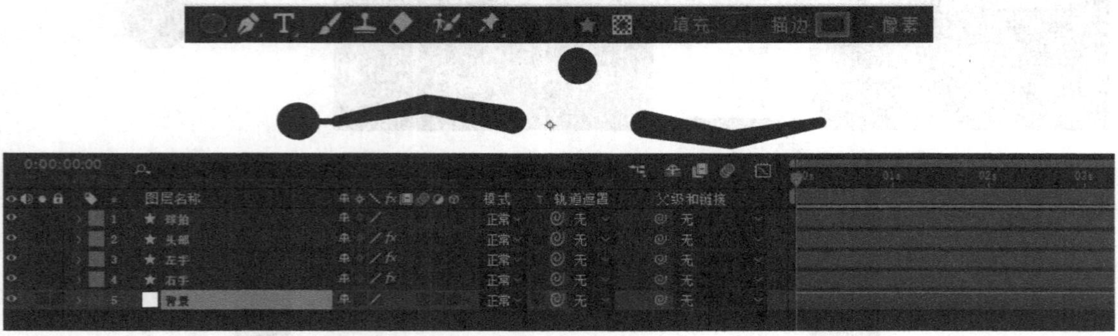

图 9.5.6 制作球拍

3）将整个图标变为 3D 状态

先选择右手手臂，双击 U 键打开详细属性，选择“路径”。

在菜单栏中选择“窗口”→Create Nulls From Paths 命令；在打开的对话框中单击“空白后接点”按钮，对路径点进行控制。完成创建后会自动出现 3 个空对象对 3 个路径点产生控制效果（见图 9.5.7）。

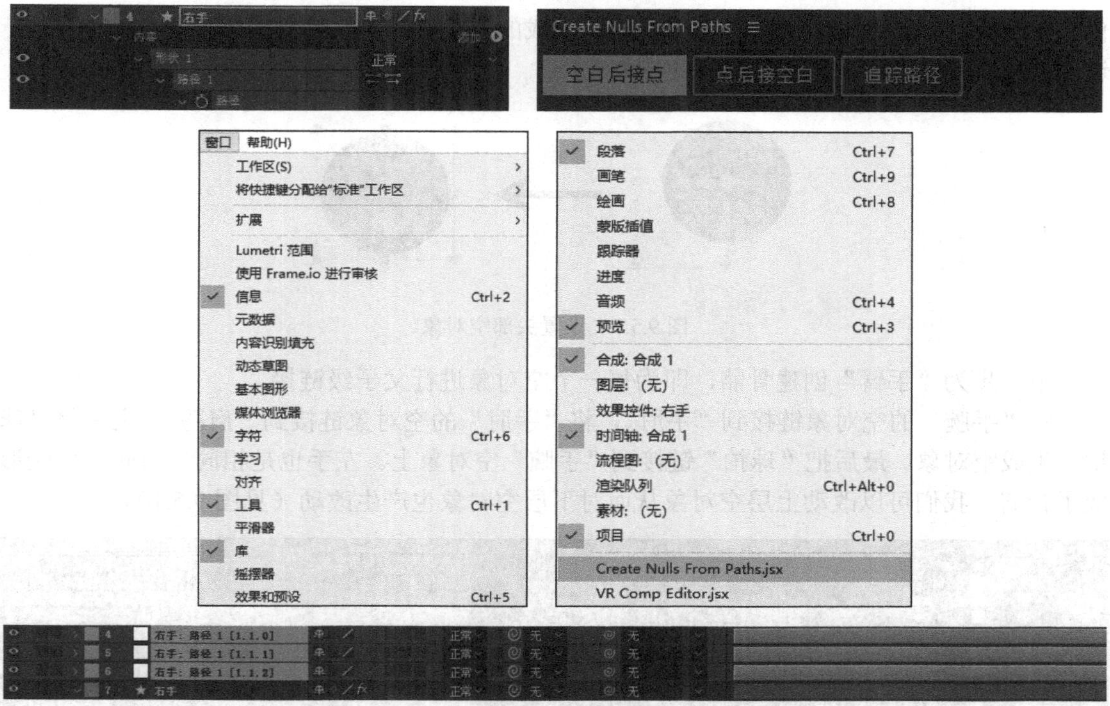

图 9.5.7　设置空白后接点

使用空对象对手臂进行一个控制，同样地，对左手也增加一个空对象，增加完成后，将两只手臂调整为水平位置平行（见图 9.5.8）。

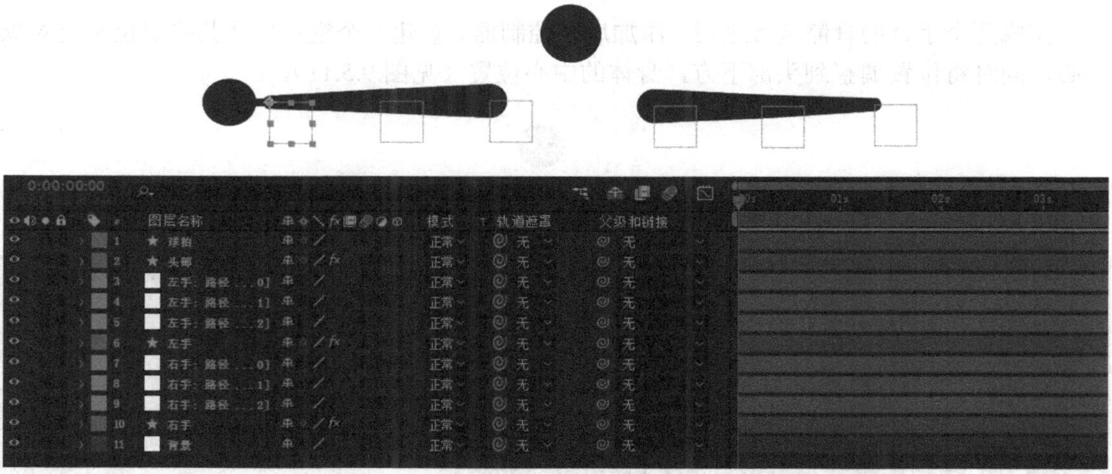

图 9.5.8　设置手臂空对象

完成了手臂的调整之后，对于头部进行一个调整。使用空对象进行一个控制，由于头部是以两个路径点所绘制的，需要手动新建一个空对象，将空对象的大小与位置调整至刚好框住头部，并将锚点调整至中心。接着将自动生成的两个空对象链接到手动新建的空对象上，这样方便对两个空对象进行控制（见图 9.5.9）。

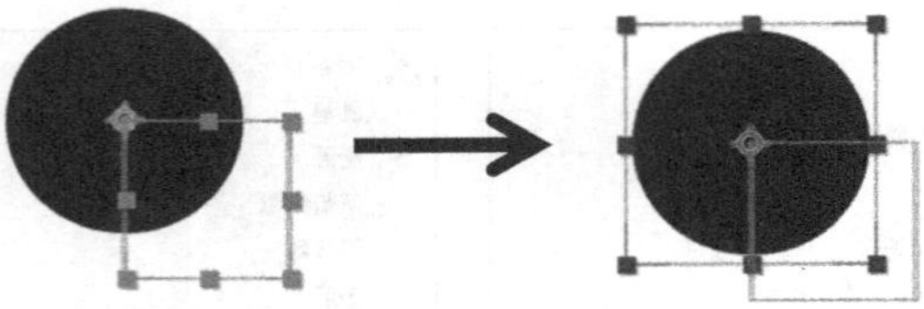

图 9.5.9　设置头部空对象

下一步为“手臂”创建骨骼，即为每一个空对象进行父子级链接。

将“手腕”的空对象链接到“手肘”，将“手肘”的空对象链接到“肩膀”。之后将“球拍”生成空对象。最后把“球拍”链接到“手腕”空对象上。左手也是相同。由此一来就形成了骨骼。我们可以改动上层空对象从而对下层空对象也产生改动（见图 9.5.10）。

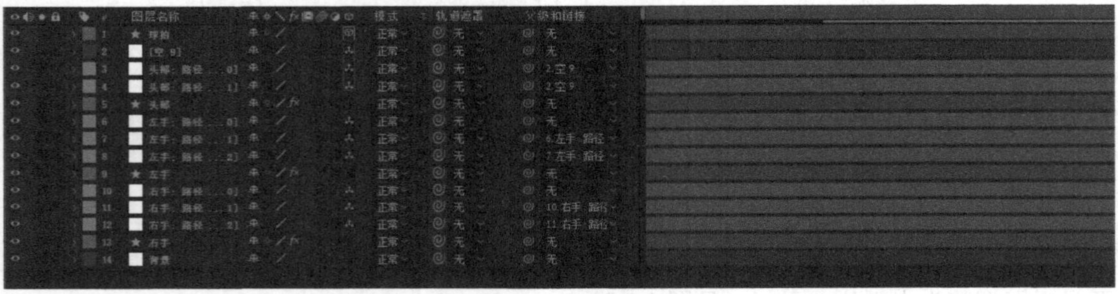

图 9.5.10　设置骨骼

完成两个手臂的骨骼链接之后，添加肩膀控制器。新建一个空对象让其锚点位于空对象中心，同时将位置调整到头部下方，身体的中心位置（见图 9.5.11）。

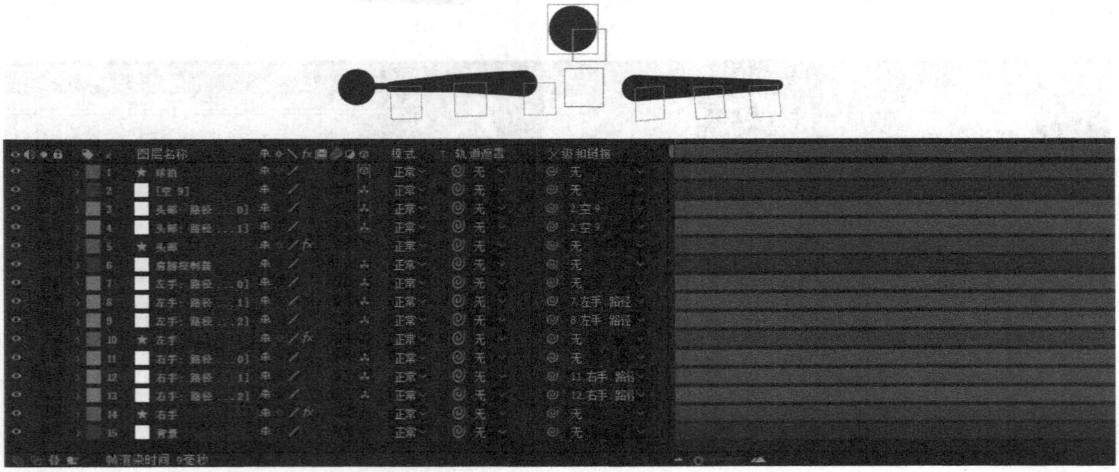

图 9.5.11　添加肩膀控制器

将两个对应肩膀的空对象都链接到这个空对象上。这样这个空对象就可以对两个手臂进行控制。接着将“头部”链接到这个空对象上，同时为此空对象命名为“肩膀控制器”；命名完成之后，将“肩膀控制器”复制一层，命名为“腰部控制器”。同时将“腰部控制器”向下移动；接着将“肩膀控制器”链接到“腰部控制器”上（见图 9.5.12）。

图 9.5.12　调整空对象链接

这样就完成了一个完整的骨骼系统。接下来将所有的空对象选择，将三维开关打开。同时将球拍的三维开关也打开。打开三维开关之后，就会发现人物由 2D 变为了 3D（见图 9.5.13）。

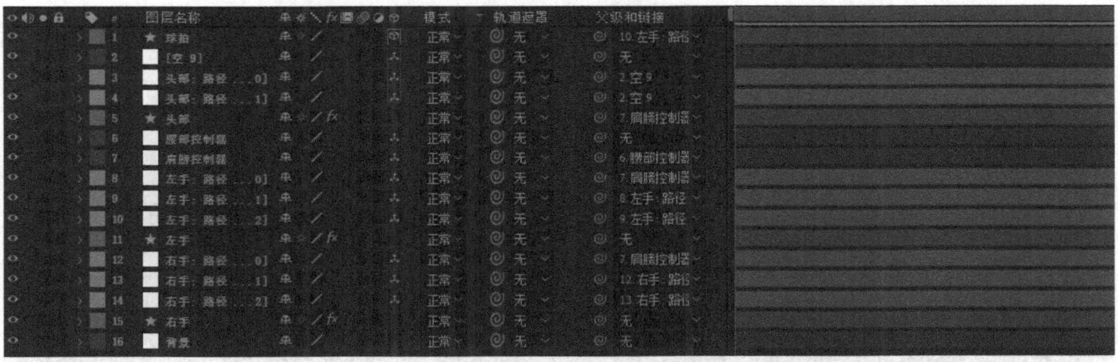

图 9.5.13　3D 人物骨骼形成

4）为人物进行动画制作

接下来的动作调整中，对每个部位的调整都要使用快捷键为 W 键的旋转工具，避免发生旋转偏移的情况，之后根据需要，对人物动画设置关键帧。关键帧动画根据自身喜好可以进行自我调整，此处模仿乒乓球挥拍动作来调整关键帧动画（见图 9.5.14）。

制作动态标志 2

完成关键帧动画的调整之后，为标志制作一个从无到有的生长过程。

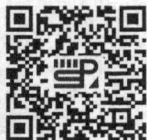

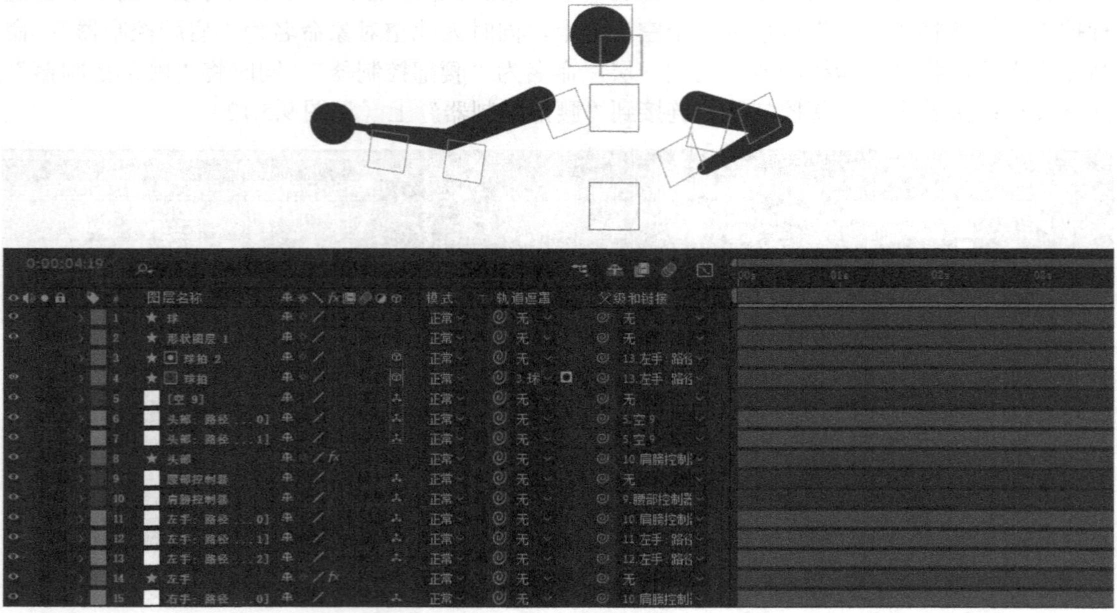

图 9.5.14　制作乒乓球挥拍动作

先制作右边的手臂。选中右手的形状图层，双击 U 键打开详细属性。在起始帧处为“描边宽度”与“末端宽度”打上关键帧。

打上关键帧后，找到属性顶部“添加”右侧的按钮，选择“修剪路径”。接着单击“修剪路径”左侧扩展按钮，为“结束”属性添加关键帧（见图 9.5.15）。

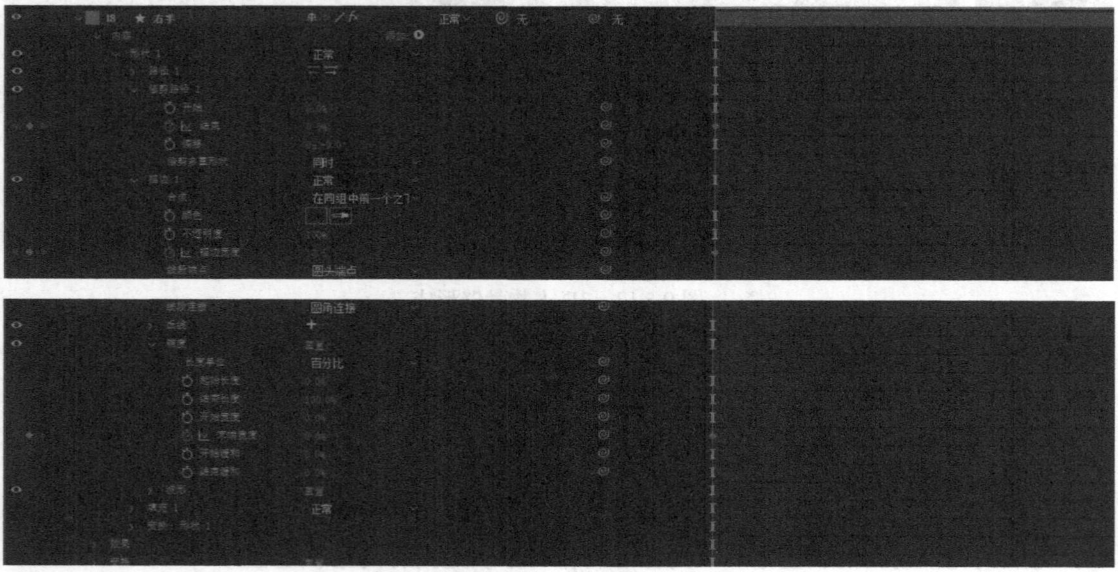

图 9.5.15　设置右手臂动画关键帧

单击 U 键，显示所有关键帧。调整刚刚设置的 3 个关键帧不同时间的数值大小，制作一个由无到有的出场动画。完成了右手的动画后，为左手添加相同的效果（见图 9.5.16）。

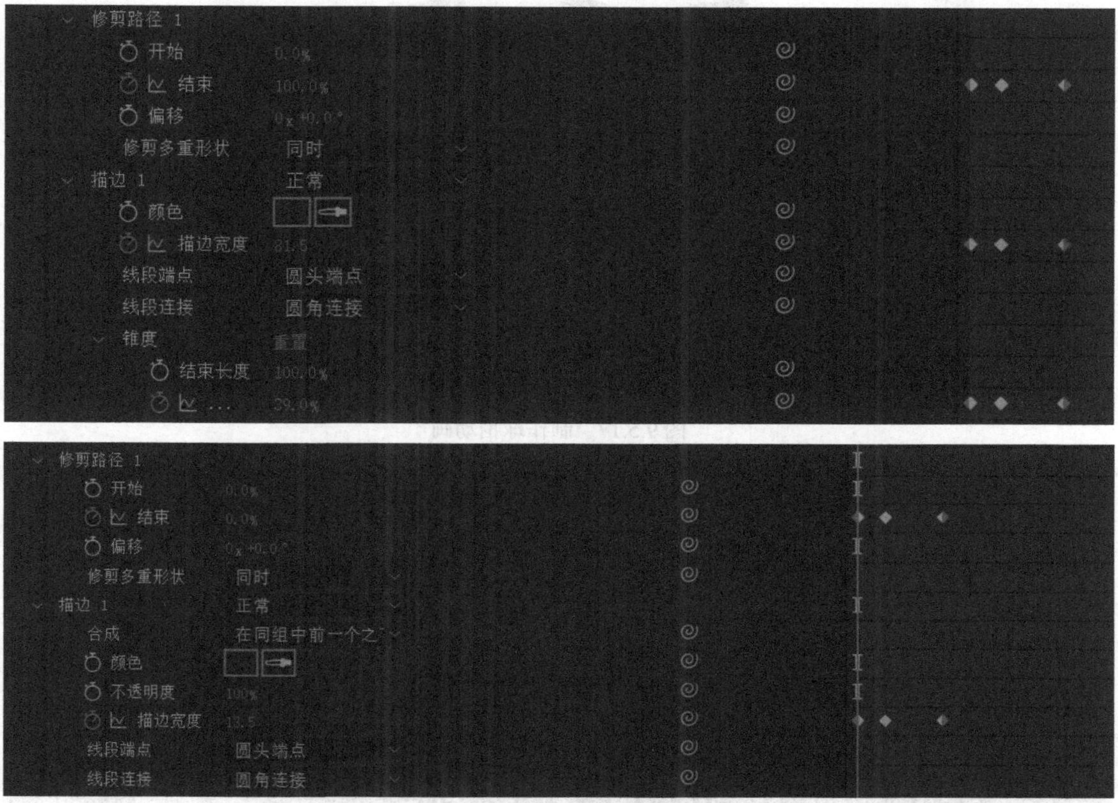

图 9.5.16 制作左右手动画

完成了手臂的入场后制作一个头部的简易入场。找到头部图层的“描边宽度”，为“描边宽度”打上关键帧。

完成了人物的入场动画，下一步制作场景元素。比如为球拍的入场制作一个旋转入场。旋转球拍图层，为 X 轴打上关键帧。在人物出现的时候为 X 轴设置旋转 180°。调整完成后为球拍复制一层，将复制层里的椭圆形删除，只保留矩形。调整矩形的大小，将其遮盖原本的球拍，为球拍做一个遮罩（见图 9.5.17）。

为球拍图层的“位置”属性设置关键帧，制作从后到前的效果。完成之后将球拍的轨道遮罩设置为 Alpha 遮罩就可以了（见图 9.5.18）。

最后，制作球台的效果。调整好钢笔工具描边与像素，直接使用钢笔工具在人物下方制作两个路径点（见图 9.5.19）。

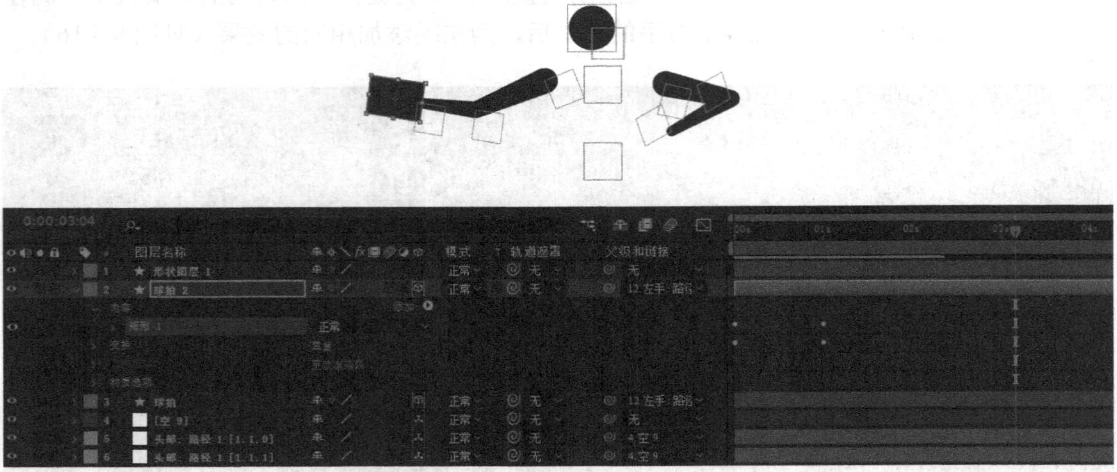

图 9.5.17　制作球拍动画

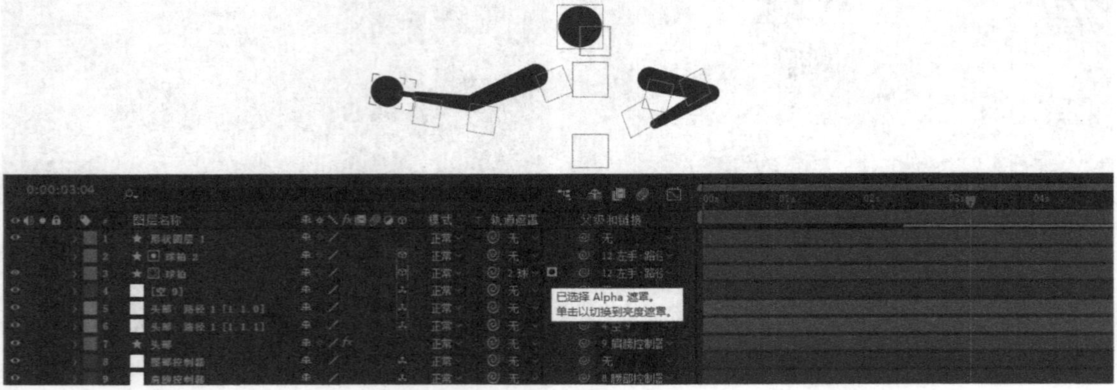

图 9.5.18　设置球拍遮罩

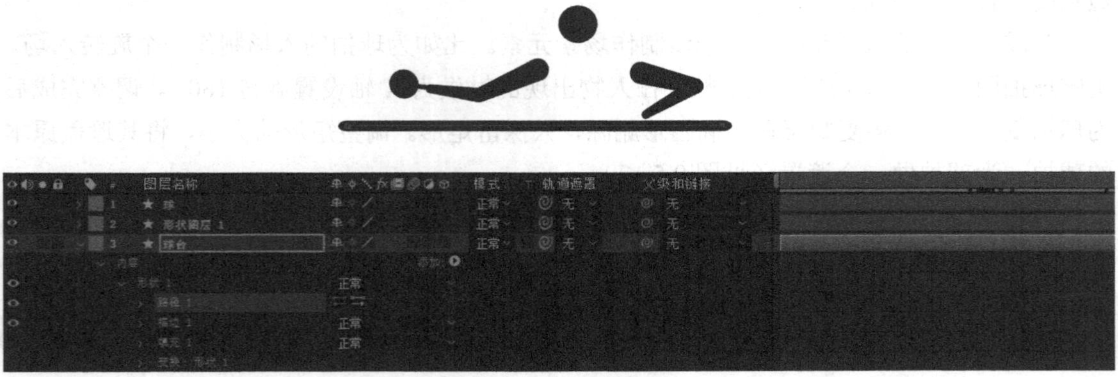

图 9.5.19　制作路径点

接着使用“缩放”“不透明度”与“位置”属性，设置关键帧就可以完成球台的入场动画（见图 9.5.20）。

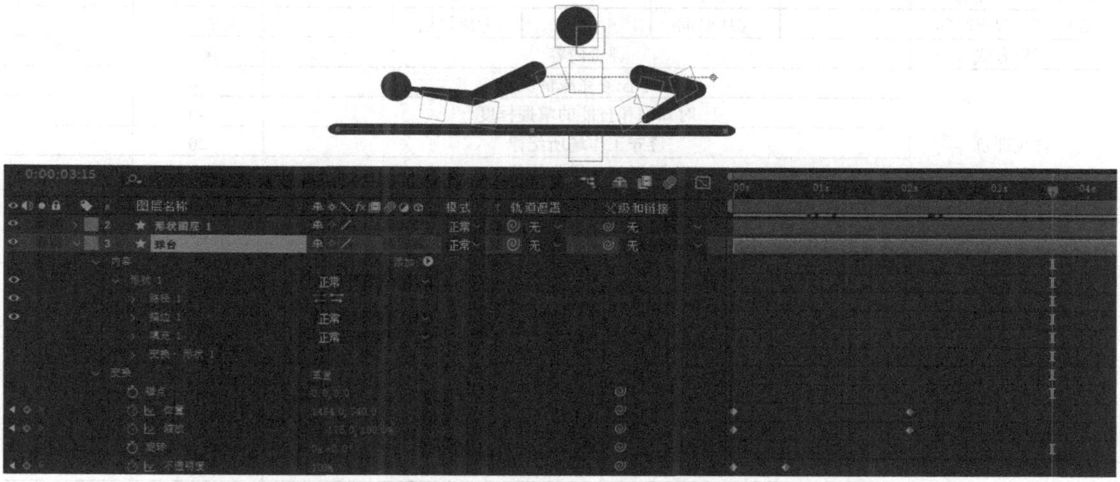

图 9.5.20　制作球台入场动画

使用椭圆工具制作一个乒乓球。调整好填充描边，拖出球体后为“缩放”“不透明度”和“位置”设置关键帧，并调整好动画（见图 9.5.21）。

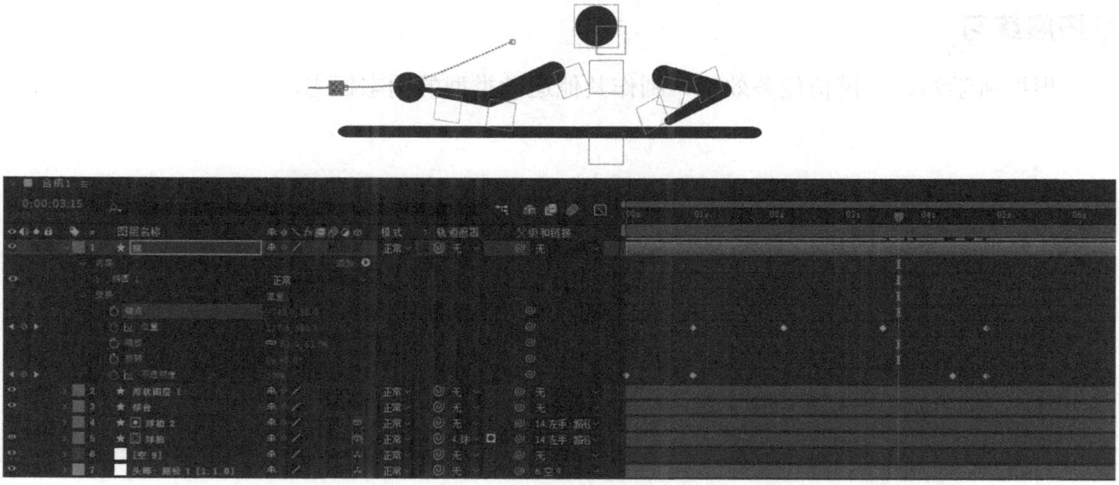

图 9.5.21　最终动画调整效果

至此，就完成了一个动态标志的制作，同学们可以根据这个办法去模仿其他的运动标志进行制作。

任务评价

本次任务评价见表 9.5.1。

表9.5.1 任务9.5评价表

基本信息	姓名		座号		班级		组别	
	规定时间		完成时间		考核日期		总评成绩	
评价方式		评价内容					配分	得分
自我评价		本任务完成情况					30	
		对知识和技能的掌握程度					40	
		遵守工作场所纪律					20	
		遵循工作操作规范					10	
		合计					100	
小组评价		个人本次任务完成质量					30	
		个人参与小组活动的态度					30	
		个人的合作精神和沟通能力					30	
		个人素质评价					10	
		合计					100	
教师评价		分析制作步骤					10	
		绘制人物部件					20	
		添加动画效果					20	
		添加部件蒙版效果					20	
		进行动画整体调整设置					20	
		调整最终效果渲染出片					10	
		合计					100	
总评成绩=自我评价×（ ）%+小组评价×（ ）%+教师评价×（ ）%=								

拓展练习

根据所学知识，模仿任务效果，制作其他运动类型的动态标志。

参考文献

布里・根希尔德，丽莎・弗里斯玛，2018. Adobe After Effects CC 2017 经典教程[M]. 北京：人民邮电出版社.

吉家进，2017. 中文版 After Effects CC 影视特效制作 208 例[M]. 2 版. 北京：人民邮电出版社.

麓山文化，2018. 零基础学 MG 动画制作（全视频教学版）[M]. 北京：人民邮电出版社.

时代印象，2020. 中文版 After Effects CC 影视特效制作 208 例（培训教材版）[M]. 北京：人民邮电出版社.

唯美世界，曹茂鹏，2020. 中文版 After Effects 2020 完全案例教程（微课视频版）[M]. 北京：中国水利水电出版社.